重庆市骨干高等职业院校建设项目规划教材
重庆水利电力职业技术学院课程改革系列教材

水工钢筋混凝土结构

主　编　程昌明　李　影　雷仁强
副主编　陈　鹏　雷伟丽　段成云
　　　　向　杰　周　祥
主　审　程　里

黄河水利出版社
·郑州·

内 容 提 要

本书是重庆市骨干高等职业院校建设项目规划教材、重庆水利电力职业技术学院课程改革系列教材之一，由重庆市财政重点支持，根据高职高专教育水工钢筋混凝土结构课程标准及理实一体化教学要求编写完成。本书从高职教育实际出发，以培养学生的岗位工作能力为目标，基于水工钢筋混凝土结构设计的工作任务和过程，对原有学科型课程内容进行解构，重构为以构件和结构为载体的项目化教材。本书采用项目化教学编写，共有6个项目：项目1基础知识，项目2结构设计原则，项目3钢筋混凝土梁、板结构设计，项目4钢筋混凝土柱设计，项目5钢筋混凝土结构施工图，项目6钢筋混凝土结构课程设计。

本书可作为高职高专院校水利水电建筑工程专业教材，也可供水利类相关专业教学使用，还可作为水利水电工程技术人员的参考用书。

图书在版编目(CIP)数据

水工钢筋混凝土结构/程昌明，李影，雷仁强主编.
郑州：黄河水利出版社，2016.11
重庆市骨干高等职业院校建设项目规划教材
ISBN 978-7-5509-1596-1

Ⅰ.①水… Ⅱ.①程…②李…③雷… Ⅲ.①水工结构-钢筋混凝土结构-高等职业教育-教材 Ⅳ.①TV332

中国版本图书馆CIP数据核字(2016)第302529号

组稿编辑：王路平 电话：0371-66022212 E-mail：hhslwlp@163.com

出 版 社：黄河水利出版社 网址：www.yrcp.com
地址：河南省郑州市顺河路黄委会综合楼14层 邮政编码：450003
发行单位：黄河水利出版社
发行部电话：0371-66026940、66020550、66028024、66022620(传真)
E-mail：hhslcbs@126.com
承印单位：河南承创印务有限公司
开本：787 mm×1 092 mm 1/16
印张：12
字数：280千字 印数：1—2 100
版次：2016年11月第1版 印次：2016年11月第1次印刷

定价：30.00元

前 言

按照"重庆市骨干高等职业院校建设项目"规划要求,水利水电建筑工程专业是该项目的重点建设专业之一,由重庆市财政支持、重庆水利电力职业技术学院负责组织实施。按照子项目建设方案和任务书,通过广泛深入的行业、市场调研,与行业、企业专家共同研讨,不断创新基于职业岗位能力的"三轮递进,两线融通"的人才培养模式,以水利水电建设一线的主要技术岗位核心能力为主线,兼顾学生职业迁徙和可持续发展需要,构建基于工作岗位能力分析的教、学、做一体化课程体系,优化课程内容,进行精品资源共享课程与优质核心课程的建设。经过3年的探索和实践,已形成初步建设成果。为了固化骨干建设成果,进一步将其应用到教学之中,最终实现让学生受益,经学院审核,决定正式出版系列课程改革教材,包括优质核心课程和精品资源共享课程等。

本书打破了传统教学中钢筋混凝土结构和结构识图两门课程分学期、分教材介绍的局限性,把两门课程进行整合,使学生能更好、更快、更系统化地掌握相关内容和知识点。全书共有6个学习项目,主要内容包括基础知识,结构设计原则,钢筋混凝土梁、板结构设计,钢筋混凝土柱设计,钢筋混凝土结构施工图,钢筋混凝土结构课程设计。

本书由重庆水利电力职业技术学院承担编写工作,编写人员及编写分工如下:雷伟丽编写项目1,周祥和向杰编写项目2,程昌明编写项目3,李影编写项目4,陈鹏编写项目5,贵阳勘测设计研究院雷仁强编写项目6,深圳市水务规划设计院段成云编写附表。本书由程昌明、李影、雷仁强担任主编,程昌明负责全书统稿;由陈鹏、雷伟丽、段成云、向杰、周祥担任副主编;由中国水利水电第八工程局有限公司高级工程师程里担任主审。

由于编者水平有限,加之时间仓促,不足之处在所难免,恳请读者,特别是使用本书的教师和同学积极提出批评及改进建议,以便今后修订提高。

编 者

2016年7月

目 录

项目1 基础知识

【学习重点】

建筑结构的组成、分类，混凝土结构和砌体结构的特点，钢筋的级别和三种常见连接方式，混凝土的立方体抗压强度、轴心抗压强度等各项强度指标。

【能力要求】

能力目标	相关知识
掌握建筑结构的组成、分类	按照承重结构所用的材料不同将结构分为混凝土结构、钢结构、砌体结构、木结构和混合结构
掌握混凝土的各种强度指标	混凝土的立方体抗压强度值、轴心抗压强度值、轴心抗拉强度值
掌握钢筋的锚固和连接	受拉钢筋的锚固长度和三种连接方式
掌握钢筋、混凝土的力学性能	钢筋的拉伸性能和工艺性能，混凝土的塑性指标、耐久性和变形

【技能目标】

掌握建筑结构的组成，会对建筑结构进行分类；熟悉钢筋的级别及选用；掌握混凝土的基本力学性能；掌握混凝土的各种强度指标及应用；掌握钢筋的锚固和连接。

任务1.1 概 述

建筑物是供人们生产、生活和进行其他活动的房屋或场所。而建筑物在施工和使用过程中受到各种力的作用(桥梁承受自身、人和车的重量，大坝承受水压力等)。这些力对建筑物会产生什么样的效应？建筑结构能否承担这些作用？这些问题都要靠建筑结构来解决。

1.1.1 建筑结构的概念和分类

1.1.1.1 建筑结构的概念

建筑物是供人们生产、生活和进行其他活动的房屋或场所。在建筑物中,承受和传递荷载及其他间接作用(如温差伸缩、地基不均匀沉降等)的体系称为建筑结构,如图 1-1 所示。任何结构都是由许多基本构件(板、柱、梁、墙、基础等)通过一定的连接方式而组成的承重骨架体系。基本构件按受力与变形的特点分为受弯构件、受压构件、受扭构件、受拉构件等。在工程实际中,有些构件的受力和变形比较简单,而有些构件的受力和变形则比较复杂,可能是几种受力状态的组合。

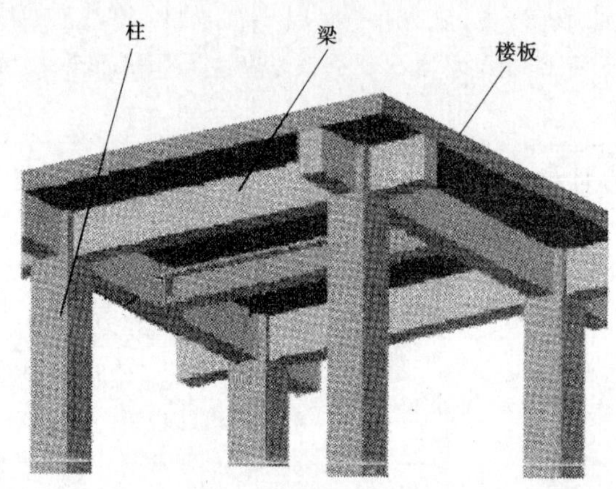

图 1-1 建筑结构

1.1.1.2 建筑结构的分类

建筑结构有很多种分类方法。按照承重结构所用的材料不同将结构分为混凝土结构、钢结构、砌体结构、木结构和混合结构等。本书主要介绍我国常用的结构——混凝土结构。

混凝土结构是以混凝土为主要材料制成的结构,这种结构广泛应用于建筑、桥梁、隧道、矿井以及水利、港口等工程。混凝土结构包括素混凝土结构、预应力混凝土结构和钢筋混凝土结构等。

(1)素混凝土结构是由无筋或不配置受力钢筋的混凝土制成的结构,常用于路面和一些非承重结构。

(2)预应力混凝土结构如图 1-2 所示,是充分利用高强度材料来改善钢筋混凝土结构的抗裂性能的结构,是由配置的受力钢筋通过张拉或其他方法建立预应力的混凝土结构。

(3)钢筋混凝土结构如图 1-3 所示,是由配置受力的普通钢筋、钢筋网或钢筋骨架的混凝土制成,是一种最为常见的结构形式。其优点如下:

可塑性强——可根据需要浇筑成各种形状和尺寸。

耐久性好——混凝土保护钢筋,防止钢筋生锈。

耐火性好——遇火灾时,钢筋不会因升温很快软化而破坏,耐火时间为 1 ~2.5 h。

强度高——其承载力比砌体结构高。

就地取材——混凝土用量较多的砂、石等可就地取材。

抗震性能好——现浇钢筋混凝土结构整体性好、刚度大、抗震性能好。

但是,钢筋混凝土结构也存在自重大、施工比较复杂,受气候影响,建造期一般较长、修补和加固工作比较困难等缺点。

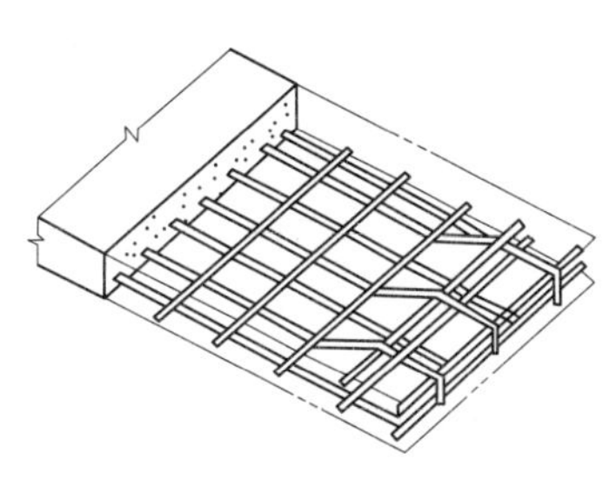

图1-2 预应力混凝土结构

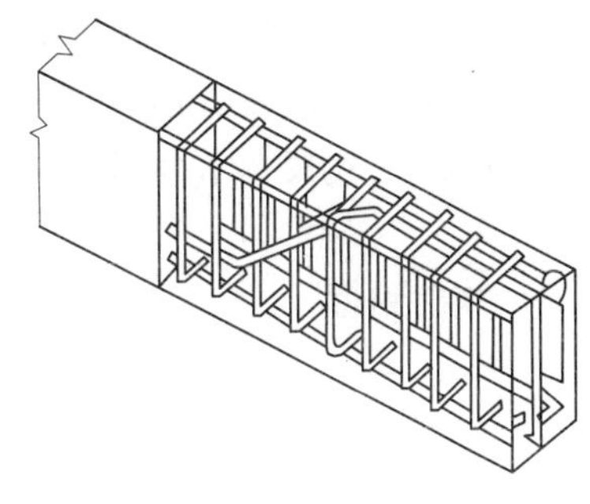

图1-3 钢筋混凝土结构

由于钢筋混凝土结构具有很多优点,因而在水利水电工程中,钢筋混凝土可以用来建造平板坝、连拱坝、水电站厂房、机墩、蜗壳、尾水管、调压塔、压力水管、水闸、船闸、码头、渡槽、隧洞、涵洞、倒虹吸管等。在土木工程中,可以用来建造厂房、仓库、高层楼房、水池、水塔、桥梁、电视塔等。

1.1.2 建筑结构发展趋势

混凝土结构与砖石砌体结构、钢木结构相比,历史并不长,至今约有150年的历史,但是,在土木工程各个领域取得了飞速的发展和广泛的应用。主要取得了以下成果:

(1)预应力技术的完善与普及,使建筑结构(梁板)、桥梁的跨度普遍增大。

(2)钢管混凝土在建筑上,特别是高层、超高层建筑上应用越来越多。钢管内浇筑高强混凝土,可以使柱的承载力大幅度提高,从而减小柱的截面尺寸。

(3)混凝土-型钢复合结构(型钢外包裹混凝土)越来越多地在建筑结构上使用,大幅度提高结构强度和建筑的耐火安全性。

(4)高强混凝土(C80~C120)在超高层建筑、摩天大楼的抗压结构上使用。

(5)超高性能混凝土(UHPC,C120~C200)和超高性能钢筋混凝土出现,并开始在一些防爆结构、薄壳结构、大跨度结构和高耐久性结构上应用。

(6)发展轻集料混凝土,如浮石混凝土、陶粒混凝土、纤维混凝土。

(7)积极推进应用高强钢筋,加速淘汰335 MPa螺纹钢筋,优先使用400 MPa螺纹钢筋,积极推广500 MPa螺纹钢筋。

1.1.3 课程教学任务、目标和学习方法

1.1.3.1 教学任务

本课程的教学任务是使学生掌握混凝土结构的基本概念以及结构施工图的识读方法,能运用所学知识分析和解决建筑工程实践中较为简单的结构问题,为学习其他课程提

供必要的基础;同时,培养学生严谨、科学的思维方式和认真、细致的工作方式。

建筑结构内容在实际工程中是较为复杂的。它是在建筑施工图的基础上的,通过结构方案布置、材料选择、荷载计算、构件和结构受力分析、内力计算、截面设计、构造措施等步骤,完成结构施工图和结构计算书。因此,学好这门重要的专业基础课程是正确理解和贯彻设计意图,确定建筑及施工方案和组织施工,处理建筑施工中的结构问题,防止发生工程事故,保证工程质量所必备的知识。

课程讲授时,建议多结合当地实际,采用播放录像、多媒体教学、参观建筑工地等教学手段。

1.1.3.2 技能目标

1. 知识目标

领会必要的结构概念,了解混凝土、钢筋、砌体材料的主要力学性能,掌握梁、板、柱、墙等基本构件的受力特点,掌握简单混凝土结构构件的设计方法,了解建筑结构抗震基本知识,掌握结构施工图的识读方法。

2. 能力目标

具有对简单混凝土结构进行结构分析的能力;具有正确选用各种常用材料的能力;具有熟练识读结构施工图和绘制简单结构施工图的能力;理解钢筋混凝土基本构件承载力的计算思路;熟悉钢筋混凝土结构的主要构造,能理解建筑工程中出现的一般结构问题。

3. 思想素质目标

培养学生从事职业活动所需要的工作方法和学习方法,养成科学的思维习惯;培养勤奋向上、严谨求实的工作态度;具有自学和拓展知识、接受终生教育的基本能力。

1.1.3.3 课程特点

混凝土结构是工程类专业一门重要的专业课,该课程的特点是:

(1)内容较多——包括混凝土结构、建筑抗震和结构识图等内容。

(2)公式多、符号多——很多计算公式是建立在科学试验和工程经验的基础上的,不能死记硬背,要理解建立公式的基本假定、计算简图,注意适用范围和限制条件。

(3)重视构造措施——构造设计是长期工程实践经验的总结,钢筋的位置、锚固等在建筑工程中必须按构造要求设置,构造和计算同等重要。

(4)重视实践和规范的应用——结合图纸和实际,到施工现场参观,增加感性认识,积累工程经验。注意学习我国现行规范:《水工混凝土结构设计规范》(SL 191—2008)、《建筑结构荷载规范》(GB 50009—2012)、《混凝土结构设计规范》(GB 50010—2010)、《建筑抗震设计规范》(GB 50011—2010)及国家建筑标准设计图集《混凝土结构施工图平面整体表示方法制图规则和构造详图》(11G101-1)。国家规范和标准是建筑工程设计、施工的依据,我们必须熟悉并正确应用。

(5)本课程与建筑材料、工程力学、施工技术课程有密切关系,要学好这门课程,必须努力学好上述几门关系密切的课程。

任务1.2 混凝土结构的材料

1.2.1 钢筋

1.2.1.1 钢筋的品种、级别及选用

按化学成分，混凝土中的钢材可分为碳素钢和普通低合金钢。碳素钢除含有铁元素外，还含有少量的碳、硅、锰、硫、磷等元素；根据含碳量的多少，碳素钢又可分为低碳钢（含碳量<0.25%）、中碳钢（含碳量为0.25%~0.6%）、高碳钢（含碳量为0.6%~1.4%）。含碳量越高，强度越高，但塑性与可焊性降低，反之则强度降低，而塑性与可焊性好。普通低合金钢是在碳素钢的基础上添加小于5%的合金元素的钢材，具有强度高、塑性和低温冲击韧性好等特点。

按其在结构中是否施加预应力，钢筋可分为普通钢筋和预应力钢筋两大类。普通钢筋是指用于钢筋混凝土结构中的钢筋以及用于预应力混凝土结构中的非预应力钢筋，预应力钢筋是指用于预应力混凝土结构中预先施加预应力的钢筋。

按生产加工工艺，钢筋分为热轧钢筋、余热处理钢筋、细晶粒热轧钢筋、钢丝、钢绞线等。热轧钢筋主要用作普通钢筋，而钢丝和钢绞线等主要用作预应力钢筋。

混凝土结构用热轧钢筋按照其屈服强度分为235、300、335、400和500级。普通钢筋宜采用HRB335（该钢筋的屈服强度标准值为335 MPa，直径为6~50 mm）和HRB400（该钢筋的屈服强度标准值为400 MPa，直径为6~50 mm），也可采用HPB300（该钢筋的屈服强度标准值为300 MPa，直径为6~22 mm）和RRB400（该钢筋的屈服强度标准值与HRB400钢筋相同，也是400 MPa，直径为8~40 mm）。

特别提示：新的建筑规范中取消了原有的HPB235。HPB表示热轧光圆钢筋，HRB表示热轧带肋钢筋，RRB表示余热处理带肋钢筋。

1.2.1.2 钢筋的力学性能

1. 钢筋的强度、延性等力学性能指标

钢筋的强度、延性等力学性能指标是通过钢筋的拉伸试验得到的。建筑结构中所用钢筋按应力—应变曲线来分，分为有明显屈服点的钢筋和无明显屈服点的钢筋两类。有明显屈服点的钢筋称为软钢，无明显屈服点的钢筋称为硬钢。

图1-4是热轧低碳钢（软钢）在试验机上进行拉伸试验得出的典型有明显屈服点的钢筋应力—应变曲线。由图1-4可见，在A点以前，应力—应变曲线为直线，A点对应的应力称为比例极限。OA为理想弹性阶段，卸载后可完全恢复，无残余变形。过A点后，应变较应力增长得快，曲线开始弯曲，到达B'点后钢筋开始塑流，B'点称为屈服上限，当B'点应力降至下屈服点B时，应力基本不增加，而应变急剧增长，曲线出现一个波动的小平台，这种现象称为屈服。B点到C点的水平距离称为流幅或屈服台阶，上屈服点B'通常不稳定，下屈服点B数值比较稳定，称为屈服点或屈服强度，有明显流幅的热轧钢筋的屈服强度是按下屈服点来确定的。曲线过C点后，应力又继续上升，说明钢筋的抗拉能力又有所提高。曲线达最高点D，相应的应力称为钢筋的极限强度，CD段称为强化阶段。

D 点后，试件在最薄弱处会发生较大的塑性变形，截面迅速缩小，出现颈缩现象，变形迅速增加，应力随之下降，直至 E 点断裂破坏。对有明显屈服点的钢筋，屈服点所对应的应力为屈服强度，是重要的力学指标。在钢筋混凝土结构中，当钢筋超过屈服强度时就会发生很大的塑性变形，此时混凝土结构构件也会出现较大变形或裂缝，导致构件不能正常使用。所以，在计算承载力时，以屈服点作为钢筋强度值。

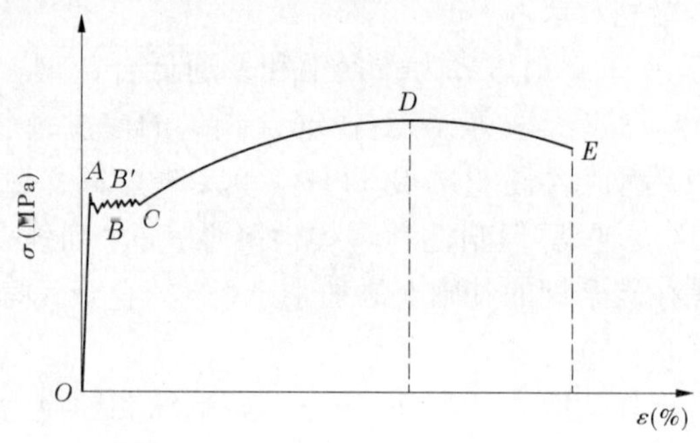

图 1-4 热轧低碳钢（软钢）应力—应变曲线

另外，钢筋除满足强度要求外，还应具有一定的塑性变形能力，通常用伸长率和冷弯性能指标衡量钢筋的塑性。

图 1-5 是高强钢丝（硬钢）的应力—应变曲线，与图 1-4 的对比中能明显看到有明显屈服点的钢筋与无明显屈服点的钢筋力学性能的差别。高强钢丝的应力—应变曲线没有明显的屈服点，表现出强度高、延性低的特点。硬钢没有明确的屈服台阶（流幅），所以设计中一般以“协定流限”作为强度标准，所谓协定流限，是指经过加载及卸载后尚存有 0.2% 永久残余变形时的应力，用 $\sigma_{0.2}$ 表示。$\sigma_{0.2}$ 也称为“条件屈服强度”。

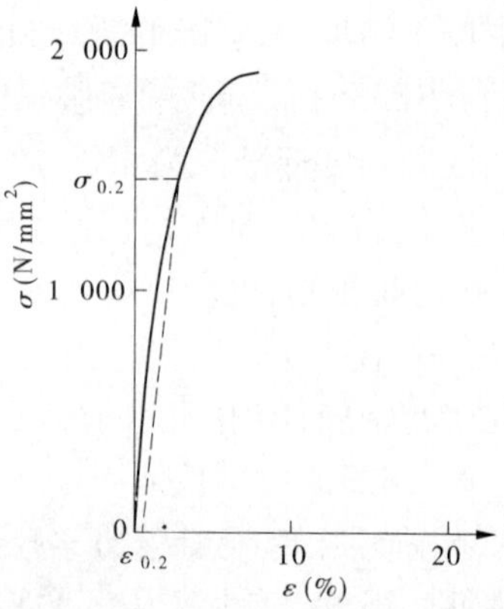

图 1-5 高强钢丝（硬钢）的应力—应变曲线

2. 钢筋的冷弯性能

钢筋的冷弯性能是检验钢筋韧性、内部质量和加工可适性的有效方法。在常温下将钢筋绕规定的直径 D 弯曲 α 角度而不出现裂纹、鳞落和断裂现象，即认为钢筋的冷弯性能符合要求，如图 1-6 所示。D 值愈小，α 值愈大，则弯曲性能愈好。通过冷弯既能够检验钢筋的变形能力，又可以反映其内在质量，是比伸长率更严格的检验指标。

特别提示：对有明显屈服点的钢筋进行质量检验时，主要测定四项指标：屈服强度、极限抗拉强度、伸长率和冷弯性能；对没有明显屈服点的钢筋进行质量检验时，须测定三项指标：极限抗拉强度、伸长率和冷弯性能。

1.2.1.3 混凝土结构对钢筋的性能要求

1. 钢筋的强度

钢筋的强度是指钢筋的屈服强度及极限抗拉强度，其中钢筋的屈服强度是设计计算的主要依据。采用高强度钢筋(指抗拉屈服强度达 400 MPa 以上)可以节约钢材。应在预应力混凝土结构中推广应用高强预应力钢丝、钢绞线和预应力螺纹钢筋。

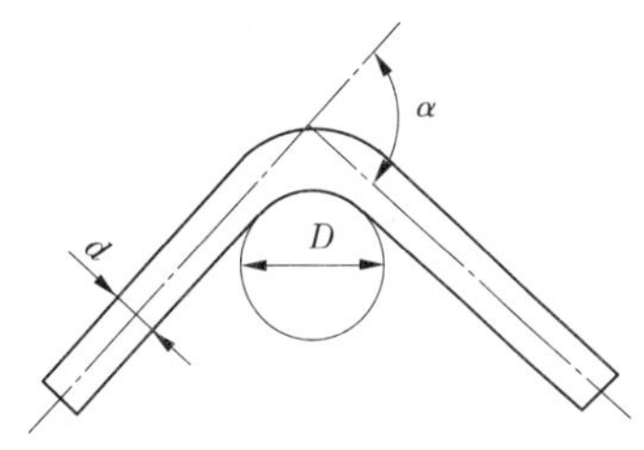

图 1-6 钢筋冷弯示意图

2. 钢筋的塑性

要求钢筋有一定的塑性是为了使钢筋在断裂前有足够的变形，能给出构件裂缝开展过宽将要破坏的预兆信号。钢筋的伸长率和冷弯性能是施工单位验收钢筋塑性是否合格的主要指标。

3. 钢筋的可焊性

可焊性是评定钢筋焊接后的接头性能的指标。要求在一定的工艺条件下，钢筋焊接后不产生裂纹及过大的变形，保证焊接后的接头性能良好。

4. 钢筋与混凝土之间的黏结力

钢筋与混凝土的黏结力是保证钢筋混凝土构件在使用过程中，钢筋和混凝土能共同工作的基础。钢筋的表面形状及粗糙程度对黏结力有重要的影响。另外，在寒冷地区，为了避免钢筋发生低温冷脆破坏，对钢筋的低温性能也有一定要求。

1.2.2 混凝土

混凝土，简称为“砼(tóng)”是由胶凝材料将集料胶结成整体的工程复合材料的统称。通常讲的混凝土一词是指用水泥作胶凝材料，砂、石作集料，与水(加或不加外加剂和掺合料)按一定比例配合，经搅拌、成型、养护而得的水泥混凝土，也称普通混凝土，它广泛应用于土木工程。

1.2.2.1 混凝土的强度

混凝土的强度是其受力性能的一个基本指标。荷载的性质不同及混凝土受力条件不同，混凝土就会具有不同的强度。工程中，常用的混凝土强度有立方体抗压强度、棱柱体抗压强度——轴心抗压强度、轴心抗拉强度等。

1. 立方体抗压强度

采用标准试块(边长为 150 mm 的混凝土立方体)，在标准条件下(温度为(20 ± 2)℃，相对湿度在95%以上)养护28 d，按规定的标准试验方法测得的具有95%保证率的抗压强度称为混凝土立方体抗压强度 f_{cu}。立方体抗压强度是划分混凝土强度等级的主要标准。

为满足设计、施工和质量检验的需要，必须对混凝土的强度规定统一的级别，即混凝土强度等级。GB 50010—2010 规定，混凝土强度等级按立方体抗压强度标准值确定，用符号 $f_{cu,k}$ 表示，共 14 个等级，即 C15、C20、C25、C30、C35、C40、C45、C50、C55、C60、C65、C70、C75、C80，其中强度等级在 C50 及 C50 以上为高强混凝土。立方体抗压强度是划分混凝土强度等级的主要标准。

立方体抗压强度受试件尺寸、试验方法和龄期因素的影响。试验表明，对于同一种混凝土材料，采用不同尺寸的立方体试件所测得的强度不同。尺寸越大，测得的强度越低。实际工程中，如采用边长为 200 mm 或 100 mm 的立方体试块，测得的立方体抗压强度分别乘以换算系数 1.05 和 0.95。

2. 棱柱体抗压强度——轴心抗压强度

由于实际结构和构件往往不是立方体，而是棱柱体，所以用棱柱体试件（150 mm × 150 mm × 300 mm）比立方体试件能更好地反映混凝土的实际抗压能力。试验证明，轴心抗压钢筋混凝土短柱中的混凝土抗压强度基本上和棱柱体抗压强度相同。可以用棱柱体测得的抗压强度作为轴心抗压强度，又称为棱柱体抗压强度，用符号 f_c 表示。

3. 轴心抗拉强度

混凝土的抗拉强度 f_t 比棱柱体抗压强度 f_c 低得多，一般只有抗压强度的 5% ~10%。混凝土的抗拉强度取决于水泥石的强度和水泥石与骨料的黏结强度。轴心抗拉强度是混凝土的基本力学性能指标，混凝土构件的开裂、变形以及受剪、受扭、受冲切等承载力均与混凝土抗拉强度有关。

1.2.2 2　混凝土的计算指标

1. 混凝土强度标准值

混凝土轴心抗压强度标准值和轴心抗拉强度标准值具有 95% 的保证率。

2. 混凝土强度设计值

混凝土强度设计值为混凝土强度标准值除以混凝土的材料分项系数 γ_c（$\gamma_c = 1.4$）。混凝土强度标准值、设计值及混凝土弹性模量见表 1-1。

表 1-1　混凝土强度标准值、设计值及混凝土弹性模量　（单位：MPa）

强度种类		轴心抗压强度		轴心抗拉强度		弹性模量（$\times 10^4$）
编号		标准值 f_{ck}	设计值 f_c	标准值 f_{tk}	设计值 f_t	E_c
混凝土强度等级	C15	10.0	7.2	1.27	0.91	2.20
	C20	13.4	9.6	1.54	1.10	2.55
	C25	16.7	11.9	1.78	1.27	2.80
	C30	20.1	14.3	2.01	1.43	3.00
	C35	23.4	16.7	2.20	1.57	3.15
	C40	26.8	19.1	2.39	1.71	3.25
	C45	29.6	21.1	2.51	1.80	3.35
	C50	32.4	23.1	2.64	1.89	3.45
	C55	35.5	25.3	2.74	1.96	3.55
	C60	38.5	27.5	2.85	2.04	3.60
	C65	41.5	29.7	2.93	2.09	3.65
	C70	44.5	31.8	2.99	2.14	3.70
	C75	47.4	33.8	3.05	2.18	3.75
	C80	50.2	35.9	3.11	2.22	3.80

1.2.2.3　混凝土的变形

混凝土的变形主要分为两大类:非荷载变形和荷载变形。

1. 非荷载作用下的变形

化学收缩指水泥水化物的固体体积小于水化前反应物(水和水泥)的总体积所造成的收缩。

干湿变形是处于空气中的混凝土当水分散失时,会引起体积收缩,称为干燥收缩,简称干缩;混凝土受潮后体积又会膨胀,即为湿胀。

温度变形是指混凝土会与通常的固体材料一样呈现热胀冷缩现象。

2. 荷载作用下的变形——徐变

混凝土承受持续荷载时,随时间的延长而增加的变形,称为徐变。混凝土徐变在加荷早期增长较快,然后逐渐减缓,当混凝土卸载后,一部分变形瞬时恢复,还有一部分要过一段时间后才恢复,称徐变恢复。剩余不可恢复部分,称残余变形,徐变开始半年内增长较快,以后逐渐减慢,经过一定时间后,徐变趋于稳定。混凝土的徐变对混凝土及钢筋混凝土结构物的应力和应变状态有很大影响。在某些情况下,徐变有利于削弱由温度、干缩等引起的约束变形,从而防止裂缝的产生。但在预应力结构中,徐变将产生应力松弛,引起预应力损失,造成不利影响。

1.2.2.4　混凝土的耐久性

混凝土的耐久性是指在外部和内部不利因素的长期作用下,必须保持适合于使用,而不需要进行维修加固,即保持其原有设计性能和使用功能的性质。混凝土的耐久性在一般环境条件下是较好的。但如果混凝土抵抗渗透能力差,或受冻融循环的作用、侵蚀介质的作用,可能遭受碳化、冻害、腐蚀等,会对结构的使用寿命造成严重影响。水工混凝土的耐久性,与其抗渗、抗冻、抗冲刷、抗碳化和抗腐蚀等性能有密切关系。水工混凝土对抗渗性、抗冻性要求很高。

1.2.3　钢筋与混凝土的共同工作原理

1.2.3.1　钢筋和混凝土共同工作的原因

(1)钢筋与混凝土之间存在黏结力。钢筋和混凝土之所以能有效地结合在一起共同工作,主要原因是混凝土硬化后与钢筋之间产生了良好的黏结力。当钢筋与混凝土之间产生相对变形(滑移),在钢筋和混凝土的交界面上产生沿钢筋轴线方向的相互作用力,此作用力称为黏结力。钢筋与混凝土之间的黏结力由以下三部分组成:

①由于混凝土收缩将钢筋紧紧握裹而产生的摩阻力。

②由于混凝土颗粒的化学作用产生的混凝土与钢筋之间的胶合力。

③由于钢筋表面凹凸不平与混凝土之间产生的机械咬合力。

上述三部分中,以机械咬合力作用最大,约占总黏结力的一半以上。变形钢筋比光面钢筋的机械咬合力作用大。此外,钢筋表面的轻微锈蚀也可增加它与混凝土的黏结力。

(2)钢筋和混凝土的温度线膨胀系数几乎相同,在温度变化时,二者的变形基本相等,不致破坏钢筋混凝土结构的整体性。

(3)钢筋被混凝土包裹着,从而使钢筋不会因大气的侵蚀而生锈变质,提高耐久性。

1.2.3.2 混凝土保护层

混凝土结构中钢筋并不外露而被包裹在混凝土里面。由最外层钢筋的外边缘到混凝土表面的最小距离即为混凝土保护层,其作用如下:

(1)维持受力钢筋与混凝土之间的黏结。钢筋周围混凝土的黏结很大程度上取决于混凝土握裹层的厚度,是成正比的。保护层过薄或缺失时,受力钢筋的作用不能正常发挥。

(2)保护钢筋免遭锈蚀。混凝土的碱性环境使包裹在其中的钢筋不易锈蚀。一定的保护层厚度是保证结构耐久性所必需的条件。

(3)提高构件的耐火极限。混凝土保护层具有一定的隔热作用,遇到火灾时能对钢筋进行保护,使其强度不致降低过快。

1.2.4 钢筋的锚固和连接

1.2.4.1 钢筋的锚固

为了保证钢筋不被从混凝土中拔出或压出,除要求钢筋与混凝土之间有一定的黏结强度外,还要求钢筋有良好的锚固,如光面钢筋在端部设置弯钩、钢筋伸入支座一定的长度等。

1. 钢筋的基本锚固长度

钢筋的锚固长度一般指梁、板、柱等构件的受力钢筋伸入支座或基础中的长度。为了保证钢筋在混凝土中锚固可靠,设计时应该使受拉钢筋在混凝土中有足够的锚固长度 l_a。锚固长度可按式(1-1)计算:

$$l_a = \alpha \frac{f_y}{f_t} d \tag{1-1}$$

式中 l_a——受拉钢筋的锚固长度;

f_y——普通钢筋的抗拉强度设计值;

f_t——混凝土轴心抗拉强度设计值;

d——钢筋直径;

α——钢筋的外形系数,见表 1-2。

表 1-2 钢筋的外形系数

钢筋类型	光面钢筋	带肋钢筋	刻痕钢筋	螺旋肋钢	三股钢绞	七股钢绞
α	0.16	0.14	0.19	0.13	0.16	0.17

2. 钢筋的机械锚固

支座构件因截面尺寸限制而无法满足规定的锚固长度要求时,采用机械锚固是减小锚固长度的有效方式,机械锚固除可以减小锚固长度外,还可以提高钢筋的锚固力。机械锚固的形式主要有弯钩、贴焊钢筋及焊锚板等,如图 1-7 所示。

1.2.4.2 钢筋的连接

因钢筋供货条件的限制,出厂的钢筋,为了便于运输,除小直径的盘条外,一般长为 10～12 m,在实际使用过程中,往往会遇到钢筋长度不足,这时就需要把钢筋接长至设计

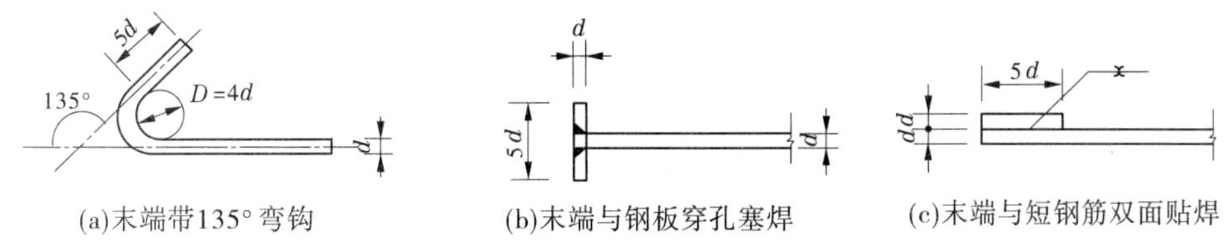

图1-7 钢筋机械锚固的形式

长度。

钢筋连接的原则为:受力钢筋的连接接头宜设置在受力较小处,在同一根钢筋上宜少设接头,在结构的重要构件和关键传力部位,纵向受力钢筋不宜设置连接接头。轴心受拉及小偏心受拉构件的受力钢筋不得采用绑扎搭接,焊接连接不适用于动荷载。同一构件相邻纵向钢筋的绑扎搭接接头宜相互错开。钢筋的连接可采用绑扎搭接、机械连接或焊接连接。

1. 绑扎搭接

绑扎搭接钢筋要有一定的搭接长度才能传递黏结力。纵向受拉钢筋的搭接长度按式(1-2)计算:

$$l_1 = \xi l_a \tag{1-2}$$

式中 l_1——纵向受拉钢筋的搭接长度,mm;

ξ——纵向受拉钢筋搭接长度修正系数,见表1-3,当接头面积为中间值时,修正系数可以用内插法取值;

l_a——纵向受拉钢筋的锚固长度。

表1-3 钢筋搭接长度修正系数

纵向钢筋搭接接头面积百分率(%)	≤25	50	100
ξ	1.2	1.4	1.6

纵向钢筋搭接接头面积百分率的意义是:需要接头的钢筋截面面积与纵向钢筋总截面面积之比。《混凝土结构设计规范》(GB 50010—2010)规定,同一构件相邻纵向钢筋的绑扎搭接接头宜相互错开。钢筋绑扎搭接接头连接区段的长度为1.3倍搭接长度,凡搭接接头中点位于该连接区段长度内的搭接接头,均属于同一连接区段,如图1-8所示。同一连接区段内的受拉钢筋搭接接头面积百分率:对梁、板、墙类构件,不宜大于25%;对柱类构件,不宜大于50%。当工程中确有必要增大受拉钢筋搭接接头面积百分率时,对梁类构件,不应大于50%;对板、墙、柱等其他构件,可根据实际情况放宽。

2. 机械连接

钢筋机械连接是通过连接件的机械咬合作用或钢筋端面的承压作用,将一根钢筋中的力传递至另一根钢筋的连接方法,如图1-9所示。机械连接具有施工简便、接头质量可靠、节约钢材和能源等优点。常采用的连接方式有套筒挤压、直螺纹连接等。

在受力较大处设置机械连接时,同一连接区段内,纵向受拉钢筋接头面积百分率不宜大于50%,但对于板、墙、柱及预制构件的拼接处,可根据实际情况放宽。纵向受压钢筋

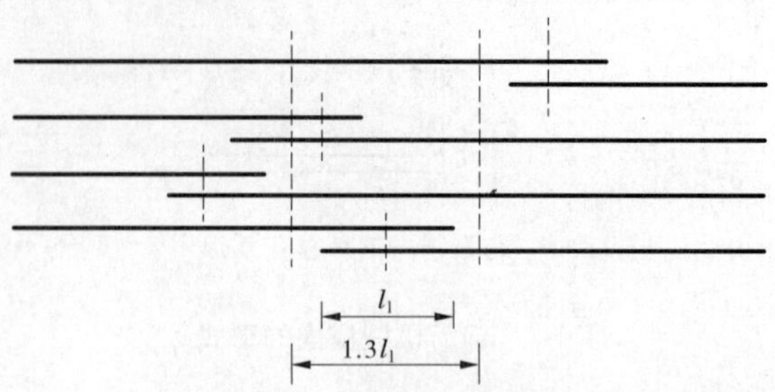

图 1-8　同一连接区段内的纵向受拉钢筋绑扎搭接接头

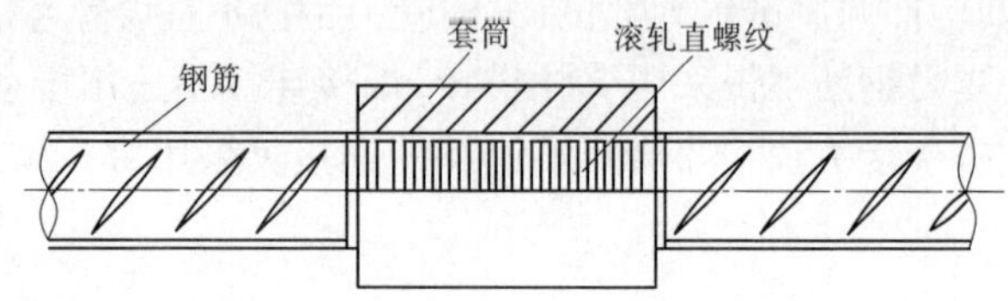

图 1-9　钢筋的机械连接(直螺纹连接)

不受此限制。

机械连接套筒的混凝土保护层厚度宜满足钢筋最小保护层厚度的要求。套筒的横向净距不宜小于25 mm,套筒处箍筋的间距仍应满足构造要求。

3. 焊接连接

焊接连接利用热加工,熔融金属实现钢筋的连接。

常采用的连接方式有电阻点焊、闪光对焊、电弧焊、电渣压力焊、气压焊和埋弧压力焊等六种焊接方法。采用焊接连接时,同一连接区段内,纵向受拉钢筋接头面积百分率不宜大于50%,但对预制构件拼接处,可根据实际情况放宽。纵向受压钢筋不受此限制。

小　结

1. 建筑结构按照承重结构所用的材料不同将结构分为混凝土结构、钢结构、砌体结构、木结构和混合结构等。

2. 混凝土结构包括素混凝土结构、预应力混凝土结构及钢筋混凝土结构等。

3. 常用的钢筋种类有普通钢筋和预应力钢筋两大类。

4. 钢筋的力学性能指标主要有屈服强度、极限抗拉强度、伸长率和冷弯性能与质量要求;普通混凝土的强度、变形性能及其耐久性。

5. 钢筋和混凝土之间共同工作的原理及钢筋的混凝土保护层。

6. 钢筋的基本锚固长度及其机械锚固;钢筋的连接可采用绑扎搭接、机械连接或焊接连接。

工作任务

1. 按承重结构所用材料的不同建筑结构分为哪几种？

2. 建筑工程中常用的钢筋品种有哪些？钢筋的连接方式有哪几种？

3. 什么是混凝土的徐变？徐变对混凝土构件有何影响？通常认为影响徐变的主要因素有哪些？如何减少徐变？

4. 混凝土结构对钢筋的性能有哪些要求？

项目2 结构设计原则

【学习重点】

结构荷载的分类、荷载代表值、荷载分项系数，一般结构上荷载的计算方法，建筑结构的功能要求，极限状态的分类。

【能力要求】

能力目标	相关知识
理解建筑结构的功能要求	结构的功能要求是指结构的安全性、适用性和耐久性
掌握极限状态的概念和分类	极限状态分成两类：承载力极限状态和正常使用极限状态
掌握结构上荷载的分类，会确定荷载代表值，能够进行一般结构荷载的计算	结构上荷载的概念，理解材料的重度、集中力、线荷载、均布面荷载等荷载形式，以及荷载的代表值

【技能目标】

知道结构上荷载的分类及其代表值的确定，能够进行一般结构上荷载的计算；理解建筑结构的功能要求；知道极限状态的概念，掌握两种极限状态的分类。

任务2.1 荷　载

2.1.1 荷载的分类及分布形式

建筑结构在施工与使用期间要承受各种作用，如人群、风、雪及结构构件自重等，这些外力直接作用在结构物上；还有温度变化、地基不均匀沉降等间接作用在结构上；我们称直接作用在结构上的外力为荷载。

2.1.1.1 荷载按作用时间的长短和性质分类

荷载按作用时间的长短和性质可分为三类：永久荷载、可变荷载和偶然荷载。

1. 永久荷载

永久荷载是指在结构设计使用期间，其值不随时间而变化，或其变化与平均值相比可以忽略不计，或其变化是单调的并能趋于限值的荷载，例如结构的自重、土压力、预应力等荷载,永久荷载又称恒荷载。

2. 可变荷载

可变荷载是指在结构设计使用期内其值随时间而变化,其变化与平均值相比不可忽略的荷载,例如楼面活荷载、吊车荷载、风荷载、雪荷载等,可变荷载又称活荷载。

3. 偶然荷载

偶然荷载是指在结构设计使用期内不一定出现,而一旦出现,其量值很大但持续时间很短的荷载,例如爆炸力、撞击力等。

2.1.1.2　荷载按结构的反应特点分类

荷载按结构的反应特点分为两类:静态荷载和动态荷载。

1. 静态荷载

静态荷载:使结构产生的加速度可以忽略不计的作用,如结构自重、住宅和办公楼的楼面活荷载等。

2. 动态荷载

动态荷载:使结构产生的加速度不可忽略不计的作用,如地震、吊车荷载、设备振动等。

2.1.1.3　荷载分布形式

1. 均布荷载

在均匀分布的荷载作用面(线)上,单位面积(长度)上的荷载值,称为均布荷载,其单位为 kN/m^2 或 kN/m。一般来说,楼板上的荷载为均布面荷载,如图 2-1 所示。

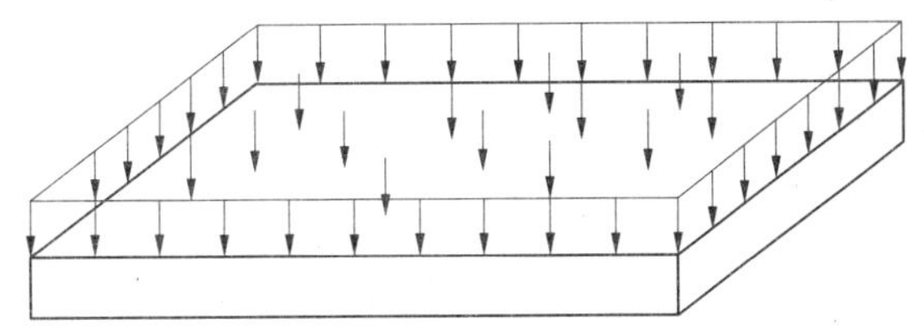

图 2-1　板的均布面荷载

2. 集中荷载

集中荷载和均布荷载是相对的,一般认为集中地作用于一点的荷载称为集中荷载(集中力),其单位为 kN 或 N,通常用 G 或 P 表示。柱子自重即为集中荷载,如图 2-2 所示。

3. 非均布线荷载

沿跨度方向单位长度上非均匀分布的荷载,称为非均布线荷载,其单位为 kN/m 或 N/m。挡土墙的土压力为非均布线荷载,如图 2-3 所示。

课堂讨论:

在工程计算中,板面上受到均布面荷载 q(kN/m^2)时,它传给其支撑的梁为线荷载,均布面荷载化为均布线荷载是如何计算的?

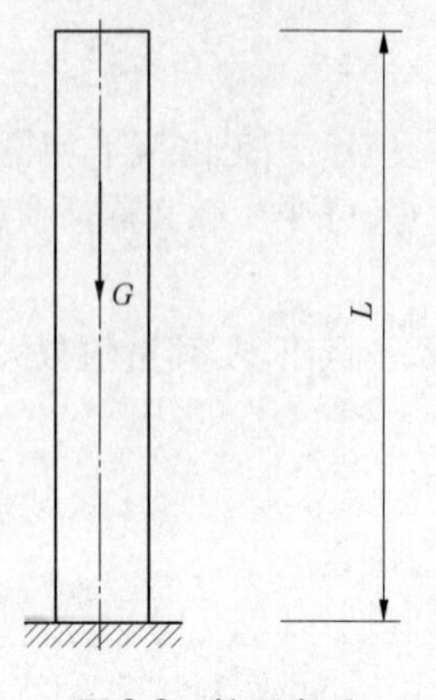

图 2-2　柱子自重

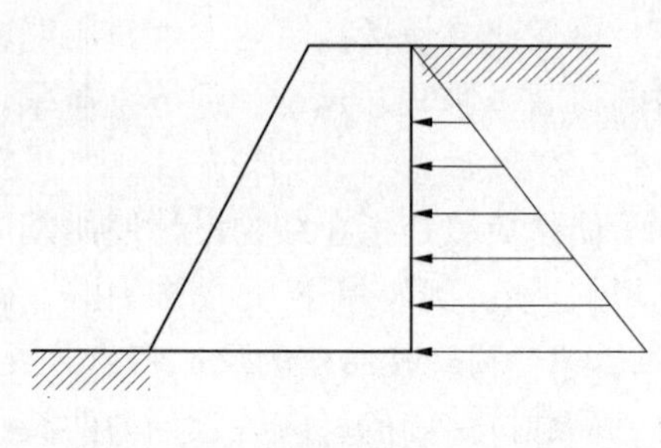

图 2-3　挡土墙的土压力

楼面结构局部布置图如图 2-4 所示，设楼面板上受到均匀的面荷载 q(kN/m^2)作用，板跨度为 3.3 m(受荷宽度)、梁跨度为 5.1 m，那么梁上受到的全部荷载 $p = q \times 3.3 +$ 梁自重(kN/m)。荷载 p 是沿梁的跨度均匀分布的线荷载。

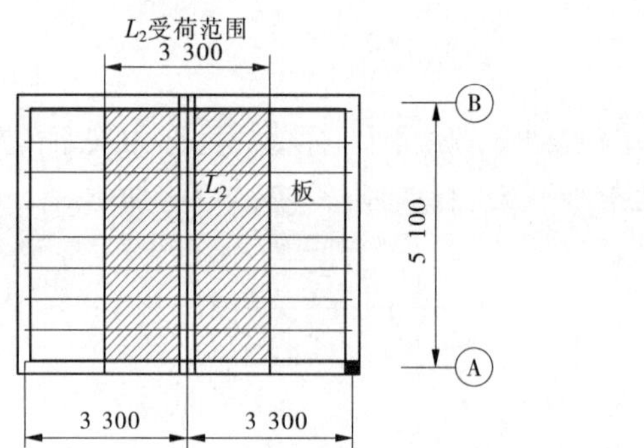

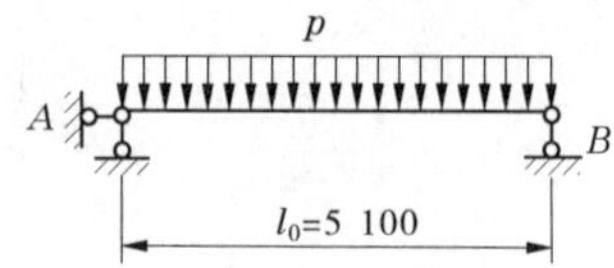

图 2-4　板上的荷载传给梁示意图　(单位:mm)

2.1.2　荷载代表值及荷载分项系数

2.1.2.1　荷载代表值

结构设计时，应根据不同的设计要求采用不同的荷载数值，即所谓荷载代表值。《建筑结构荷载规范》(GB 50009—2012)给出了 4 种荷载的代表值:标准值、组合值、频遇值和准永久值。永久荷载采用标准值为代表值，可变荷载采用标准值、组合值、频遇值或准永久值为代表值。

2.1.2.2　荷载的标准值

荷载标准值是荷载的基本代表值，是设计基准期内(50 年)最大荷载统计分布的特征值，是指其在结构使用期间可能出现的最大荷载值。

1. 永久荷载标准值

永久荷载标准值 G_k 是永久荷载的唯一代表值。结构自重可以根据结构的设计尺寸和材料的重力密度确定。

【例 2-1】　某矩形截面钢筋混凝土梁，计算跨度为 5.1 m，截面尺寸 $b=250$ mm，$h=500$ mm，求该梁自重（永久荷载）标准值 g_k。

解　梁自重为均布线荷载的形式，梁自重标准值应按照 $g_k=\gamma bh$ 计算，其中钢筋混凝土的重力密度 $\gamma=25$ kN/m^3，$b=250$ mm，$h=500$ mm，故梁自重标准值 $g_k=\gamma bh=25\times0.25\times0.5=3.125$（kN/m）。

【例 2-2】　某楼面做法为：30 mm 水磨石地面，120 mm 钢筋混凝土空心板（折算为 80 mm 厚的实心板），板底石灰砂浆粉刷厚 20 mm，求楼板自重标准值。

解　板自重为均布面荷载的形式，其楼面做法中每一层标准值均应按照 $g_k=\gamma h$ 计算，然后把三个值加在一起就是楼板的自重标准值。

30 mm 水磨石地面：0.65 kN/m^2，钢筋混凝土的重力密度 $\gamma=25$ kN/m^3，石灰砂浆的重力密度 $\gamma=17$ kN/m^3，所以：

30 mm 水磨石地面：0.65 kN/m^2

120 mm 钢筋混凝土空心板自重（折算为 80 mm 厚的实心板）：$25\times0.08=2$（kN/m^2）

板底粉刷（石灰砂浆）：$17\times0.02=0.34$（kN/m^2）

所以，楼板每平方米总重力（面荷载）标准值：$g_k=0.65+2+0.34=2.99$（kN/m^2）

2. 可变荷载标准值

可变荷载标准值由设计使用年限内最大荷载概率分布的某个分位值确定，是可变荷载的最大荷载代表值，由统计所得。我国《建筑结构荷载规范》（GB 50009—2012）对于楼（屋）面活荷载、雪荷载、风荷载、吊车荷载等可变荷载标准值，规定了具体的数值，设计时可直接查用。楼（屋）面可变荷载标准值 Q_k 见表 2-1 或表 2-2。

表 2-1　民用建筑楼面均布活荷载标准值及其组合值、频遇值和准永久值系数

项次	类别	标准值（kN/m^2）	组合值系数 ψ_c	频遇值系数 ψ_f	准永久值系数 ψ_q
1	（1）住宅、宿舍、旅馆、办公楼、医院病房、托儿所、幼儿园	2.0	0.7	0.5	0.4
	（2）教室、实验室、阅览室、会议室、医院门诊室	2.0	0.7	0.6	0.5
2	食堂、餐厅、一般资料档案室	2.5	0.7	0.6	0.5
3	（1）礼堂、剧场、影院、有固定座位的看台	3.0	0.7	0.5	0.3
	（2）公共洗衣房	3.0	0.7	0.6	0.5
4	（1）商店、展览厅、车站、港口、机场大厅及旅客等候室	3.5	0.7	0.6	0.5
	（2）无固定座位的看台	3.5	0.7	0.5	0.3

续表 2-1

项次	类别	标准值（kN/m²）	组合值系数 ψ_c	频遇值系数 ψ_f	准永久值系数 ψ_q
5	(1)健身房、演出舞台	4.0	0.7	0.6	0.5
	(2)舞厅	4.0	0.7	0.6	0.3
6	(1)书库、档案库、贮藏室	5.0	0.9	0.9	0.8
	(2)密集柜书库	12.0	0.9	0.9	0.8
7	通风机房、电梯机房	7.0	0.9	0.9	0.8
8	汽车通道及停车库：				
	(1)单向板楼盖(板跨不小于2 m)				
	客车	4.0	0.7	0.7	0.6
	消防车	35.0	0.7	0.5	0
	(2)双向板楼盖和无梁楼盖(柱网尺寸不小于6 m×6 m)				
	客车	2.5	0.7	0.7	0.6
	消防车	20.0	0.7	0.5	0
9	厨房：				
	(1)一般的	2.0	0.7	0.6	0.5
	(2)餐厅的	4.0	0.7	0.7	0.7
10	浴室、厕所、盥洗室	2.5	0.7	0.6	0.5
11	走廊、门厅、楼梯：				
	(1)宿舍、旅馆、医院病房托儿所、幼儿园、住宅	2.0	0.7	0.5	0.4
	(2)办公楼、教室、餐厅、医院门诊部	2.5	0.7	0.6	0.5
	(3)教学楼及其他可能出现人员密集的情况	3.5	0.7	0.5	0.3
12	阳台：				
	(1)一般情况	2.5	0.7	0.6	0.5
	(2)当人群有可能密集时	3.5	0.7	0.6	0.5

注：1. 本表所给各项活荷载适用于一般使用条件，当使用荷载较大或情况特殊时，应按实际情况采用。

2. 第6项书库活荷载当书架高度大于2 m时，书库活荷载还应按每米书架高度不小于2.5 kN/m² 确定。

3. 第8项中的客车活荷载只适用于停放载人少于9人的客车；消防车活荷载是适用于满载总重为300 kN时的大型车辆。当不符合本表的要求时，应将车轮的局部荷载按结构效应的等效原则，换算为等效均布荷载。

4. 第11项楼梯活荷载，对预制楼梯踏步平板，还应按1.5 kN集中荷载验算。

5. 本表各项荷载不包括隔墙自重和二次装修荷载。

表 2-2　屋面均布活荷载标准值及其组合值、频遇值和准永久值系数

项次	类别	标准值（kN/m^2）	组合值系数 ψ_c	频遇值系数 ψ_f	准永久值系数 ψ_q
1	不上人的屋面	0.5	0.7	0.5	0
2	上人的屋面	2.0	0.7	0.5	0.4
3	屋顶花园	3.0	0.7	0.6	0.5

注：1. 不上人的屋面，当施工或维修荷载较大时，应按实际情况采用；对不同结构应按有关设计规范的规定，但不得低于 0.3 kN/mm^2。

2. 上人的屋面，当兼作其他用途时，应按相应楼面活荷载采用。

3. 对于因屋面排水不畅、堵塞等引起的积水荷载，应采取构造措施加以防止；必要时，应按积水的可能深度确定屋面活荷载。

4. 屋顶花园活荷载不包括花圃土石等材料自重。

3. 可变荷载组合值（Q_c）

当结构上同时作用有两种或两种以上可变荷载时，由于各种可变荷载同时达到其最大值（标准值）的可能性极小，因此计算时采用可变荷载组合值。所谓可变荷载组合值，是将多种可变荷载中的第一个可变荷载（或称主导荷载，即产生最大荷载效应的荷载）仍以其标准值作为代表值外，其他均采用可变荷载的组合值进行计算，即将它们的标准值乘以小于 1 的荷载组合值系数作为代表值，称为可变荷载的组合值，用 $\psi_c Q_k$ 表示，其中 ψ_c 为可变荷载组合值系数，一般楼面活荷载、雪荷载取 0.7，风荷载取 0.6。

4. 可变荷载频遇值（Q_f）

可变荷载频遇值是指结构上时而出现的较大荷载。对可变荷载，在设计基准期内，其超越的总时间为规定的较小比率或超越频率为规定频率的荷载值。可变荷载频遇值总是小于荷载标准值，其值取可变荷载标准值乘以小于 1 的荷载频遇值系数，用 $\psi_f Q_k$ 表示，其中 ψ_f 为可变荷载频遇值系数。

5. 可变荷载准永久值（Q_q）

可变荷载准永久值是指可变荷载中在设计基准期内经常作用（其超越的时间约为设计基准期一半）的可变荷载。在规定的期限内有较长的总持续时间，也就是经常作用于结构上的可变荷载。其值取可变荷载标准值乘以小于 1 的荷载准永久值系数，用 $\psi_q Q_k$ 表示，其中 ψ_q 为可变荷载准永久值系数。

2.1.2.3　荷载分项系数

1. 荷载分项系数

荷载分项系数用于结构承载力极限状态设计中，目的是保证在各种可能的荷载组合出现时，结构均能维持在相同的可靠度水平上。荷载分项系数又分为永久荷载分项系数 γ_G 和可变荷载分项系数 γ_Q，见表 2-3。

表 2-3 基本组合的荷载分项系数

<table>
<tr><td colspan="4">永久荷载分项系数 γ_G</td><td colspan="2" rowspan="2">可变荷载分项系数 γ_Q</td></tr>
<tr><td colspan="2">其效应对结构不利时</td><td colspan="2">其效应对结构有利时</td></tr>
<tr><td>由可变荷载效应控制的组合</td><td>1.2</td><td>一般情况</td><td>1.0</td><td>一般情况</td><td>1.4</td></tr>
<tr><td>由永久荷载效应控制的组合</td><td>1.35</td><td>对结构的倾覆、滑移或漂浮验算</td><td>0.9</td><td>对标准值大于 4 kN/m² 的工业房屋楼面结构的荷载</td><td>1.3</td></tr>
</table>

2. 荷载的设计值

一般情况下,荷载标准值与荷载分项系数的乘积为荷载设计值,也称设计荷载,其数值大体上相当于结构在非正常使用情况下荷载的最大值,它比荷载的标准值具有更大的可靠度。永久荷载设计值为 $\gamma_G G_k$,可变荷载设计值为 $\gamma_Q Q_k$。

任务 2.2 结构设计基本原则

2.2.1 荷载效应及结构抗力

2.2.1.1 荷载效应 S

荷载效应是指由于施加在结构或结构构件上的荷载产生的内力(拉力、压力、弯矩、剪力、扭矩)和变形(伸长、压缩、挠度、侧移、转角、裂缝),用 S 表示。因为结构上的荷载大小、位置是随机变化的,即为随机变量,所以荷载效应一般也是随机变量。

2.2.1.2 结构抗力 R

结构抗力是指整个结构或结构构件承受作用效应(内力和变形)的能力,如构件的承载能力、刚度等,用 R 表示。具体计算公式将在以后的各项目中进行研究。

影响抗力的主要因素有材料性能(强度、变形模量等)、几何参数(构件尺寸等)和计算模式的精确性等。因此,结构抗力也是一个随机变量。

2.2.2 建筑结构的功能要求

不管采用何种结构形式,也不管采用什么材料建造,任何一种建筑结构都是为了满足所要求的功能而设计的。建筑结构在规定的设计使用年限内,应满足下列功能要求:

(1)安全性。即结构在正常施工和正常使用时能承受可能出现的各种作用,在设计规定的偶然事件发生时及发生后,仍能保持必需的整体稳定。

(2)适用性。即结构在正常使用条件下具有良好的工作性能,例如不发生过大的变形或振幅,以免影响使用,也不发生足以令用户不安的裂缝。

(3)耐久性。即结构在正常维护下具有足够的耐久性能。例如混凝土不发生严重的风化、脱落,钢筋不发生严重锈蚀,以免影响结构的使用寿命。

特别提示:结构设计使用期分为以下四类:

一类(临时性建筑):设计使用年限 5 年;

二类（易于替换的结构构件）：设计使用年限25年；

三类（普通房屋和构筑物）：设计使用年限50年；

四类（纪念性和特别重要的建筑）：设计使用年限100年。

结构的安全性、适用性和耐久性总称为结构的可靠性。

2.2.3　建筑结构的可靠度

2.2.3.1　结构的可靠度 P_s

结构可靠度是可靠性的定量指标，其定义是：结构在规定的时间内，在规定的条件下，完成预定功能的概率。

影响结构可靠度的因素主要有荷载、荷载效应、材料强度、施工误差和抗力分析等，这些因素一般都是随机的。因此，为了保证结构具有应有的可靠度，仅仅在设计上加以控制是远远不够的，必须同时在施工中加强管理，对材料与构件的生产质量进行控制和验收，在使用中保持正常的结构使用条件等。

2.2.3.2　失效概率 P_f

失效概率是结构不能完成预定功能的概率，用 P_f 表示，如图2-5所示。

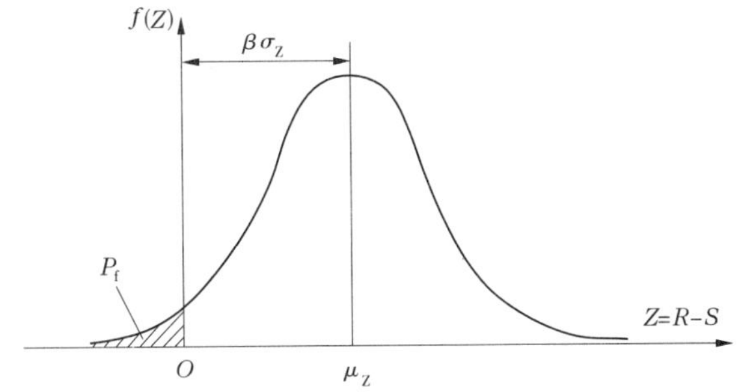

图2-5　概率密度曲线

可靠度 P_s 和失效概率 P_f 的关系为：$P_s + P_f = 1$。

2.2.3.3　功能函数

结构和结构构件的工作状态，可以由该结构构件所承受的荷载效应 S 和结构抗力 R 两者的关系来描述，即

$$Z = R - S \tag{2-1}$$

式(2-1)称为结构的功能函数，用来表示结构的三种工作状态：

当 $Z>0$ 时（$R>S$），结构能够完成预定功能，结构处于可靠状态；

当 $Z=0$ 时（$R=S$），结构处于极限状态；

当 $Z<0$ 时（$R<S$），结构不能够完成预定功能，结构处于失效状态。

2.2.3.4　可靠度指标 β 和目标可靠指标 $[\beta]$

可靠度指标 β 是用以度量结构构件可靠度的指标，它与失效概率 P_f 的关系见表2-4。

表 2-4 β 与 P_f 之间的对应关系

β	2.7	3.2	3.7	4.2
P_f	3.5×10^{-3}	6.9×10^{-4}	1.1×10^{-4}	1.3×10^{-3}

目标可靠指标$[\beta]$是统一规定的作为设计依据的可靠指标，见表 2-5。

特别提示：

(1)可靠度指标β越大，失效概率P_f就越小，可靠度P_s越大。

(2)结构设计时应满足：$\beta>[\beta]$。

(3)不同用途的建筑物，发生破坏后产生的后果不同。结构的安全等级根据建筑物破坏后果的严重程度分为三级。

表 2-5 目标可靠指标

安全等级	破坏后果	建筑物类型	构件的目标可靠指标$[\beta]$	
			延性破坏	脆性破坏
一级	很严重	重要的建筑物	3.7	4.2
二级	严重	一般的建筑物	3.2	3.7
三级	不严重	次要的建筑物	2.7	3.2

2.2.4 极限状态设计方法

整个结构或结构的一部分超过某一特定状态就不能满足设计规定的某一功能要求，此特定状态为该功能的极限状态。极限状态实质上是一种界限，是有效状态和失效状态的分界。极限状态共分两类：承载能力极限状态和正常使用极限状态。

2.2.4.1 承载能力极限状态

承载能力极限状态超过这一极限状态后，结构或构件就不能满足预定的安全性的要求。当结构或构件出现下列状态之一时，即认为超过了承载能力极限状态。

(1)整个结构或结构的一部分作为刚体失去平衡(如阳台、雨篷的倾覆等)。

(2)结构构件或连接因超过材料强度而破坏(包括疲劳破坏)，或因过度变形而不适于继续承载。

(3)结构转变为机动体系(如构件发生三角共线而形成体系机动丧失承载力)。

(4)结构或结构构件丧失稳定(如长细杆的压屈失稳破坏等)。

(5)地基丧失承载能力而破坏。

(6)结构的连续倒塌。

2.2.4.2 正常使用极限状态

正常使用极限状态超过这一极限状态后，结构或构件就不能完成对其所提出的适用性或耐久性的要求。当结构或构件出现下列状态之一时，即认为超过了正常使用极限状态：

(1)影响正常使用或外观的变形(如过大的变形使房屋内部粉刷层脱落，填充墙开裂)，如图2-6所示。

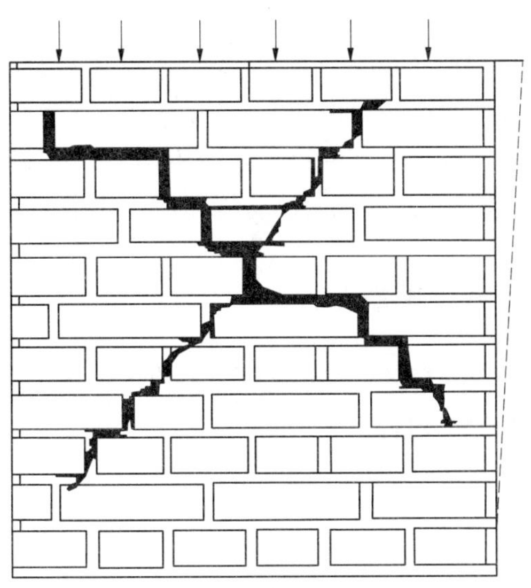

图2-6 正常使用极限状态破坏

(2)影响正常使用或耐久性能的局部损坏(如水池、油罐开裂引起渗漏，裂缝过宽导致钢筋锈蚀)。

(3)影响正常使用的振动。

(4)影响正常使用的其他特定状态(如沉降量过大等)。

由上述两类极限状态可以看出，结构或构件一旦超过承载能力极限状态，就可能发生严重破坏、倒塌，造成人身伤亡和重大经济损失。因此，应该把出现这种极限状态的概率控制得非常严格。而结构或构件出现正常使用极限状态的危险性和损失要小得多，其极限状态的出现概率可适当放宽。所以，结构设计时承载能力极限状态的可靠度水平应高于正常使用极限状态的可靠度水平。

特别提示：承载能力极限状态是保证结构安全性的，而正常使用极限状态是保证结构适用性和耐久性的。

2.2.4.3 承载能力极限状态下的设计表达式

结构设计的原则是结构抗力 R 不小于荷载效应 S，事实上，由于结构抗力与荷载效应都是随机变量，因此在进行结构和结构构件设计时采用基于极限状态理论与概率论的计算设计方法，即概率极限状态设计法。各极限状态下的实用设计表达式如下。

1. 承载能力极限状态设计表达式

对于承载能力极限状态，结构构件应按荷载效应(内力)的基本组合和偶然组合(必要时)进行，并以内力和承载力的设计值来表达，其设计表达式为

$$\gamma_0 S \leqslant R \tag{2-2}$$

式中 γ_0——结构重要性系数：安全等级一级 $\gamma_0 \geqslant 1.1$，安全等级二级 $\gamma_0 \geqslant 1.0$，安全等级三级 $\gamma_0 \geqslant 0.9$；

S——承载能力极限状态的荷载效应组合设计值，即内力(轴力 N、弯矩 M、剪力 V、扭矩 T)组合设计值；

R——结构构件抗力设计值。

2. 荷载效应(内力)组合设计值 S 的计算

当结构上同时作用两种及两种以上可变荷载时,要考虑荷载效应(内力)的组合。荷载效应组合是指在所有可能同时出现的各种荷载组合中,确定对结构或构件产生的总效应,取其最不利值。承载能力极限状态的荷载效应组合分为基本组合(永久荷载+可变荷载)与偶然组合(永久荷载+可变荷载+偶然荷载)两种情况。

1) 基本组合

(1) 由可变荷载效应控制的组合:

$$S = \gamma_G S_{Gk} + \gamma_{Q1} S_{Q1k} + \sum_{i=2}^{n} \gamma_{Qi} \psi_{ci} S_{Qik} \tag{2-3}$$

(2) 由永久荷载效应控制的组合:

$$S = \gamma_G S_{Gk} + \sum_{i=1}^{n} \gamma_{Qi} \psi_{ci} S_{Qik} \tag{2-4}$$

式中 S_{Gk}——按永久荷载标准值 G_k 计算的荷载效应值,$S_{GK} = \gamma_G G_k$,γ_G 为永久荷载效应系数;

S_{Qik}——按第 i 个可变荷载标准值 Q_{ik} 计算的荷载效应值,其中 S_{Qik} 为诸可变荷载效应中起控制作用者;

γ_G——永久荷载分项系数,见表 2-3;

γ_{Qi}——第 i 个可变荷载的分项系数,其中 γ_{Q1} 为主导可变荷载 Q_1 的分项系数,见表 2-3;

ψ_{ci}——第 i 个可变荷载 Q_i 的组合值系数,见表 2-1 和表 2-2;

n——参与组合的可变荷载数。

【例 2-3】 某砖混结构,如图 2-4 所示,安全等级二级,求楼层平面图中简支梁由永久荷载标准值引起的跨中截面弯矩 M_{Gk};求楼面可变荷载标准值引起的跨中截面弯矩 M_{Qk};求以上荷载设计值引起的跨中截面弯矩设计值 M。

解 简支梁受均布荷载作用,跨中弯矩最大,其值是 $M = \frac{1}{8}(g+q)l^2$。

(1) 永久荷载标准值引起的跨中截面弯矩。

由例 2-2 计算出板每平方米总重力(面荷载)标准值:$g_k = 2.99\ \text{kN/m}^2$

梁受荷范围 3.3 m,换算成线荷载:$2.99 \times 3.3 = 9.867(\text{kN/m})$

计算出梁自重标准值:$g_k = \gamma bh = 25 \times 0.25 \times 0.5 = 3.125(\text{kN/m})$

梁两侧粉刷标准值:$g_k = 2\gamma bh = 2 \times 17 \times 0.02 \times 0.5 = 0.34(\text{kN/m})$

梁荷载标准值:$g_k = 9.867 + 3.125 + 0.34 = 13.332(\text{kN/m})$

即梁永久荷载标准值:$g_k = 13.332\ \text{kN/m}$

由永久荷载产生的跨中截面弯矩标准值:

$$M_{Gk} = \frac{1}{8} g_k l_0^2 = \frac{1}{8} \times 13.332 \times 5.1^2 = 43.346(\text{kN} \cdot \text{m})$$

(2) 可变荷载标准值引起的跨中截面弯矩。

办公楼可变荷载标准值为：$q_k = 2\ \mathrm{kN/m^2}$（面荷载）

梁受荷范围3.3 m，换算成线荷载为 $q_k = 2 \times 3.3 = 6.6(\mathrm{kN/m^2})$

由可变荷载产生的跨中截面弯矩标准值

$$M_{Q1k} = \frac{1}{8} q_k l_0^2 = \frac{1}{8} \times 6.6 \times 5.1^2 = 21.458(\mathrm{kN \cdot m})$$

(3)跨中截面弯矩设计值 M：

$$M = \gamma_G M_{Gk} + \gamma_{Q1} M_{Q1k} = 1.2 \times 43.346 + 1.4 \times 21.458 = 82.056(\mathrm{kN \cdot m})$$

2)偶然组合

偶然组合是指一个偶然作用与其他可变荷载相结合，这种偶然作用的特点是发生概率小，持续时间短，但对结构的危害大。由于不同的偶然作用（如地震、爆炸、暴风雪等），其性质差别较大，目前还难以给出统一的设计表达式。《建筑结构荷载规范》（GB 50009—2012）提出对于偶然组合，极限状态设计表达式宜按下列原则确定：偶然作用的代表值不乘以分项系数；与偶然作用同时出现的其他荷载，可根据观测资料和工程经验采用适当的代表值。具体的设计表达式及各种系数值，应符合有关规范的规定。

3. 结构抗力 R 的计算

结构抗力 R 指构件的承载能力、刚度等。不同的受力构件，结构抗力 R 的计算方法不同。对于混凝土和砌体结构来讲，R 主要与受力类别（受弯、受剪、受拉、受压等）、材料强度（混凝土强度、钢筋级别、砌体强度等级等）、截面形状与尺寸等有关，计算公式主要是在试验的基础上，分别由相关规范给出。

2.2.4.4　正常使用极限状态设计表达式

对于正常使用极限状态，应根据不同的设计要求，采用荷载的标准组合、频遇组合或准永久组合，并按下列设计表达式进行设计，使变形、裂缝、振幅等计算值不超过相应的规定限值。

$$S \leqslant C \tag{2-5}$$

式中　C——结构或结构构件达到正常使用要求的规定限值，例如变形、裂缝、振幅、加速度、应力等的限值，应按各有关建筑结构设计规范的规定采用。

1. 标准组合

应采用下列表达式：

$$S = S_{Gk} + S_{Q1k} + \sum_{i=2}^{n} \psi_{ci} S_{Qik} \tag{2-6}$$

2. 频遇组合

应采用下列表达式：

$$S = S_{Gk} + \psi_{f1} S_{Q1k} + \sum_{i=2}^{n} \psi_{qi} S_{Qik} \tag{2-7}$$

3. 准永久组合

应采用下列表达式：

$$S = S_{Gk} + \sum_{i=1}^{n} \psi_{qi} S_{Qik} \tag{2-8}$$

式中 $\psi_{f'}$——可变荷载 Q_1 的频遇值系数；

ψ_{qi}——可变荷载 Q_i 的准永久值系数。

特别提示：

(1)混凝土结构构件应根据其使用功能及外观要求，进行正常使用极限状态的验算，其验算应包括下列内容：对需要控制变形的构件，应进行变形验算；对使用上限制出现裂缝的构件，应进行混凝土拉应力验算；对允许出现裂缝的构件，应进行受力裂缝宽度验算；对有舒适度要求的楼盖结构，应进行竖向自振频率验算。

(2)结构构件正截面的受力裂缝控制等级分为三级。一级——严格要求不出现裂缝的构件，按荷载标准组合计算时，构件受拉边缘混凝土不应产生拉应力；二级——一般要求不出现裂缝的构件，按荷载标准组合计算时，构件受拉边缘混凝土拉应力不应大于混凝土抗拉强度的标准值；三级——允许出现裂缝的构件。

小　结

1. 永久荷载的代表值是荷载标准值，可变荷载的代表值有荷载标准值、组合值、频遇值和准永久值；荷载标准值是荷载在结构使用期间的最大值，是荷载的基本代表值。

2. 荷载的设计值是荷载分项系数与荷载代表值的乘积，荷载分项系数分为永久荷载分项系数 γ_G 和可变荷载分项系数 γ_Q。

3. 荷载效应 S 是指由于施加在结构上的荷载产生的结构内力与变形，如拉力、压力、弯矩、剪力、扭矩等内力和伸长、压缩、挠度、转角等变形。结构抗力 R 是指整个结构或结构构件承受作用效应（内力和变形）的能力，如构件的承载能力、刚度等。

4. 结构的功能要求。在正常使用和施工时，能承受可能出现的各种作用。在正常使用时具有良好的工作性能。在正常维护下具有足够的耐久性能。在设计规定的偶然事件发生时及发生后，仍能保持必需的整体稳定性。概括起来就是，安全性、适用性、耐久性，统称可靠性。

5. 对于承载能力极限状态，结构构件应按荷载效应（内力）的基本组合和偶然组合（必要时）进行；对于正常使用极限状态，应根据不同的设计要求，采用荷载的标准组合、频遇组合和准永久组合，使变形、裂缝、振幅等计算值不超过相应的规定限值。

6. 结构的极限状态。结构的极限状态是指整个结构或结构的一部分超过某一特定状态就不能满足设计规定的某一功能要求，此特定状态就叫结构的极限状态。极限状态分为承载能力极限状态和正常使用极限状态。承载能力极限状态是指结构构件达到最大承载能力或不适于继续承载的变形；一旦超过此状态，就可能发生严重后果。正常使用极限状态是指结构或结构构件达到正常使用或耐久性能的某项规定限制。

工作任务

1. 什么是结构上的作用，它们如何分类？

2. 结构可靠度的含义是什么？它包含哪些功能要求？

3. 什么是结构的极限状态？结构的极限状态分为几类？

4. 什么情况下要考虑荷载组合系数，为什么荷载组合系数值小于1？

5. 何谓荷载效应的基本组合、标准组合、频遇组合和准永久组合？

6. 某单层工业基础厂房属一般工业建筑，采用18 m预应力混凝土屋架，恒载标准值产生的下弦拉杆轴向力 $N_{Gk}=300$ kN，屋面活荷载标准值产生的轴向力 $N_{Qk}=100$ kN。组合值系数 $\psi_c=0.9$，频遇值系数 $\psi_f=0.7$，准永久值系数 $\psi_q=0.6$。要求计算：①进行承载力计算时的轴向力设计值；②进行正常使用极限状态设计时按标准组合、频遇组合及准永久组合计算的轴向力设计值。

7. 某砖混结构，安全等级二级，楼层平面图中简支梁 L_1，$b\times h=250$ mm×500 mm，板每平方米总重力（面荷载）标准值 $q_k=3$ kN/m^2，如图2-7所示，试求：①恒荷载标准值引起的跨中截面弯矩 M_{Gk}；②楼面活荷载标准值引起的跨中截面弯矩 M_{Qk}；③以上荷载设计值引起的跨中截面弯矩设计值 M。

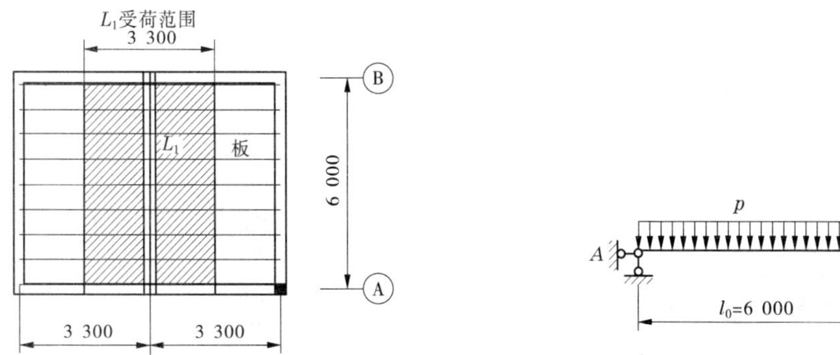

图2-7　结构上的荷载　（单位：mm）

项目 3 钢筋混凝土梁、板结构设计

【学习重点】

钢筋混凝土单筋矩形截面、T形截面梁的配筋计算方法及相关构造要求，钢筋混凝土板的配筋计算方法及相关构造要求，现浇钢筋混凝土楼盖的分类及相关构造。

【能力要求】

能力目标	相关知识
对钢筋混凝土简支梁、单向板进行设计、校核的能力	受弯构件正截面承载力公式及适用条件，斜截面承载力计算公式及适用条件
在实际工程中理解和运用受弯构件构造知识的能力	混凝土保护层，钢筋的锚固长度，梁、板构件的构造要求规定
对实际工程中钢筋混凝土单向板和双向板能够进行区别	单向板和双向板的配筋构造
了解实际工程中的钢筋混凝土楼盖的分类，了解钢筋混凝土肋形楼盖的设计方法	钢筋混凝土楼盖的类别、特点、适用范围及相关计算方法和构造要求
了解钢筋混凝土楼梯的分类，并能识读楼梯的施工图	梁式楼梯和板式楼梯的构件组成以及配筋要求

【技能目标】

熟练掌握梁、板结构正截面、斜截面承载力的计算方法及主要构造要求；掌握裂缝宽度与构件挠度的验算方法；掌握整体式单向板肋梁楼盖及整体式双向板肋梁楼盖的设计与构造要求；了解楼梯、雨篷的设计计算方法及构造要求。

受弯构件是指截面上同时承受以弯矩（M）和剪力（V）为主，而轴力（N）可以忽略不计的构件。受弯构件在弯矩和剪力作用下存在着受弯破坏和受剪破坏两种可能。其中一种是由弯矩引起的破坏，往往发生在弯矩最大处且与梁、板轴线垂直的正截面上，故称为正截面受弯破坏，如图 3-1(a) 所示。另一种破坏主要是由弯矩和剪力共同作用引起的，其破坏截面与构件的轴线斜交，称为斜截面破坏，如图 3-1(b) 所示。

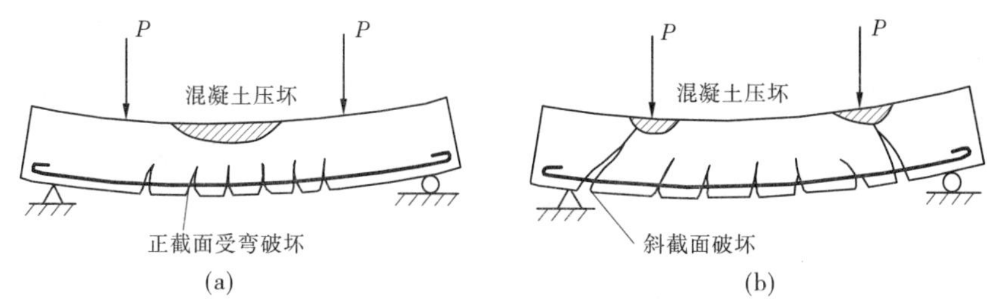

图3-1 受弯构件破坏形式

任务3.1 梁、板的构造知识

不同的受力构件有不同的受力要求。钢筋混凝土构件的截面尺寸和钢筋数量是由计算与构造要求确定的。

梁和板均为常见的受弯构件。梁和板的区别在于:梁的截面高度一般大于自身的宽度,而板的截面高度则远小于自身的宽度。

3.1.1 梁的一般构造要求

3.1.1.1 梁的截面形状

梁的截面形状常见的有矩形、T形、花篮形、工字形等,如图3-2(a)~(d)、(h)所示。

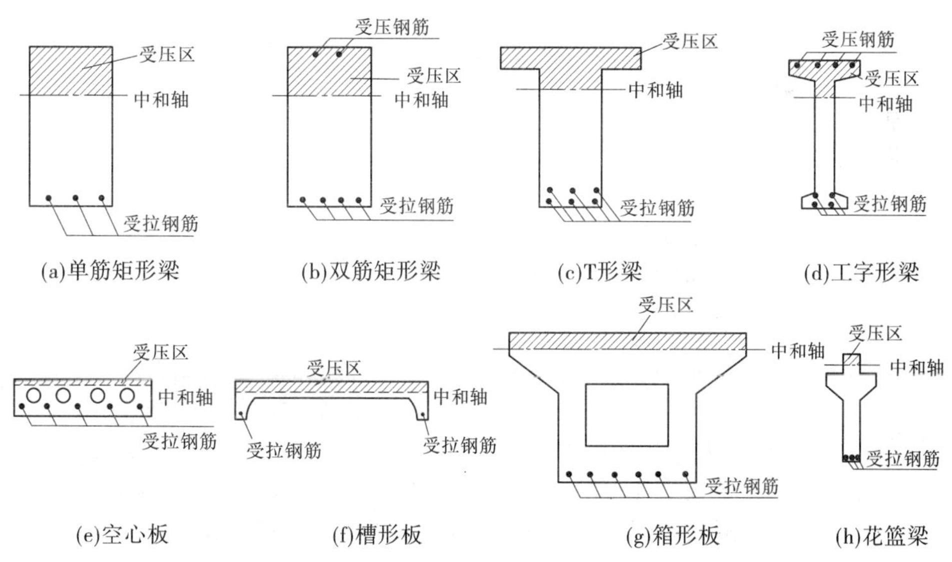

图3-2 受弯构件常见截面形状

3.1.1.2 梁的截面尺寸

梁的截面尺寸除满足承载力要求外,还应满足刚度要求和施工方便。梁截面尺寸与梁的跨度有关,工程结构中梁的截面最小高度可按表3-1选用。同时,考虑便于施工和利于模板的定型化,构件截面尺寸宜统一规格,矩形截面梁的高宽比 h/b 一般取2.0~3.5,

T形截面梁的高宽比 h/b 一般取2.5～4.0(此处 b 为梁肋宽)。矩形截面的宽度或T形截面的梁肋宽 b 一般取100 mm、120 mm、150 mm(180 mm)、200 mm(220 mm)、250 mm、300 mm、350 mm等,300 mm以上每级级差为50 mm,括号中的数值仅用于木模板。矩形截面梁和T形梁高度一般为250 mm、300 mm、350 mm、…、750 mm、800 mm、900mm等。为了统一模板尺寸和便于施工,当梁高 $h \leqslant 800$ mm时,以50 mm为模数递增;当 $h > 800$mm时,以100 mm为模数递增。

表3-1　不需要做变形验算的梁的截面最小高度

构件种类		简支	两端连续	悬臂
整体肋形梁	主梁	$l_0/12$	$l_0/15$	$l_0/6$
	次梁	$l_0/15$	$l_0/20$	$l_0/8$
独立梁		$l_0/12$	$l_0/15$	$l_0/6$

注:l_0 为梁的计算跨度。

3.1.1.3　梁的配筋

受弯构件的钢筋有两类:受力钢筋和构造钢筋。受力钢筋由承载力计算确定,构造钢筋是考虑在计算中未考虑到的影响(如温度变化、混凝土收缩应力等)以及施工中必须设置的钢筋,如图3-3所示。

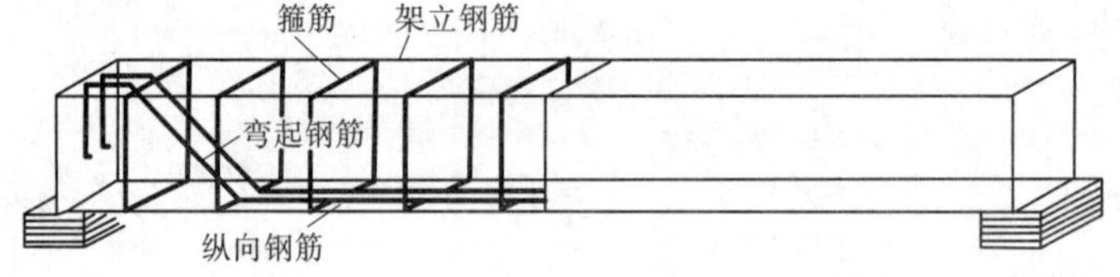

图3-3　梁内钢筋布置图

1.纵向受力钢筋

纵向受力钢筋承受由弯矩产生的拉应力。

(1)宜采用HRB400级(HRBF400级)和HRB500级(HRBF500级)钢筋,也可采用RRB400级、HRB335级(HRBF335级)、HPB300(235)级钢筋。

(2)常用钢筋直径为12 mm、14 mm、16 mm、18 mm、20 mm、22 mm、25 mm、28 mm,根数不得少于2根。梁内受力钢筋直径尽可能相同,设计中若需要两种不同直径的钢筋,钢筋直径相差至少2 mm,以便在施工中能用肉眼识别,但相差也不宜超过6 mm。

(3)钢筋间距。为了便于浇筑混凝土和保证钢筋周围混凝土的质量,使钢筋与混凝土间有可靠的黏结力,钢筋的间距不能太小,如图3-4所示。如果受力纵筋必须排成两排,则上、下两排钢筋应对齐。

2.箍筋

箍筋主要是用来承受剪力,同时可固定纵向受力钢筋并和其他钢筋一起形成立体的钢筋骨架。

1)箍筋的作用

箍筋的作用如下:

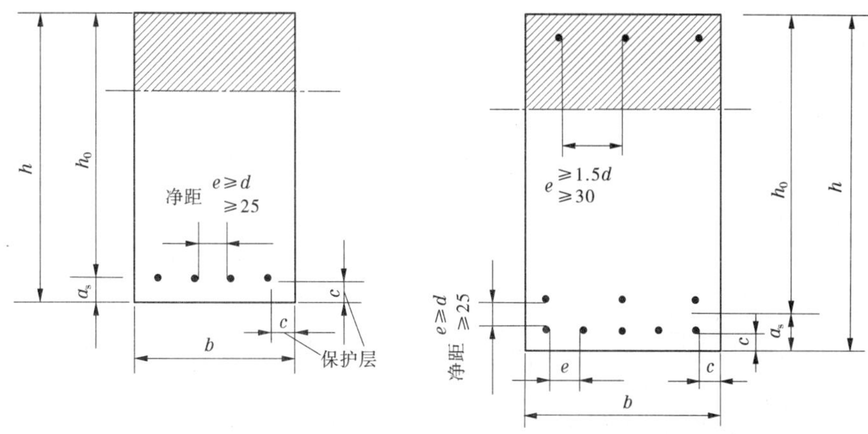

图3-4 钢筋净距、保护层及有效高度

(1)固定纵筋的位置。

(2)提高梁的抗剪能力。

(3)提高梁的抗扭能力。

2)箍筋的形状

箍筋的形状有封闭式和开口式两种,封闭式箍筋可以提高梁的抗扭能力,箍筋常采用封闭式箍筋。配有受压钢筋的梁,必须用封闭式箍筋。

3)箍筋的肢数

箍筋可按需要采用双肢或四肢,如图3-5所示。当梁的宽度大于400 mm且一层内的纵向受压钢筋多于3根时,或当梁的宽度不大于400 mm但一层内的纵向受压钢筋多于4根时,应设置复合箍筋。

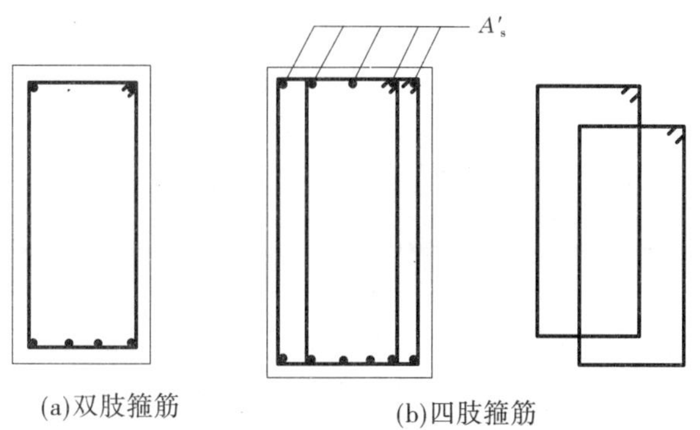

图3-5 箍筋的肢数

4)箍筋的最小直径

梁内箍筋的最小直径要求为:

(1)当梁高 $h>800$ mm时,箍筋直径不宜小于8 mm。

(2)当梁高 $h \leqslant 800$ mm时,箍筋直径不宜小于6 mm。

(3)当梁内配有计算需要的纵向受压钢筋时,箍筋直径不应小于 $d/4$(d 为受压钢筋中的最大直径)。

为了方便箍筋加工成型,常用直径为6 mm、8 mm、10 mm。

5)箍筋的强度

考虑到高强度的钢筋延性较差,施工时成型困难,箍筋一般采用HPB300(235)级钢筋,也可采用HRB335级。

6)箍筋的布置

(1)若按计算需要配置箍筋时,一般可在梁的全长均匀布置箍筋,也可以在梁两端剪力较大的部位布置得密一些。

(2)若按计算不需配置箍筋时,高度$h>300$ mm的梁,仍应沿全梁布置箍筋,高度$h\leqslant 300$ mm的梁,可仅在构件端部各1/4跨度范围内配置箍筋,但当在构件中部1/2跨度范围内有集中荷载作用时,箍筋仍应沿梁全长布置。

箍筋一般从梁边(或墙边)50 mm处开始设置,如图3-6所示。

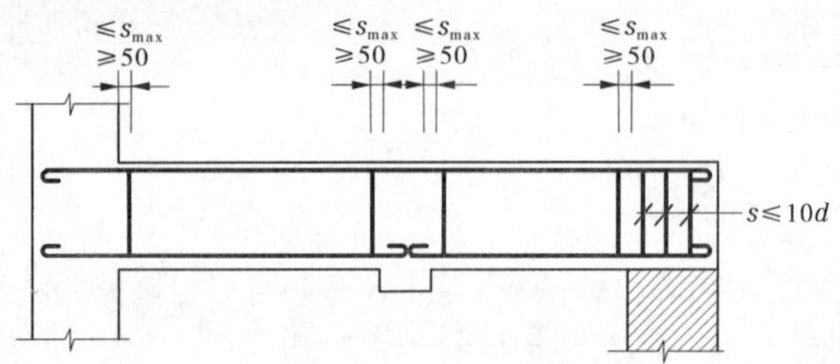

图3-6 箍筋的布置

7)箍筋的最大间距

梁内箍筋的最大间距要求如下:

(1)箍筋的最大间距不得大于表3-2所列的数值。

表3-2 梁内箍筋的最大间距s_{max} (单位:mm)

项次	梁高h	$V>V_c$	$V\leqslant V_c$
1	$h\leqslant 300$	150	200
2	$300<h\leqslant 500$	200	300
3	$500<h\leqslant 800$	250	350
4	$h>800$	300	400

注:薄腹梁的箍筋间距宜适当减小。

(2)当梁中配有计算需要的纵向受压钢筋时,箍筋的间距在绑扎骨架中不应大于$15d$,在焊接骨架中不应大于$20d$(d为受压钢筋中的最小直径)。

(3)任何情况下均不应大于400 mm。

(4)当一层内纵向受压钢筋多于5根且直径大于18 mm时,箍筋间距不应大于$10d$。

(5)在绑扎接头的搭接长度范围内,当钢筋受拉时,箍筋间距不应大于$5d$,且不应大于100 mm;当钢筋受压时,箍筋间距不应大于$10d$,且不应大于200 mm。在此,d为搭接钢筋中的最小直径。当受压钢筋直径$d>25$mm时,还应在搭接接头两个端面外100 mm范围内各设置两个箍筋。

3. 弯起钢筋

弯起钢筋在跨中承受由弯矩产生的拉应力，在弯起段承受由弯矩和剪力产生的主拉应力。

1) 最大间距

弯起钢筋的最大间距同箍筋一样，不得大于表3-2所列的数值。

2) 弯起角度

梁中承受剪力的钢筋，宜优先采用箍筋。当需要设置弯起钢筋时，弯起钢筋的弯起角一般为45°，当梁高 $h \geqslant 800$ mm 时也可用60°。当梁宽较大时，为使弯起钢筋在整个宽度范围内受力均匀，宜在同一截面内同时弯起两根钢筋。

3) 弯起钢筋的锚固

弯起钢筋的弯折终点应留有足够长的直线锚固长度，如图3-7所示，其长度在受拉区不应小于 $20d$，在受压区不应小于 $10d$。对光圆钢筋，其末端应设置弯钩。位于梁底和梁顶角部的纵向钢筋不应弯起。

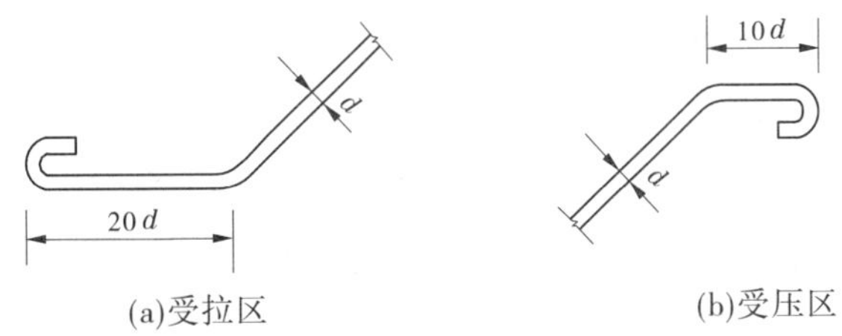

图3-7　弯起钢筋端部构造

弯起钢筋应采用吊筋的形式，如图3-8所示，而不能采用仅在受拉区有较少水平段的浮筋，以防止由于弯起钢筋发生较大的滑移使斜裂缝开展过大，甚至导致斜截面受剪承载力降低。

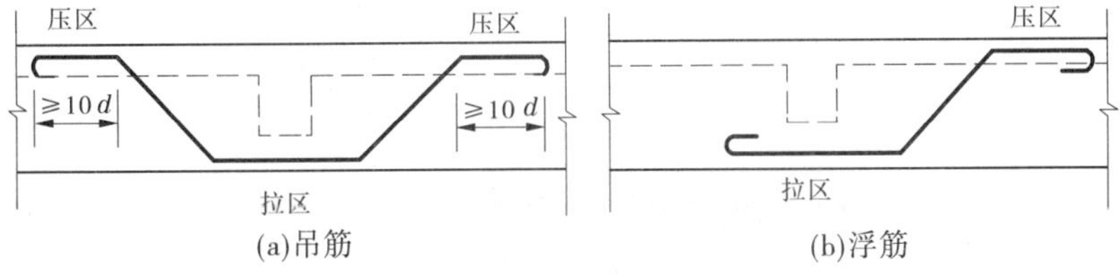

图3-8　吊筋及浮筋

4. 架立钢筋

为使纵向受力钢筋和箍筋能绑扎成骨架，在箍筋的四角必须沿梁全长配置纵向钢筋，在没有纵向受力筋的区段，则应补设架立钢筋。架立钢筋的直径要求如下：

(1) 当梁跨 $l<4$ m 时，架立钢筋直径 d 不宜小于 8 mm。

(2) 当梁跨 $l=4\sim6$ m 时，架立钢筋直径 d 不宜小于 10 mm。

(3) 当梁跨 $l>6$ m 时，架立钢筋直径 d 不宜小于 12 mm。

5. 腰筋及拉筋

当梁的截面高度较大时，为防止温度变形及混凝土收缩等原因使梁中部产生竖向裂缝，同时也为了增强钢筋骨架的刚度，增强梁的抗扭作用，当梁的腹板高度 h_w 超过 450 mm 时，应在梁的两侧沿高度设置纵向构造钢筋，称为腰筋，并用拉筋连系固定，如图 3-9 所示。每侧腰筋的截面面积不应小于腹板截面面积 bh_w 的 0.1%，且间距不宜大于 200 mm。此处 h_w 的取值为：矩形截面取截面的有效高度，T 形截面取截面有效高度减去翼缘高度，工字形截面取腹板净高，如图 3-10 所示。拉筋直径一般与箍筋相同，拉筋间距常取为箍筋间距的倍数，一般为 500 ~ 700 mm。

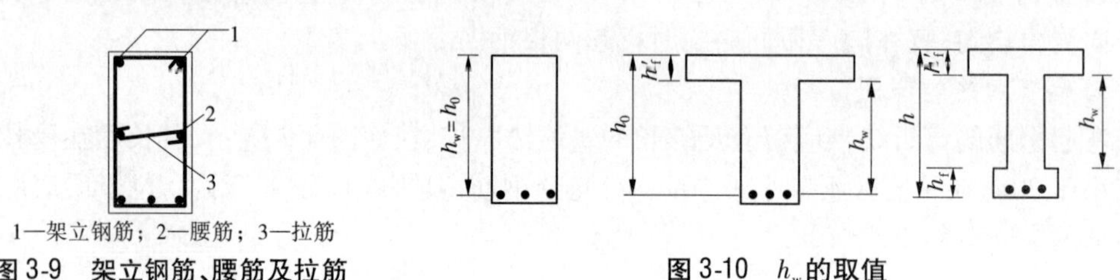

图 3-9　架立钢筋、腰筋及拉筋

图 3-10　h_w 的取值

3.1.2　板的一般构造要求

3.1.2.1　截面形状

板的截面形状常见有箱形、槽形及空心形等，如图 3-2(e) ~ (g) 所示。

3.1.2.2　板的厚度

板的宽度一般比较大，设计计算时可取单位宽度（b = 1 000 mm）进行计算。其厚度 h 应满足（如已满足则可不进行变形验算）：①单跨简支板的最小厚度不小于 $l_0/35$；②多跨连续板的最小厚度不小于 $l_0/40$；③悬臂板的最小厚度（悬臂板的根部厚度）不小于 $l_0/12$。同时，应满足表 3-3 的规定。

表 3-3　现浇钢筋混凝土板的最小厚度　（单位：mm）

板的类别		最小厚度
单向板	屋面板	60
	民用建筑楼板	60
	工业建筑楼板	70
	行车道下的楼板	80
双向板		80
密肋楼盖	肋间距≤700 mm	40
	肋间距 > 700 mm	50
悬臂板（根部）	板的悬臂长度≤500 mm	60
	板的悬臂长度 > 500 mm	80
无梁楼板		150
现浇空心楼盖		200

3.1.2.3　板的配筋

1. 纵向受力钢筋

受力钢筋沿板的跨度方向设置，承担由弯矩作用而产生的拉力，如图3-11所示。

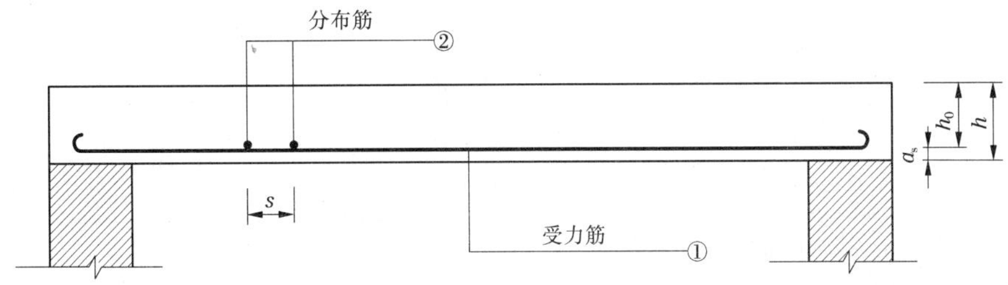

图3-11　板内钢筋布置图

(1)板的纵向受拉钢筋常采用HPB300(235)(Ⅰ级)、HRB335(Ⅱ级)级别钢筋。

(2)常用直径d是6 mm、8 mm、10 mm和12 mm。为了便于施工，设计时选用钢筋直径的种类愈少愈好。

(3)为了便于浇筑混凝土，保证钢筋周围混凝土的密实性，板内钢筋间距不宜太密；为了正常承受弯矩，也不宜过稀。钢筋的间距一般为70～200 mm；当板厚$h \leqslant 150$ mm时，不宜大于200 mm；当板厚$h > 150$ mm时，不宜大于$1.5h$，且不宜大于250 mm。表示方式：Φ8@200。

2. 分布钢筋

分布钢筋与受力钢筋垂直，设置在受力钢筋的内侧，其作用是：

(1)将荷载均匀地传给受力钢筋。

(2)抵抗因混凝土收缩及温度变化而在垂直受力钢筋方向所产生的拉力。

(3)浇筑混凝土时，保证受力钢筋的设计位置。

板中单位长度上的分布钢筋，其截面面积不应小于单位长度上受力钢筋截面面积的15%，其间距不宜大于250 mm，直径不宜小于6 mm。当由于混凝土收缩或温度变化对结构产生的影响较大或对裂缝的要求较严时，板中分布钢筋的数量应适当增加，且间距不宜大于200 mm。

3.1.3　梁、板混凝土保护层

为防止钢筋锈蚀和保证钢筋与混凝土的黏结，梁、板的受力钢筋均应有足够的混凝土保护层。混凝土保护层厚度是指钢筋的外边缘到截面边缘的距离，用c表示，如图3-4所示。受力钢筋的混凝土保护层最小厚度应按表3-4采用，同时也不应小于受力钢筋的直径。

表 3-4 混凝土保护层的最小厚度 （单位:mm）

环境类别	板、墙、壳			梁			柱		
	≤C20	C25 ~ C45	≥C50	≤C20	C25 ~ C45	≥C50	≤C20	C25 ~ C45	≥C50
一	20	15	15	30	25	25	30	30	30
二 a	—	20	20	—	30	30	—	30	30
二 b	—	25	20	—	35	30	—	35	30
三	—	30	25	—	40	35	—	40	35

注:1. 基础中纵向受力钢筋的混凝土保护层厚度不应小于 40 mm,当无垫层时不应小于 70 mm。

2. 处于一类环境且由工厂生产的预制构件，当混凝土强度等级不低于 C20 时，其保护层可按表 3-4 中规定减少 5 mm,但预应力钢筋的保护层厚度不应小于 15 mm。

任务 3.2 梁的正截面的试验分析

3.2.1 适筋梁的正截面受力特性

为了能消除剪力对正截面受弯的影响,使正截面只受到弯矩的作用,一般在试验中采取对一简支梁进行两点对称施加集中荷载的方式,使两个对称集中荷载之间的截面,在忽略自重的情况下,只受纯弯矩而无剪力,称为纯弯区段。在纯弯区段内,沿梁高两侧布置测点,用仪表量测梁的纵向变形,并观察加载后梁的受力全过程。荷载由零开始逐级施加,直至梁正截面受弯破坏,如图 3-12 所示。试验表明,对于适筋梁,从开始加载到正截面完全破坏,截面的受力状态分为三个阶段。

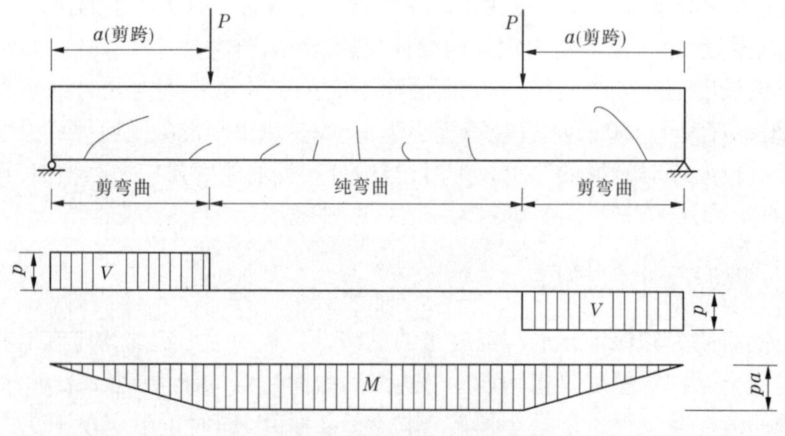

图 3-12 钢筋混凝土试验梁

3.2.1.1 第 I 阶段——混凝土开裂前的未裂阶段

梁从开始加载到受拉区混凝土即将开裂为梁正截面受力的第 I 阶段。开始加载时,混凝土和钢筋的应力都不大,受拉区的拉力由受拉钢筋和受拉区混凝土共同承担,混凝土的应力呈三角形分布。随着荷载的增加,截面所受的弯矩在增大,由于混凝土的抗拉强度

低，受拉区边缘的混凝土很快产生塑性变形，受拉区混凝土的应力由直线变为曲线。弯矩继续增大，受拉区应力图形中曲线部分的范围不断沿梁高向上发展。当弯矩增加到 M_{cr} 时，受拉区边缘的混凝土的应变达到混凝土的极限拉应变，截面处于即将开裂状态，称为第Ⅰ阶段末，如图3-13(a)I_a 所示。此时混凝土还未开裂。第Ⅰ阶段末可作为受弯构件抗裂强度的计算依据。

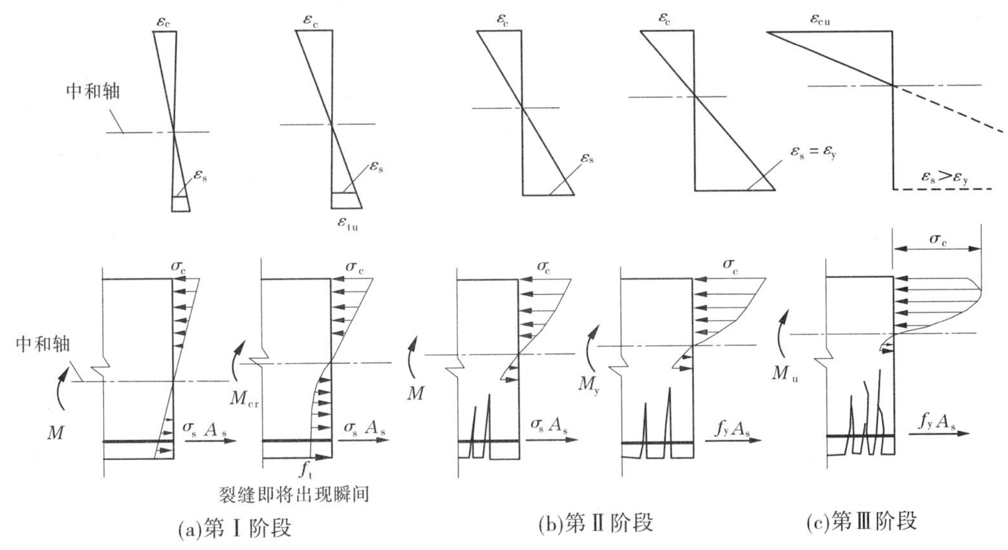

图3-13 梁在各受力阶段的应力—应变图

3.2.1.2 第Ⅱ阶段——带裂缝工作阶段

截面受力达到第Ⅰ阶段末后，荷载只要稍许增加，受拉区边缘混凝土就会开裂，把原先由混凝土承担的那一部分拉力转给钢筋，使钢筋应力突然增大许多，故裂缝出现时梁的挠度和截面曲率都突然增大。受压区混凝土也出现明显的塑性变形，应力图形呈曲线，如图3-13(b)所示，这种受力阶段称为第Ⅱ阶段。

随着荷载继续增加，裂缝进一步开展，使中和轴的位置不断上移，受压区混凝土面积随之逐步减小。当荷载增加到某一数值时，受拉区纵向受力钢筋开始屈服，钢筋应力达到其屈服强度，这种特定的受力状态称为第Ⅱ阶段，对应的弯矩称为屈服弯矩 M_y，如图3-13(b)所示。第Ⅱ阶段相当于梁在正常使用时的应力状态，可作为正常使用极限状态的变形和裂缝宽度计算时的依据。

3.2.1.3 第Ⅲ阶段——破坏阶段

受拉区纵向受力钢筋屈服后，截面承载力无明显增加，但塑性变形急速发展，裂缝宽度随之扩展并沿梁高向上延伸，中和轴继续上移，受压区高度进一步减小。受压区混凝土压应力与压应变迅速增长，压应变图形更趋丰满，如图3-13(c)所示。当弯矩再增大至极限弯矩 M_u 时，称为第Ⅲ阶段末。此时，在荷载几乎保持不变的情况下，裂缝进一步急剧开展，当受压区边缘混凝土纤维达到极限压应变时，受压区混凝土将被压碎并向上崩开，导致梁的最终破坏。

在第Ⅲ阶段整个过程中，钢筋所承受的总拉力大致保持不变，但由于中和轴逐步上移，内力臂 Z 略有增加，故截面极限弯矩 M_u 略大于屈服弯矩 M_y，可见第Ⅲ阶段是截面的破坏阶段，破坏始于纵向受拉钢筋屈服，终结于受压区混凝土压碎。第Ⅲ阶段末可作为正截面受弯承载力计算的依据。

试验同时表明，从开始加载到构件破坏的整个受力过程中，变形前的平面在变形后仍保持平面。

3.2.2 正截面破坏特征

根据试验研究，梁正截面的破坏形式与配筋率 ρ 和钢筋、混凝土的强度等级有关。但是以配筋率对构件破坏特征的影响最为明显。

截面的配筋率 ρ 是指纵向受拉钢筋截面面积与截面有效面积之比，即

$$\rho = \frac{A_s}{bh_0} \tag{3-1}$$

式中 A_s——受拉钢筋截面面积；

b——截面宽度；

h_0——截面的有效高度，即受压边缘至纵向受力钢筋截面重心的距离，按 $h_0 = h - a_s$ 计算，如图 3-14 所示；

a_s——从受拉区边缘至纵向受力钢筋重心的距离，在室内正常环境下，设计计算时 a_s 可按如下近似数值取用：

梁：一排钢筋布置时，$a_s = c + d/2$，一般取 $a_s = 35 \sim 40$ mm；

二排钢筋布置时，$a_s = c + d + e/2$，一般取 $a_s = 60 \sim 70$ mm；

板：$h_0 = h - (20 \sim 25)$ mm；

bh_0——截面的有效面积。

根据配筋率 ρ 的大小不同，梁的破坏形式可以分为以下 3 种形态。

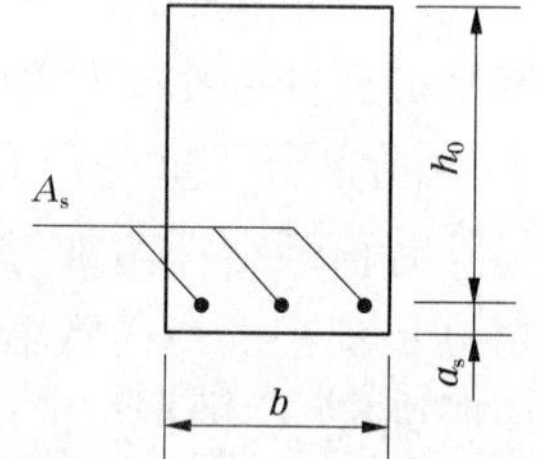

图 3-14 单筋矩形截面示意图

3.2.2.1 适筋梁破坏

适筋梁是指配筋率 ρ 处于适中范围（$\rho_{min} \leqslant \rho \leqslant \rho_{max}$）的梁。从开始加载至截面破坏，整个截面的受力过程符合前面所述的 3 个阶段的梁。这种梁的破坏特点是：受拉钢筋首先达到屈服强度，然后受压区混凝土被压碎，钢筋和混凝土的强度都能得到充分利用。梁在完全破坏以前，由于钢筋要经历较大的塑性伸长，随之引起裂缝急剧开展和梁挠度的激增，它将给人明显的破坏预兆，习惯上把这种梁的破坏称为塑性破坏，如图 3-15(a)所示。

3.2.2.2 超筋梁破坏

配筋率 ρ 超过某一定值（$\rho > \rho_{max}$）的梁一般称为超筋梁。试验表明，由于这种梁内钢筋配置过多，抗拉能力过强，当荷载加到一定程度后，在钢筋拉应力还未达到屈服之前，受压区混凝土已先被压碎，致使构件破坏。由于超筋梁在破坏前钢筋还未屈服而仍处于弹性工作阶段，其延伸较小，因而梁的裂缝较细，挠度较小，当混凝土被压碎时，破坏突然发生，没有预兆，呈脆性破坏，如图 3-15(b)所示。

超筋梁虽然在受拉区配置有很多受拉钢筋，但其强度不能充分利用，同时破坏前又无明显预兆，故在实际工程中应避免。

3.2.2.3　少筋梁破坏

当梁的配筋率ρ低于某一定值($\rho < \rho_{min}$)时，梁在开裂以前拉力主要由混凝土承担，钢筋承担的拉力占很少的一部分。在I_a段，受拉区一旦开裂，拉力就几乎全部转由钢筋承担。但由于受拉区钢筋数量配置太少，使裂缝截面的钢筋拉应力突然剧增直至超过屈服强度，受压区混凝土不会压碎，但过大的变形及裂缝已经不适于继续承载，从而标志着梁的破坏。其特点是：受拉区混凝土一旦开裂，构件即迅速破坏(简称一裂即坏)，如图3-15(c)所示。

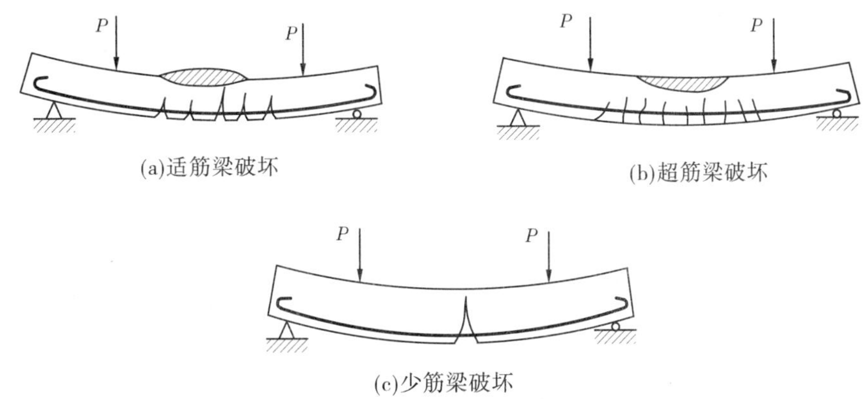

图3-15　梁正截面的三种破坏形式

少筋梁的破坏一般是在梁出现第一条裂缝后突然发生，破坏前没有预兆，称为脆性破坏。少筋梁虽然在受拉区配了钢筋，但不能起到提高混凝土梁承载能力的作用，同时，混凝土的抗压强度也不能充分利用，所以在实际工程中应避免。

由此可见，当截面配筋率变化到一定程度时，将引起梁破坏性质的改变。在实际工程当中，应避免将受力构件设计成超筋或少筋构件，只能设计成适筋构件。因此，必须在设计中对适筋梁的配筋率做出规定，具体规定将在以后的计算中讲述。

任务3.3　受弯构件单筋矩形截面梁的设计

3.3.1　正截面承载力计算的基本假定

为了能推导出受弯构件正截面承载力的计算公式，根据试验研究，《水工混凝土结构设计规范》(SL 191—2008)对钢筋混凝土受弯构件的正截面承载力计算采用了下列4个基本假定：

(1)截面应变保持平面(平截面假定)。

(2)不考虑混凝土的抗拉强度。

(3)混凝土的应力—应变关系曲线采用理想化的应力—应变曲线，如图3-16所示。

(4)有明显屈服点钢筋的应力为钢筋应变ε_s与其弹性模量E_s的乘积，但不得大于其设计强度f_y，即$\sigma_s = E_s \cdot \varepsilon_s \leqslant f_y$，$\sigma'_s = E'_s \cdot \varepsilon'_s \leqslant f'_y$，受拉钢筋的极限拉应变$\varepsilon_{s,max} = 0.01$，如图3-17所示。

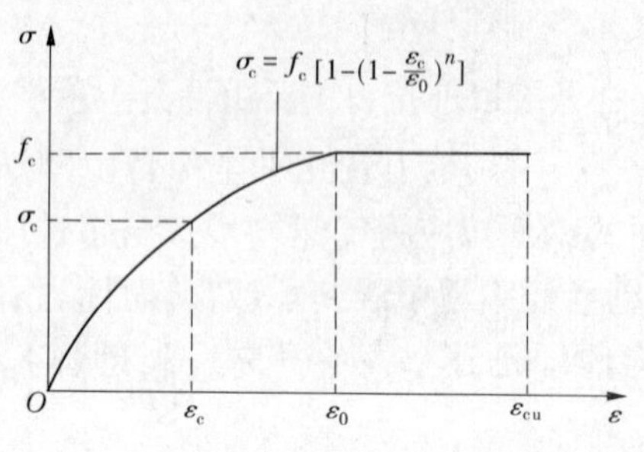

图3-16 混凝土应力—应变关系曲线

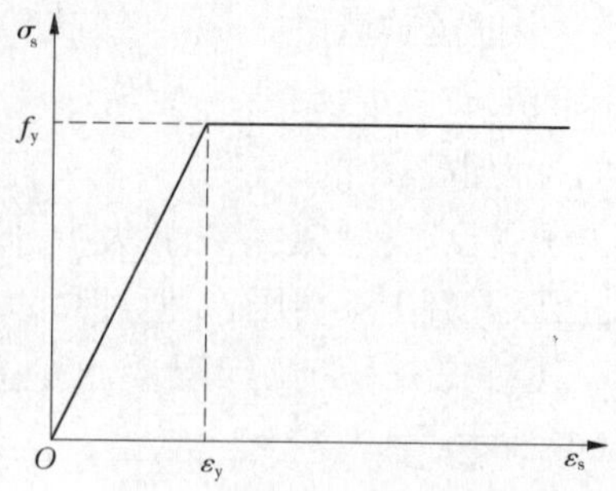

图3-17 有明显屈服点钢筋的应力—应变关系曲线

3.3.2 计算简图

如图3-18所示，为了简化计算，受压区混凝土的应力图形可采用等效矩形应力图形来代替受压区混凝土的理论应力图形。采用等效矩形应力图形代替理论应力图形应满足的条件是：

(1)等效应力图的压力合力与理论应力图形的压力合力大小相等。

(2)等效应力图的压力合力作用点位置与理论应力图形的压力合力作用点位置相同。

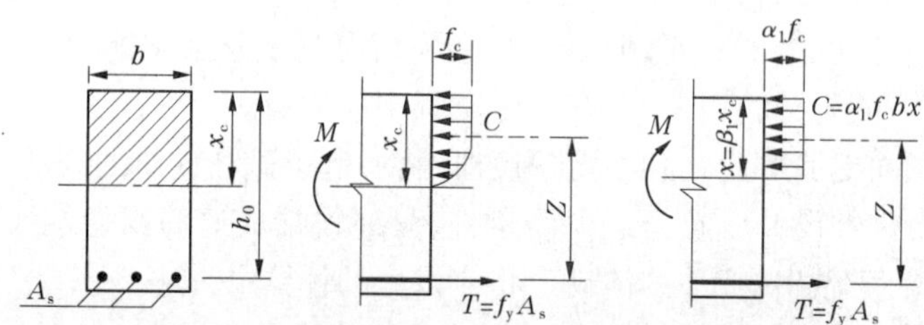

图3-18 单筋矩形截面受压区混凝土等效应力图

根据上述两个条件，经推导计算，得$x = \beta_1 x_0$，$\sigma_0 = \alpha_1 f_c$，α_1和β_1称为等效矩形应力图形系数，当混凝土的强度等级不超过C50时，$\alpha_1 = 1.0$，$\beta_1 = 0.8$，其他强度等级取值见表3-5。

表3-5 受压混凝土的简化应力图形系数α_1和β_1值

系数	≤C50	C55	C60	C65	C70	C75	C80
α_1	1.00	0.99	0.98	0.97	0.96	0.95	0.94
β_1	0.80	0.79	0.78	0.77	0.76	0.75	0.74

3.3.3 基本计算公式及适用条件

如图3-19所示,根据计算简图和截面内力平衡条件可写出单筋矩形截面抗弯强度计算的基本公式。

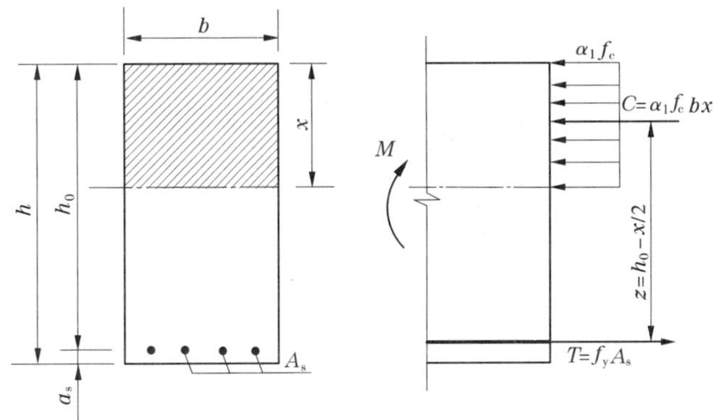

图3-19 单筋矩形截面梁正截面受弯承载力计算简图

由力的平衡条件$\sum X=0$,可得:

$$\alpha_1 f_c bx = f_y A_s \tag{3-2}$$

由力矩平衡条件可得:

$$M \leqslant M_u = \alpha_1 f_c bx\left(h_0 - \frac{x}{2}\right) \tag{3-3a}$$

或

$$M \leqslant M_u = f_y A_s\left(h_0 - \frac{x}{2}\right) \tag{3-3b}$$

式中 M——设计弯矩;

M_u——正截面极限抵抗弯矩;

f_c——混凝土抗压强度设计值;

f_y——钢筋抗拉强度设计值;

A_s——受拉钢筋截面面积;

b——截面宽度;

x——混凝土受压区高度;

h_0——截面有效高度。

由式(3-2)可得:

$$x = \frac{f_y A_s}{\alpha_1 f_c b} \tag{3-4}$$

将等效后的混凝土受压区高度与截面有效高度之比称为相对受压区高度,用ξ表示,即

$$\xi = \frac{x}{h_0} = \frac{f_y A_s}{\alpha_1 f_c bh_0} = \rho\frac{f_y}{\alpha_1 f_c} \tag{3-5}$$

由式(3-5)可得:

$$\rho = \xi \frac{\alpha_1 f_c}{f_y} \tag{3-6}$$

适用条件：

(1)防止发生少筋破坏，要求构件纵向受力钢筋的截面面积满足：

$$A_s \geq A_{s,\min} = \rho_{\min} bh \tag{3-7}$$

式中 $\rho_{\min}$——最小配筋率，见表3-6。

表3-6 混凝土构件中纵向钢筋的最小配筋率 (%)

受力类型			最小配筋率
受压构件	全部纵向钢筋	强度等级500 MPa	0.50
		强度等级400 MPa	0.55
		强度等级300 MPa、350 MPa	0.60
	一侧纵向钢筋		0.20
受弯构件、偏心受拉、轴心受拉构件一侧的受拉钢筋	0.20和$45f_t/f_y$中的较大值		

注：1. 受压构件全部纵向钢筋的最小配筋率，当混凝土强度等级为C60及以上时，应按表中规定增大0.10。

2. 板类受弯构件（不包括悬臂板）的受拉钢筋，当采用强度等级400 MPa、500 MPa的钢筋时，其最小配筋率应允许采用0.15和$45f_t/f_y$中的较大值。

3. 偏心受拉构件中的受压钢筋，应按受压构件一侧纵向钢筋考虑。

4. 受压构件的全部纵向钢筋和一侧纵向钢筋的配筋率以及轴心受拉构件和小偏心受拉构件一侧受拉钢筋的配筋率应按构件的全截面面积计算，受弯构件、大偏心受拉构件一侧受拉钢筋的配筋率应按全截面面积扣除受压翼缘面积$(b'_f - b)h'_f$后的截面面积计算。

5. 当钢筋沿构件截面周边布置时，一侧纵向钢筋是指沿受力方向两个对边中的一边布置的纵向钢筋。

(2)防止发生超筋破坏，要求构件截面的相对受压区高度ξ不得超过其相对界限受压区高度$0.85\xi_b$，即

$$\xi \leq 0.85\xi_b \tag{3-8}$$

或

$$x \leq 0.85\xi_b h_0 \tag{3-9}$$

$$\rho \leq \rho_{\max} = 0.85\xi_b \frac{\alpha_1 f_c}{f_y} \tag{3-10}$$

相对界限受压区高度ξ_b是适筋构件与超筋构件相对受压区高度的界限值，它需要根据截面平面变形等假定求出。《水工混凝土结构设计规范》(SL 191—2008)给出ξ_b的建议值，见表3-7，设计时可供查用。

表3-7 相对界限受压区高度ξ_b

钢筋类别	≤C50	C60	C70	C80
HPB300(235)	0.576(0.614)	0.556	0.537	0.518
HRB335、HRBF335	0.550	0.531	0.512	0.493
HRB400、HRBF400、RRB400	0.518	0.499	0.481	0.429
HRB500、HRBF500	0.482	0.464	0.447	0.429

3.3.4　基本公式的应用

3.3.4.1　确定截面尺寸

根据设计经验或已建类似结构，并考虑构造及施工方面的特殊要求，拟定截面高度 h 和截面宽度 b。衡量截面尺寸是否合理的标准是：拟定截面尺寸应使计算出的实际配筋率 ρ 处于常用配筋率范围内。一般梁、板的常用配筋率范围如下：

（1）现浇实心板：0.4% ~0.8%。

（2）矩形截面梁：0.6% ~1.5%。

（3）T 形截面梁：0.9% ~1.8%（相对于梁肋而言）。

3.3.4.2　内力计算

（1）确定合理的计算简图。计算简图中应包括计算跨度、支座条件、荷载形式等的确定。梁与板的计算跨度 l_0，取下列各值中的较小者。

简支梁、空心板：　$l_0 = l_c = l_n + a/2 + b/2$ 或 $l_0 = 1.05l_n$

简支实心板：　$l_0 = l_c = l_n + a/2 + b/2$，$l_0 = l_n + h$ 或 $l_0 = 1.1l_n$

式中：l_n 为梁或板的净跨；a 为梁或板的左端支承长度；b 为梁或板的右端支承长度；h 为板的厚度。

（2）确定弯矩设计值 M。进行荷载的最不利组合，计算出跨中最大正弯矩和支座最大负弯矩设计值。

3.3.4.3　截面设计

已知：弯矩设计值 M，截面尺寸 b、$h(h_0)$，以及材料强度 $\alpha_1 f_c$、f_y，求所需纵向受拉钢筋的截面面积 A_s。

（1）取定 a_s，计算 $h_0 = h - a_s$。

（2）联立式(3-3a)求解 x，$x = h_0 - \sqrt{h_0^2 - \dfrac{2M}{\alpha_1 f_c b}}$。

（3）验算是否超筋，即是否满足 $x \leqslant 0.85\xi_b h_0$ 的条件，若不满足，则应加大截面尺寸，或提高混凝土强度等级，或改用双筋矩形截面重新计算。

（4）计算 A_s，$A_s = \dfrac{\alpha_1 f_c bx}{f_y}$。

（5）验算是否少筋，即是否满足 $\rho \geqslant \rho_{min}$ 或 $A_s \geqslant A_{s,min} = \rho_{min} bh$ 的条件，若不满足，则按 $A_s = \rho_{min} bh$ 配置钢筋。

（6）根据计算求得的 A_s，利用表 3-8 或表 3-9 选择适当的钢筋直径和根数（实际配筋面积不宜超过计算值的 ±5%），并画配筋图。

表 3-8　钢筋的计算截面面积及理论质量

直径 d(mm)	不同根数钢筋的计算截面面积(mm²)									理论质量 (kg/m)
	1	2	3	4	5	6	7	8	9	
6	28.3	56.6	84.9	113	142	170	198	226	255	0.222
8	50.3	101	151	201	251	302	352	402	452	0.395

续表 3-8

直径 d(mm)	不同根数钢筋的计算截面面积(mm^2)									理论质量(kg/m)
	1	2	3	4	5	6	7	8	9	
10	78.5	157	236	314	393	471	550	628	707	0.617
12	113.1	226	339	452	565	679	792	905	1 018	0.888
14	153.9	308	462	616	770	924	1 078	1 232	1 385	1.208
16	201.1	402	603	804	1 005	1 206	1 407	1 608	1 810	1.578
18	254.5	509	763	1 018	1 272	1 527	1 781	2 036	2 290	1.998
20	314.2	628	942	1 257	1 571	1 885	2 199	2 513	2 827	2.466
22	380.1	760	1 140	1 521	1 901	2 281	2 661	3 041	3 421	2.984
25	490.9	982	1 473	1 963	2 454	2 945	3 436	3 927	4 418	3.853
28	615.8	1 232	1 847	2 463	3 079	3 695	4 310	4 926	5 542	4.833
30	706.9	1 414	2 121	2 827	3 534	4 241	4 948	5 655	6 362	5.549

表 3-9 钢筋混凝土板每米宽的钢筋截面面积

钢筋间距(mm)	钢筋直径(mm)											
	3	4	5	6	6/8	8	8/10	10	10/12	12	12/14	14
70	101.0	180.0	280.0	404.0	261.0	719.0	920.0	1 121.0	1 369.0	1 616.0	1 907.0	2 199.0
75	94.2	168.0	262.0	377.0	524.0	671.0	859.0	1 047.0	1 277.0	1 508.0	1 780.0	2 052.0
80	88.4	157.0	245.0	354.0	491.0	629.0	805.0	981.0	1 198.0	1 414.0	1 669.0	1 924.0
85	83.2	148.0	231.0	333.0	462.0	592.0	758.0	924.0	1 127.0	1 331.0	1 571.0	1 811.0
90	78.5	140.0	218.0	314.0	437.0	559.0	716.0	872.0	1 064.0	1 257.0	1 483.0	1 710.0
95	74.5	132.0	207.0	298.0	414.0	529.0	678.0	826.0	1 008.0	1 190.0	1 405.0	1 620.0
100	70.6	126.0	196.0	283.0	393.0	503.0	644.0	785.0	958.0	1 131.0	1 335.0	1 539.0
110	64.2	114.0	178.0	257.0	357.0	457.0	585.0	714.0	871.0	1 028.0	1 214.0	1 399.0
120	58.9	105.0	163.0	236.0	327.0	419.0	537.0	654.0	798.0	942.0	1 113.0	1 283.0
125	56.5	101.0	157.0	226.0	314.0	402.0	515.0	628.0	766.0	905.0	1 068.0	1 231.0
130	54.4	96.6	151.0	218.0	302.0	387.0	495.0	604.0	737.0	870.0	1 027.0	1 184.0
140	50.5	89.8	140.0	202.0	281.0	359.0	460.0	561.0	684.0	808.0	954.0	1 099.0
150	47.1	83.8	131.0	189.0	262.0	335.0	429.0	523.0	639.0	754.0	890.0	1 026.0
160	44.1	78.5	123.0	177.0	246.0	314.0	403.0	491.0	599.0	707.0	834.0	962.0
170	41.5	73.9	115.0	166.0	231.0	296.0	379.0	462.0	564.0	665.0	785.0	905.0

续表 3-9

钢筋间距（mm）	钢筋直径（mm）											
	3	4	5	6	6/8	8	8/10	10	10/12	12	12/14	14
180	39.2	69.8	109.0	157.0	218.0	279.0	358.0	436.0	532.0	628.0	742.0	855.0
190	37.2	66.1	103.0	149.0	207.0	265.0	339.0	413.0	504.0	595.0	703.0	810.0
200	35.3	62.8	98.2	141.0	196.0	251.0	322.0	393.0	479.0	565.0	668.0	770.0
220	32.1	57.1	89.2	129.0	179.0	229.0	293.0	357.0	436.0	514.0	607.0	700.0
240	29.4	52.4	81.8	118.0	164.0	210.0	268.0	327.0	399.0	471.0	556.0	641.0
250	28.3	50.3	78.5	113.0	157.0	201.0	258.0	314.0	383.0	452.0	534.0	616.0
260	27.2	48.3	75.5	109.0	151.0	193.0	248.0	302.0	369.0	435.0	513.0	592.0
280	25.2	44.9	70.1	101.0	140.0	180.0	230.0	280.0	342.0	404.0	477.0	550.0
300	23.6	41.9	65.5	94.2	131.0	168.0	215.0	262.0	319.0	377.0	445.0	513.0
320	22.1	39.3	61.4	88.4	123.0	157.0	201.0	245.0	299.0	353.0	417.0	481.0

3.3.4.4　截面承载力复核

已知构件截面尺寸 $b \times h$、混凝土强度等级、钢筋的级别、所配受拉钢筋截面面积 A_s、构件所承受的弯矩设计值 M，验算该构件正截面承载力 M_u 是否足够。步骤如下：

（1）取定 a_s，计算 $h_0 = h - a_s$。

（2）验算是否满足 $A_s \geqslant A_{s,\min} = \rho_{\min} bh$。

（3）计算 $x = \dfrac{f_y A_s}{\alpha_1 f_c b}$。

（4）验算是否满足 $x \leqslant 0.85\xi_b h_0$ 的条件，若满足 $x \leqslant 0.85\xi_b h_0$，则 $M_u = f_y A_s\left(h_0 - \dfrac{x}{2}\right)$ 或 $M_u = \alpha_1 f_c bx\left(h_0 - \dfrac{x}{2}\right)$；若 $x > 0.85\xi_b h_0$，则说明此梁属超筋梁，应取 $x = 0.85\xi_b h_0$ 代入式 $M_u = f_y A_s\left(h_0 - \dfrac{x}{2}\right)$ 或 $M_u = \alpha_1 f_c bx\left(h_0 - \dfrac{x}{2}\right)$ 计算 M_u。

（5）比较 M_u 与 M 的大小关系，当 $M_u \geqslant M$ 时，则正截面承载力满足要求；否则，截面不安全，需重新进行设计或采取加固措施。

【例 3-1】　已知梁的截面尺寸为 $b \times h = 200\ \text{mm} \times 500\ \text{mm}$，混凝土强度等级为 C25，钢筋采用 HRB335，截面弯矩设计值 $M = 165\ \text{kN}\cdot\text{m}$。环境类别为一类，安全等级为二级。求：受拉钢筋的截面面积 A_s。

解　根据已知条件，查表 3-5 得 $\alpha_1 = 1.0$，查附表 1 得 $f_c = 11.9\ \text{N/mm}^2$，$f_t = 1.27\ \text{N/mm}^2$，查附表 3 得 $f_y = 300\ \text{N/mm}^2$，$\xi_b = 0.550$，结构重要系数 $\gamma_0 = 1.0$。

（1）采用单排布筋，取 $a_s = 35$ mm，则 $h_0 = h - a_s = 500 - 35 = 465$（mm）。

(2)将已知数值代入下式求 x：

$$x = h_0 - \sqrt{h_0^2 - \frac{2M}{\alpha_1 f_c b}} = 465 - \sqrt{465^2 - \frac{2 \times 165 \times 10^6}{1.0 \times 11.9 \times 200}} = 186.5(\text{mm})$$

(3)验算超筋条件。

$$x = 186.5\ \text{mm} < 0.85\xi_b h_0 = 0.85 \times 0.550 \times 465 = 217.39(\text{mm})$$

故不超筋。

(4)将 $x = 186.5$ mm 代入下式：

$$A_s = \frac{\alpha_1 f_c bx}{f_y} = \frac{1.0 \times 11.9 \times 200 \times 186.5}{300} = 1\ 479.6(\text{mm}^2)$$

(5)验算最小配筋率。

$$A_{s,\min} = \max\left\{0.002bh, 0.45\frac{f_t}{f_y}bh\right\} = \max\{200, 190.5\} = 200\ \text{mm}^2 < 1\ 479.6\ \text{mm}^2$$

故满足最小配筋率要求。

(6)查表3-8，选4 Φ 22，$A_s = 1\ 521\ \text{mm}^2$，如图3-20所示。

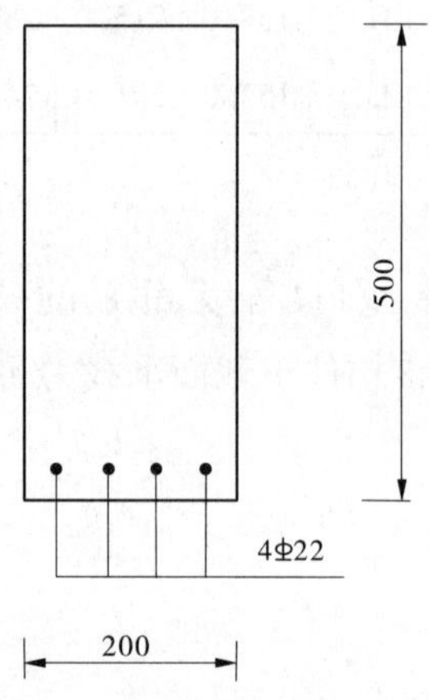

图3-20 例3-1 截面配筋图

【例3-2】 已知某矩形钢筋混凝土梁，安全等级二级，一类环境，截面尺寸为 $b \times h = 250\ \text{mm} \times 600\ \text{mm}$，选用C30强度等级混凝土和HRB400级钢筋，截面配有6 Φ 20的受拉钢筋，该梁承受荷载引起的最大弯矩设计值 $M = 300\ \text{kN}\cdot\text{m}$，试复核该梁是否安全。

解 查表3-5可知 $\alpha_1 = 1.0$，由附表1得 $f_c = 14.3\ \text{N/mm}^2$，$f_t = 1.43\ \text{N/mm}^2$，查附表3得 $f_y = 360\ \text{N/mm}^2$，由表3-7得 $\xi_b = 0.518$，结构重要系数 $\gamma_0 = 1.0$。

由于钢筋较多，如放一排，不能满足钢筋净距构造要求，所以必须放两排。

钢筋净间距 $S_n = \dfrac{250 - 2 \times 25 - 4 \times 20}{2} = 60(\text{mm}) > d$ 且 > 25 mm

符合要求。

(1)查表3-4得 $c = 25$ mm，则

$a_s = c + d + e/2 = 25 + 20 + 25/2 = 57.5(\text{mm})$

取 a_s 为60 mm，则 $h_0 = h - 60 = 540(\text{mm})$。

(2)验算是否少筋。

$$\rho_{\min} = 0.2\% > 0.45f_t/f_y = 0.45 \times 1.43/360 = 0.18\%$$

$$A_s = 1\ 885\ \text{mm}^2 > \rho_{\min}bh = 0.2\% \times 250 \times 600 = 300(\text{mm}^2)$$

所以不会产生少筋破坏。

(3)计算 x。

$$x = \frac{f_y A_s}{\alpha_1 f_c b} = \frac{360 \times 1\ 885}{1.0 \times 14.3 \times 250} = 189.82(\text{mm}) < 0.85\xi_b h_0 = 0.85 \times 0.518 \times 540 = 237.76(\text{mm})$$

所以不会发生超筋破坏。

(4)计算 M_u 并比较。

$$M_u = f_y A_s\left(h_0 - \frac{x}{2}\right) = 360 \times 1\ 885 \times \left(540 - \frac{189.82}{2}\right) = 302.04 \times 10^6(\text{N} \cdot \text{mm})$$

$$= 302.04\ \text{kN} \cdot \text{m} > M = 300\ \text{kN} \cdot \text{m}$$

因此,该截面是安全的。

【例 3-3】　已知一单跨简支板,计算跨度 $l_0 = 2.20$ m,承受均布活荷载 $q_k = 6.0$ kN/m^2。混凝土强度等级为 C30,采用 HRB400 级钢筋,环境类别为一类。钢筋混凝土的重力密度 $\gamma = 25$ kN/m^3,板厚为 80 mm,试确定板中配筋。

解　(1)确定计算参数。

C30 级混凝土:$\alpha_1 = 1.0$,由附表 1 得 $f_c = 14.3$ N/mm^2,$f_t = 1.43$ N/mm^2。

HRB400 级钢筋:查附表 3 得 $f_y = 360$ N/mm^2, $\xi_b = 0.518$。

由环境类别为一类,查表 3-4 得 $c = 15$ mm,$h_0 = 80 - (15 + 5) = 60$(mm)

(2)确定板的跨中截面弯矩设计值。

取板宽 $b = 1\ 000$ mm 的板带为计算单元,板厚 80 mm。

则板自重 $g_k = 25 \times 0.08 = 2.0$(kN/m^2)

$$M_{Gk} = \frac{1}{8}g_k l_0^2 = \frac{1}{8} \times 2.0 \times 2.20^2 = 1.21(\text{kN} \cdot \text{m})$$

$$M_{Qk} = \frac{1}{8}q_k l_0^2 = \frac{1}{8} \times 6.0 \times 2.20^2 = 3.63(\text{kN} \cdot \text{m})$$

一般构件永久荷载起控制作用:

$$M = \gamma_0(\gamma_G M_{Gk} + \psi_c \gamma_Q M_{Qk})$$
$$= 1.0 \times (1.35 \times 1.21 + 0.7 \times 1.4 \times 3.63) = 5.19(\text{kN} \cdot \text{m})$$

可变荷载起控制作用:

$$M = \gamma_0(\gamma_G M_{Gk} + \gamma_Q M_{Qk}) = 1.0 \times (1.2 \times 1.21 + 1.4 \times 3.63) = 6.534(\text{kN} \cdot \text{m})$$

取较大值为截面控制弯矩设计值,即 $M = 6.534$ kN · m。

(3)计算截面抵抗矩系数。

$$\alpha_s = \frac{M}{\alpha_1 f_c b h_0^2} = \frac{6.534 \times 10^6}{1.0 \times 14.3 \times 1\ 000 \times 60^2} = 0.127$$

(4)$\xi = 1 - \sqrt{1 - 2a_s} = 0.136 < 0.85\xi_b = 0.44$

故不超筋。

(5)确定板的钢筋面积A_s。

$$A_s = \frac{M}{\gamma_s f_y h_0} = \frac{6.534 \times 10^6}{0.933 \times 360 \times 60} = 324.2(\text{mm}^2)$$

(6)验算最小配筋率。

$$\rho_{\min} = \max\left(0.2\%, 0.45\frac{f_t}{f_y}\right) = \max\left(0.2\%, 0.45 \times \frac{1.43}{360}\right) = 0.2\%$$

$$A_s = 324.2\ \text{mm}^2 > A_{s,\min} = \rho_{\min} bh = 0.002 \times 1\,000 \times 80 = 160(\text{mm}^2)$$

故不少筋。

(7)选择钢筋。

查表3-9得:选用Φ8@150,$A_s = 335.0\ \text{mm}^2$。

根据构造要求,分布筋选用ф6@200($A_s = 141\ \text{mm}^2$)。绘制配筋图,如图3-21所示。

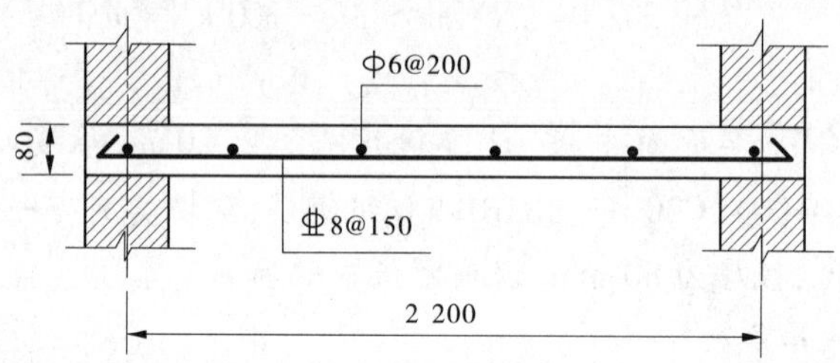

图3-21 例3-3板的配筋图

【例3-4】 某学校教室梁截面尺寸为200 mm×450 mm,纵筋采用4Φ16($A_s = 804\ \text{mm}^2$),弯矩设计值$M = 80\ \text{kN}\cdot\text{m}$,混凝土强度等级为C25($\alpha_1 = 1.0, f_c = 11.9\ \text{N/mm}^2, f_t = 1.27\ \text{N/mm}^2$),HRB335级钢筋($f_y = 300\ \text{N/mm}^2$)。验算此梁是否安全。

解 (1)采用单排布筋,取$a_s = 35\ \text{mm}$,则$h_0 = h - a_s = 450 - 35 = 415(\text{mm})$。

(2)验算最小配筋率。

$$A_{s,\min} = \max\left\{0.002bh, 0.45\frac{f_t}{f_y}bh\right\} = \max\{180, 171.5\} = 180\ \text{mm}^2 < A_s = 804\ \text{mm}^2$$

故满足最小配筋率要求。

(3)求ξ,验算是否超筋。

$$\xi = \frac{f_y A_s}{\alpha_1 f_c b h_0} = \frac{300 \times 804}{1.0 \times 11.9 \times 200 \times 415} = 0.244 < 0.85\xi_b = 0.85 \times 0.550 = 0.468$$

故不超筋。

(4)由式(3-11)计算M_u。

$$\begin{aligned} M_u &= \alpha_1 f_c b h_0^2 \xi(1 - 0.5\xi) \\ &= 1.0 \times 11.9 \times 200 \times 415^2 \times 0.244 \times (1 - 0.5 \times 0.244) = 87.8 \times 10^6(\text{N}\cdot\text{mm}) \\ &= 87.8\ \text{kN}\cdot\text{m} > M = 80\ \text{kN}\cdot\text{m} \end{aligned}$$

故该梁安全。

任务 3.4　双筋矩形截面梁的设计

3.4.1　双筋矩形截面及应用条件

不但在截面的受拉区，而且在截面的受压区同时配有纵向受力钢筋的矩形截面称为双筋矩形截面。

双筋矩形截面适用于以下几种情况：

(1) 同一截面在不同荷载组合下出现正、负弯矩。

(2) 截面承受的弯矩设计值大于单筋截面所能承受的最大弯矩，而截面尺寸和材料品种等由于某些原因又不能改变。

(3) 由于某种原因，结构或构件的截面的受压区预先已经布置了一定数量的受力钢筋。

(4) 在计算抗震设防烈度为 6 度以上地区，为了增加构件的延性，在受压区配置普通钢筋，对结构抗震有利。

双筋矩形截面的用钢量比单筋截面的多，因此为了节约钢材，应尽可能地不要将截面设计成双筋截面。

3.4.2　计算简图

双筋矩形截面破坏时的受力特点与单筋截面相似，只要纵向受拉钢筋的数量不过多，双筋矩形截面的破坏仍然是纵向受拉钢筋先屈服，然后受压区混凝土达到抗压强度而被压坏。此时，设置在受压区的受压钢筋的应力一般也达到其抗压强度 f_y'。

为了简化计算，双筋矩形截面与单筋矩形截面一样，如图 3-22 所示。

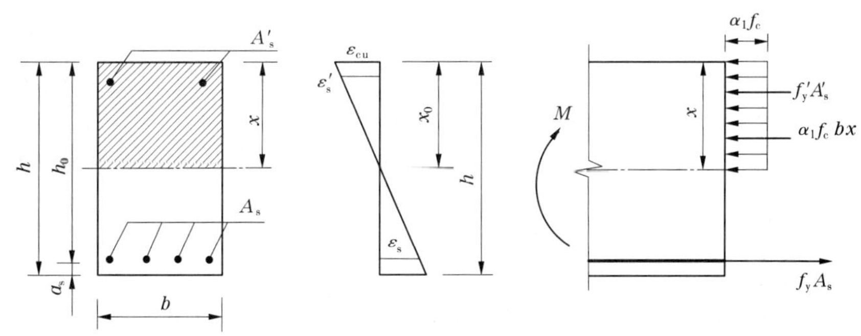

图 3-22　双筋矩形截面受弯承载力计算应力图

3.4.3　基本计算公式

3.4.3.1　受压钢筋的设计强度

双筋截面可以看作是在单筋截面的基础上，利用配置在受压区的受压钢筋和受拉区的部分受拉钢筋来承受一部分弯矩。试验表明，双筋截面只要满足 $\xi \leqslant 0.85\xi_b$，它就具有单筋截面适筋梁的破坏特征。因此,双筋截面要考虑受压钢筋的作用及设计强度。

钢筋和混凝土之间具有黏结力,所以受压钢筋与周边混凝土具有相同的压应变,即 $\varepsilon_s' = \varepsilon_c$。当受压边缘混凝土纤维达到极限压应变时,受压钢筋应力 $\sigma_s' = \varepsilon_s' E_s = \varepsilon_c E_s$。正常情况下($x \geqslant 2a_s'$),计算受压钢筋应力时取 $\varepsilon_s' = \varepsilon_c = 0.002$。$\sigma_s' = 0.002 \times (1.95 \times 10^5 \sim 2.0 \times 10^5) = 390 \sim 400\ \text{N/mm}^2$。试验表明,若采用中、低强度钢筋作为受压钢筋,且混凝土受压区计算高度 $x \geqslant 2a_s'$,构件破坏时受压钢筋应力能达到屈服强度 f_y';若采用高强度钢筋作为受压钢筋,由于受到混凝土极限压应变的限制,钢筋的强度不能充分利用,抗压强度设计值只能取用 360 N/mm^2。

3.4.3.2 基本公式

根据图 3-22 可写出双筋矩形截面抗弯强度计算的基本公式。

由力的平衡条件可得:

$$\alpha_1 f_c bx + f_y' A_s' = f_y A_s \tag{3-11}$$

由力矩平衡条件可得:

$$M \leqslant M_u = \alpha_1 f_c bx\left(h_0 - \frac{x}{2}\right) + f_y' A_s'(h_0 - a_s') \tag{3-12}$$

式中 f_y'——钢筋抗压强度设计值;

A_s'——受压钢筋截面面积;

a_s'——受压区纵向受力钢筋合力作用点到受压区混凝土外边缘之间的距离。

由图 3-22 和式(3-11)、式(3-12)可知,双筋矩形截面受弯承载力设计值 M_u 及纵向受拉钢筋 A_s 都可以看作由两部分组成:一部分是由受压混凝土和相应的受拉钢筋 A_{s1} 所承担的弯矩 M_{u1};另一部分则是由受压钢筋 A_s'和相应的受拉钢筋 A_{s2} 所承担的弯矩 M_{u2},如图 3-23 所示。

$$M_u = M_{u1} + M_{u2} \tag{3-13}$$

$$A_s = A_{s1} + A_{s2} \tag{3-14}$$

由图 3-23 列平衡方程可得:

$$f_y A_{s1} = \alpha_1 f_c bx \tag{3-15}$$

$$M_{u1} = \alpha_1 f_c bx\left(h_0 - \frac{x}{2}\right) \tag{3-16}$$

$$f_y A_{s2} = f_y' A_s' \tag{3-17}$$

$$M_{u2} = f_y' A_s'(h_0 - a_s') \tag{3-18}$$

3.4.3.3 适用条件

(1)为防止发生超筋破坏,设计时应满足 $\xi \leqslant 0.85\xi_b$ 或 $x \leqslant 0.85\xi_b h_0$。

(2)为了防止受压钢筋在构件破坏时达不到抗压强度设计值 f_y',设计时需满足 $x \geqslant 2a_s'$。

当 $x \geqslant 2a_s'$时,可近似取 $x = 2a_s'$进行计算。此时双筋截面的计算公式为

$$M \leqslant M_u = f_y A_s(h_0 - a_s') \tag{3-19}$$

双筋截面通常都能满足最小配筋率的要求,可不再进行最小配筋率的验算。

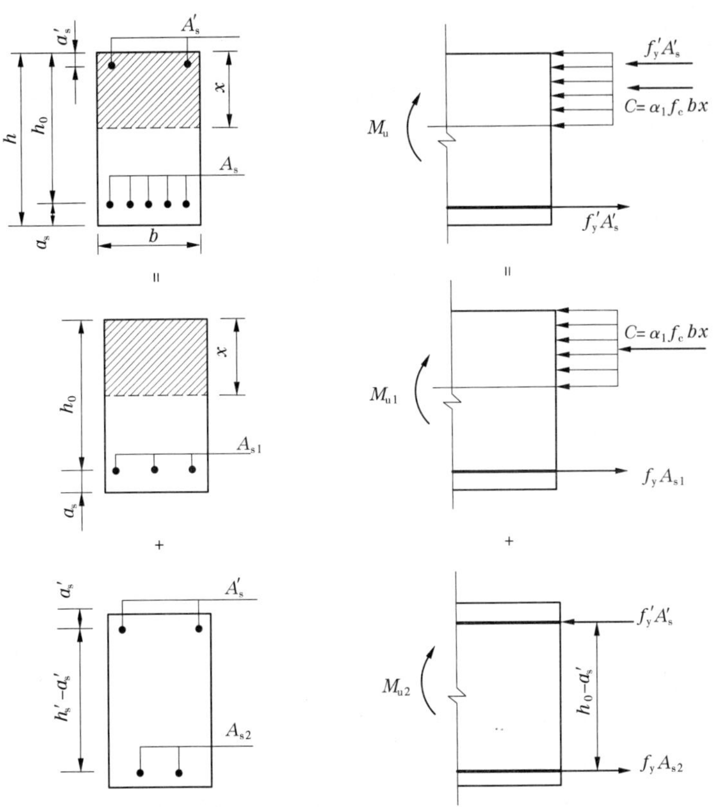

图3-23　双筋矩形截面受弯承载力计算应力分解图

3.4.4　基本公式的应用

3.4.4.1　截面设计

1. 设计类型Ⅰ

已知弯矩设计值 M、材料强度 $\alpha_1 f_c$、f_y、截面尺寸 $b\times h$，求受拉钢筋截面面积 A_s 和受压钢筋截面面积 A'_s。

分析：两式含有三个求知量 A_s、A'_s和 x，故需补充一个条件，考虑应充分利用混凝土的抗压性能，使钢筋 A_s 和 A'_s的用量最少，可取 $x=0.85\xi_b h_0$。

计算步骤如下：

(1)取定 a_s，计算 $h_0=h-a_s$。

(2)验算是否采用双筋矩形截面，即是否满足 $M>M_u=\alpha_{s,max}\alpha_1 f_c bh_0^2, d_{s,max}=\xi(1-0.5\xi)$。

(3)将 $x=\xi_b h_0$ 代入式(3-12)可求得

$$A'_s=\frac{M-\alpha_1 f_c bh_0^2\xi_b(1-0.5\xi_b)}{f'_y(h_0-a'_s)}$$

(4)将 $x=\xi_b h_0$ 代入式(3-11)可得

$$A_s=A'_s\frac{f'_y}{f_y}+\xi_b\frac{\alpha_1 f_c bh_0}{f_y}$$

(5)配筋,画图。

2. 设计类型Ⅱ

已知弯矩设计值 M,材料强度 $\alpha_1 f_c$、f_y,截面尺寸 $b\times h$ 及受压钢筋截面面积 A_s',求纵向受拉钢筋截面面积 A_s。

方法1:

(1)取定 a_s,计算 $h_0=h-a_s$。

(2)计算 x,$x=h_0-\sqrt{h_0^2-2\left[\dfrac{M-f_y'A_s'(h_0-a_s')}{\alpha_1 f_c b}\right]}$。

(3)验算是否满足 $x\leqslant 0.85x_b=0.85\xi_b h_0$,以及是否满足 $x\geqslant 2a_s'$。

(4)计算 $A_s=\dfrac{f_y'A_s'+\alpha_1 f_c bx}{f_y}$。

(5)配筋,画图。

方法2:

(1)计算 h_0,$h_0=h-a_s$。

(2)计算 A_{s2},$A_{s2}=\dfrac{f_y'}{f_y}A_s'$。

(3)求 A_{s1}。此时 A_{s1} 相当于 M_{u1} 作用下的单筋矩形截面所需的钢筋截面面积,可利用系数法或公式法进行求解,此处不再赘述。

(4)求 A_s,$A_s=A_{s1}+A_{s2}$。

(5)验算是否满足 $x\leqslant 0.85\xi_b h_0$,若不满足,说明原有的受压钢筋 A_s'数量太少,应增加受压钢筋 A_s'的数量。此时,应按 A_s 未知的设计类型情况Ⅰ重新进行求解。

(6)验算是否满足 $x\geqslant 2a_s'$。若 $x<2a_s'$,说明已知的受压钢筋 A_s'数量过多,使得 A_s'的应力不能达到设计强度,则可根据式(3-19)求得:

$$A_s=\frac{M}{f_y(h_0-a_s')}$$

(7)配筋,画图。

3.4.4.2 承载力复核

已知截面弯矩设计值 M、截面尺寸 $b\times h$、混凝土强度等级和钢筋级别、受拉钢筋 A_s 和受压钢筋 A_s',求受弯构件的承载力(或已知弯矩设计值 M,复核梁的正截面是否安全)。这就属于双筋截面的复核问题,其具体步骤如下:

(1)取定 a_s,计算 $h_0=h-a_s$。

(2)利用式(3-11)求解出受压区高度 x,$x=\dfrac{f_yA_s-f_y'A_s'}{\alpha_1 f_c b}$。

(3)验算是否满足 $2a_s'\leqslant x\leqslant 0.85\xi_b h_0$。

若满足,则 $M_u=f_y'A_s'(h_0-a_s')+\alpha_1 f_c bx(h_0-\dfrac{x}{2})$。

若 $x<2a_s'$,则直接由式(3-19)进行计算,即 $M_u=f_yA_s(h_0-a_s')$。

若 $x>0.85\xi_b h_0$,说明截面处于超筋状态,取 $x=0.85\xi_b h_0$得

$$M_u = \alpha_1 f_c b h_0^2 \xi_b \left(1 - \frac{\xi_b}{2}\right) + f'_y A'_s (h_0 - a'_s)$$

(4)比较 M_u 与 M 大小关系。若 $M_u \geq M$,则说明满足承载力要求,截面安全;反之,截面不安全,需重新设计截面,直到满足要求。

【例 3-5】 已知某矩形截面简支梁(2 级建筑物),$b \times h = 250\ \text{mm} \times 500\ \text{mm}$,二类环境条件,计算跨度 $l_0 = 6\ 500\ \text{mm}$,弯矩设计值 M 为 233.86 kN·m,混凝土强度等级为 C25,钢筋为 HRB335 级。计算受力钢筋截面面积(假定截面尺寸、混凝土强度等级因条件限制不能增大或提高)。

解 查附表 1 得 $f_c = 11.9\ \text{N/mm}^2$,查附表 3 得 $f_y = f'_y = 300\ \text{N/mm}^2$,$c = 35\ \text{mm}$,$\xi_b = 0.550$,$\alpha_{s,max} = 0.358$。

(1)验算是否应采用双筋截面。

因弯矩较大,初估钢筋布置为两层,取 $a_s = 75\ \text{mm}$,则 $h_0 = h - a_s = 500 - 75 = 425$ (mm)。

$$\alpha_s = \frac{M}{f_c b h_0^2} = \frac{233.86 \times 10^6}{11.9 \times 250 \times 425^2} = 0.435 > \alpha_{s,max} = 0.358$$

属于超筋破坏,应采用双筋截面进行计算。

(2)配筋计算。

设受压钢筋为一层,取 $a'_s = 45\ \text{mm}$;为节约钢筋,充分利用混凝土抗压,取 $x = 0.85\xi_b h_0$,则 $\alpha_s = \alpha_{s,max}$,得:

$$\begin{aligned} A'_s &= \frac{M - \alpha_{s,max} f_c b h_0^2}{f'_y (h_0 - a'_s)} \\ &= \frac{233.86 \times 10^6 - 0.358 \times 11.9 \times 250 \times 425^2}{300 \times (425 - 45)} = 364(\text{mm}^2) \\ &> 0.2\% b h_0 = 0.2\% \times 250 \times 425 = 213(\text{mm}^2) \end{aligned}$$

$$\begin{aligned} A_s &= \frac{\alpha_1 0.85 f_c b \xi_b h_0 + f'_y A'_s}{f_y} \\ &= \frac{1.0 \times 0.85 \times 11.9 \times 250 \times 0.550 \times 425 + 300 \times 364}{300} = 2\ 334(\text{mm}^2) \end{aligned}$$

(3)选配钢筋并绘制配筋图。

选受压钢筋为 2 Φ 16($A'_s = 402\ \text{mm}^2$),受拉钢筋为 5 Φ 25($A_s = 2\ 454\ \text{mm}^2$),截面配筋如图 3-24 所示。

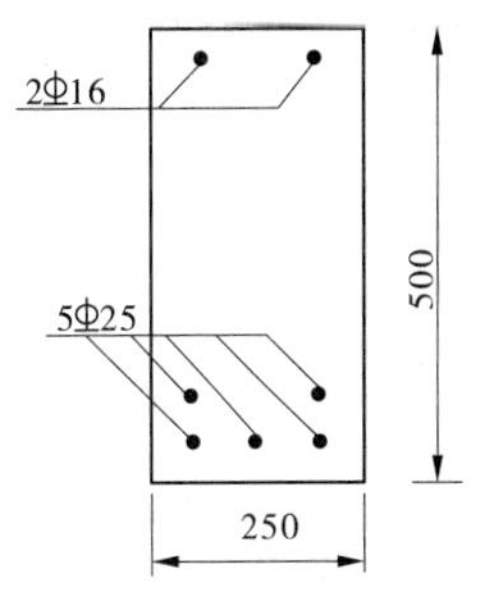

图 3-24　截面配筋图

【例 3-6】 已知其他条件同例 3-5,若受压区已采用两种情况配置钢筋:①配置 2 Φ 18 钢筋($A'_s = 509\ \text{mm}^2$);②配置 3 Φ 25 钢筋($A'_s = 1\ 473\ \text{mm}^2$),试分别计算两种情况受拉钢筋截面面积 A_s。

解 第一种情况:配置受压钢筋 2 Φ 18。

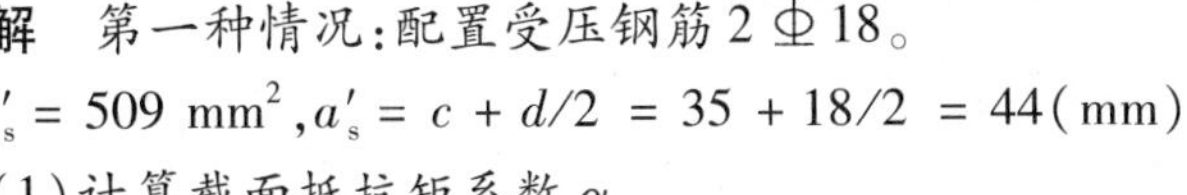
$A'_s = 509\ \text{mm}^2$,$a'_s = c + d/2 = 35 + 18/2 = 44(\text{mm})$

(1)计算截面抵抗矩系数 α_s。

$$\alpha'_s = \frac{M - f_y A'_s(h_0 - a'_s)}{f_c b h_0^2} = \frac{233.86 \times 10^6 - 300 \times 509 \times (425 - 44)}{11.9 \times 250 \times 425^2}$$

$$= 0.327 < \alpha_{s,\max} = 0.358$$

说明受压区配置的钢筋数量已经足够。

(2)计算ξ、x,求A_s。

$$\xi = 1 - \sqrt{1 - 2 \times 0.327} = 0.412 < 0.85\xi_b = 0.85 \times 0.550 = 0.468$$

$$x = \xi h_0 = 0.412 \times 425 = 175(\text{mm}) > 2a'_s = 2 \times 44 = 88(\text{mm})$$

$$A_s = \frac{\alpha_1 f_c bx + f_y' A'_s}{f_y} = \frac{1.0 \times 11.9 \times 250 \times 175 + 300 \times 509}{300} = 2\ 244(\text{mm}^2)$$

(3)选配钢筋,绘制配筋图。

选受拉钢筋为6 Φ 22(A_s =2 281 mm²),截面配筋如图3-25(a)所示。

第二种情况:配置受压钢筋3 Φ 25。

$$A'_s = 1\ 473\ \text{mm}^2, a'_s = c + d/2 = 35 + 25/2 = 47.5(\text{mm})$$

(1)计算截面抵抗矩系数α_s。

$$\alpha_s = \frac{M - f_y' A'_s(h_0 - a'_s)}{f_c b h_0^2} = \frac{233.86 \times 10^6 - 300 \times 1\ 473 \times (425 - 47.5)}{11.9 \times 250 \times 425^2}$$

$$= 0.125 < \alpha_{s,\max} = 0.358$$

说明受压区配置的钢筋数量已经足够。

(2)计算ξ、x,求A_s。

$$\xi = 1 - \sqrt{1 - 2 \times 0.125} = 0.134$$

$$x = \xi h_0 = 0.134 \times 425 = 57(\text{mm}) < 2a'_s = 2 \times 47.5 = 95(\text{mm})$$

$$A_s = \frac{M}{f_y(h_0 - a'_s)} = \frac{194.88 \times 10^6}{300 \times (425 - 47.5)} = 1\ 721(\text{mm}^2)$$

(3)选配钢筋并绘制配筋图。

选受拉钢筋为3 Φ 25 +2 Φ 20(A_s =2 101 mm²),截面配筋如图3-25(b)所示。

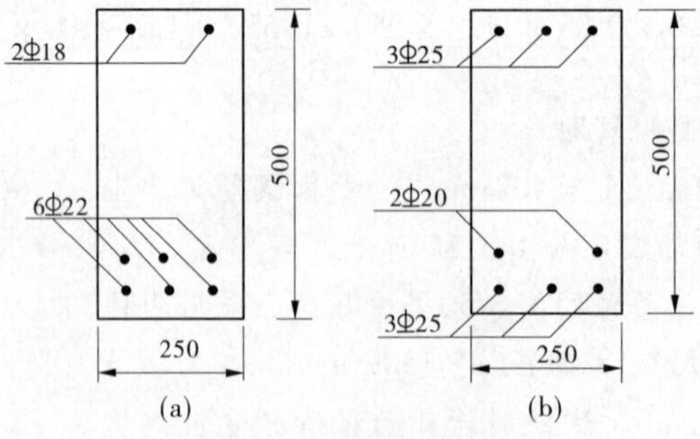

图3-25 截面配筋图

【例3-7】 已知位于一类环境中的梁的截面尺寸为$b \times h$ =200 mm×400 mm,选用C20混凝土和HRB335级钢筋,已配有2 Φ 16的受压钢筋和3 Φ 25的受拉钢筋,若承受的弯矩设计值的最大值M=120 kN·m,试复核截面是否安全。

解　确定计算参数：

$$f_c = 9.6\ \text{N/mm}^2, f_y = f_y' = 300\ \text{N/mm}^2,$$

$$\alpha_1 = 1.0, \xi_b = 0.55, A_s = 1\ 473\ \text{mm}^2, A_s' = 402\ \text{mm}^2$$

(1)计算 h_0。

一类环境，$c = 30$ mm，则 $a_s = c + \frac{d}{2} = 30 + \frac{25}{2} = 42.5(\text{mm})$

取 $a_s = 45$ mm，$h_0 = 400 - 45 = 355(\text{mm})$，$a_s' = 30 + \frac{16}{2} = 38(\text{mm})$，取 $a_s' = 40$ mm

(2)计算受压区高度 x。

$$x = \frac{f_y A_s - f_y' A_s'}{\alpha_1 f_c b} = \frac{300 \times 1\ 473 - 300 \times 402}{1.0 \times 9.6 \times 200} = 167.34(\text{mm}) > 2a_s' = 80\ \text{mm}$$

且 $x < 0.85\xi_b h_0 = 0.85 \times 0.55 \times 355 = 165.96(\text{mm})$

满足公式要求条件。

(3)计算 M_u 并校核截面。

$$\begin{aligned} M_u &= \alpha_1 f_c b x\left(h_0 - \frac{x}{2}\right) + f_y' A_s'(h_0 - a_s') \\ &= 1.0 \times 9.6 \times 200 \times 167.34 \times \left(355 - \frac{167.34}{2}\right) + 300 \times 402 \times (355 - 40) \\ &= 87.18 \times 10^6 + 37.99 \times 10^6 \\ &= 125.17 \times 10^6(\text{N} \cdot \text{mm}) \\ &= 125.17(\text{kN} \cdot \text{m}) > M = 120\ \text{kN} \cdot \text{m} \end{aligned}$$

任务 3.5　T 形截面梁、板设计

3.5.1　T 形截面的概念

在受弯构件正截面承载力计算中假定受拉区混凝土不承担拉力，拉力全部由受拉钢筋承担。$b_f' \times h$ 的矩形截面，配有 3 根受拉钢筋，如图 3-26 所示。假如在满足构造要求的前提下，把原有 3 根受拉钢筋全部放置于宽度为 b 的梁肋部，再把两边阴影所示部分的混凝土挖去，这样原来的矩形截面就变成了 T 形截面。梁的截面由矩形变成 T 形，并不会影响其受弯承载力的降低，却可以减小混凝土材料用量，减轻结构自重，获得较好的经济效果。

T 形截面梁在工程中的应用是十分广泛的，如在现浇整体式肋梁楼盖中，梁和板是在一起整浇的，也形成 T 形截面梁，如图 3-27 所示。它在跨中截面往往承受正弯矩，翼缘受压可按 T 形截面计算，而支座截面往往承受负弯矩，翼缘受拉开裂，此时不考虑混凝土承担拉力，因此对支座截面应按肋宽为 b 的矩形截面计算，形状类似于倒 T 形梁。

根据试验研究与理论分析可知，T 形截面承受荷载作用后，翼缘上的纵向压应力是不均匀分布的，离梁肋越远压应力就越小，如图 3-28(a)、(c)所示。由于翼缘参与受压的有效宽度是有限的，故在工程设计中把翼缘限制在一定范围内，这个范围的宽度就称为翼缘的计算宽度 b_f'，并假定在这个范围内压应力是均匀分布的，如图 3-28(b)、(d)所示。因

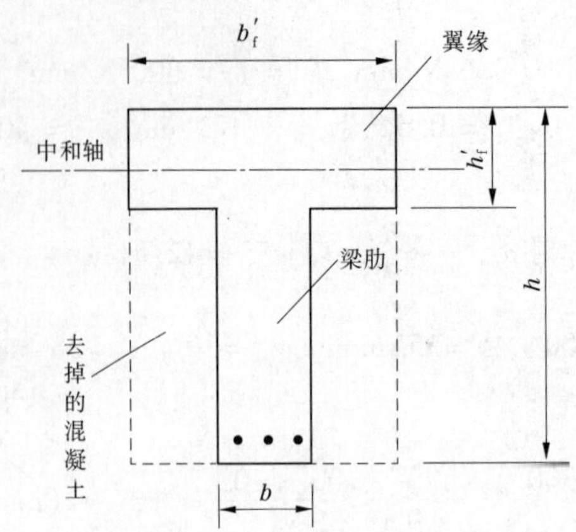

图 3-26　T 形截面的形成及各部分名称

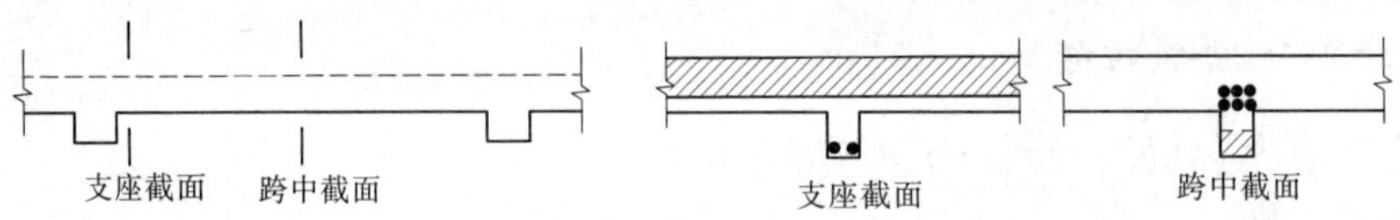

图 3-27　连续梁跨中截面与支座截面

此,对预制 T 形截面梁(独立梁),在设计时应使其实际翼缘宽度不超过 b_f',而对于现浇板肋梁结构中的 T 形截面肋形梁的翼缘宽度 b_f'的取值应符合表 3-10 的规定。计算时取表 3-10中三项中的最小值。

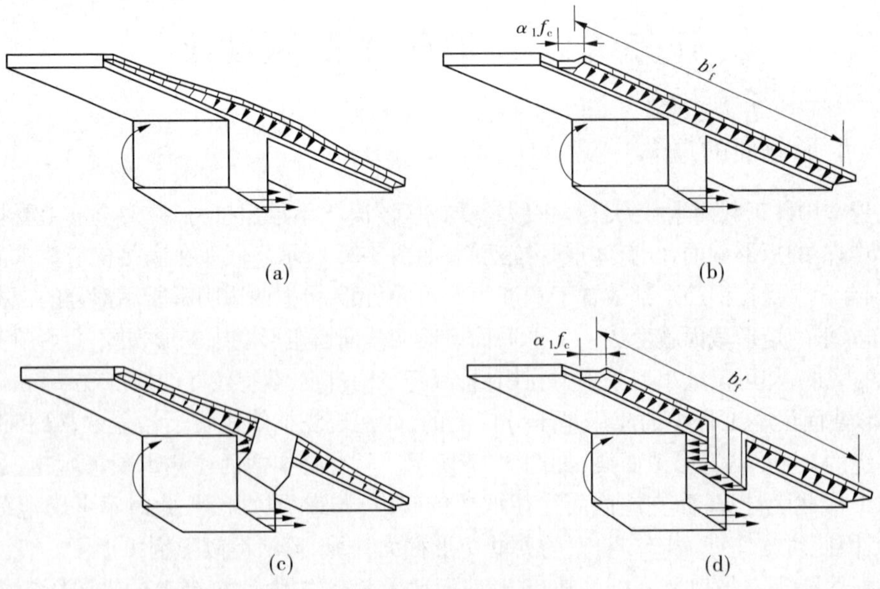

图 3-28　T 形截面翼缘的压应力分布及简化

表3-10 T形、工字形及倒L形截面受弯构件位于受压区的翼缘计算宽度 b'_f

项次	情况		T形、工字形截面		倒L形截面
			肋形梁(板)	独立梁	肋形梁(板)
1	按计算跨度 l_0 考虑		$l_0/3$	$l_0/3$	$l_0/6$
2	按梁(肋)净距 s_n 考虑		$b+s_n$	—	$b+s_n/2$
3	按翼缘高度 h'_f 考虑	$h'_f/h_0 \geqslant 1$	—	$b-12h'_f$	—
		$0.1>h'_f/h_0 \geqslant 0.05$	$b+12h'_f$	$b+6h'_f$	$b+5h'_f$
		$h'_f/h_0<0.05$	$b+12h'_f$	b	$b+5h'_f$

注:1. 表中 b 为梁的腹板宽度。

2. 如果肋形梁在梁跨内设有间距小于纵肋间距的横肋,则可不遵守表列项次3的规定。

3. 对于加腋的T形、工字形和倒L形截面,当受压区加腋的高度 $h_h \geqslant h'_f$ 且加腋的宽度 $b_h \leqslant 3h_f$ 时,其翼缘计算宽度可按表中项次3的规定分别增加 $2b_h$(T形、工字形截面)和 b_h(倒L形截面)。

4. 独立梁受压的翼缘板在荷载作用下经验算沿纵肋方向可能产生裂缝时,其计算宽度应取腹板宽度 b。

3.5.2 基本计算公式及适用条件

3.5.2.1 两类T形梁的判别

T形截面梁可以分为两种类型:第一种类型,中和轴在翼缘内,即 $x \leqslant h'_f$,如图3-29(a)所示;第二种类型,中和轴在梁肋内,即 $x>h'_f$,如图3-29(b)所示。下面分别介绍这两种类型T形梁正截面的基本公式和适用条件。

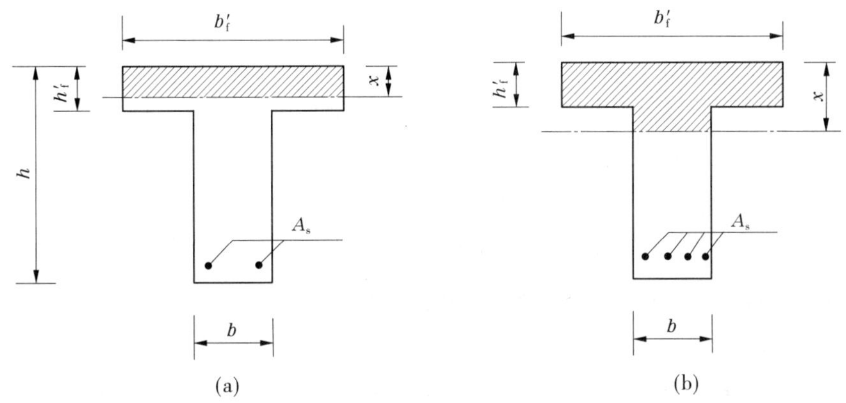

图3-29 两类T形截面

两类T形截面的分界如图3-30所示,中和轴刚好位于翼缘下边缘,即 $x=h'_f$。由图3-30可列出界限情况下T形截面的平衡方程:

$$\alpha_1 f_c b'_f h'_f = f_y A_{s0} \tag{3-20}$$

$$M_0 = \alpha_1 f_c b'_f h'_f \left(h_0 - \frac{h'_f}{2}\right) \tag{3-21}$$

式中 b'_f——T形截面受压翼缘计算宽度;

h_f'——T形截面受压翼缘高度。

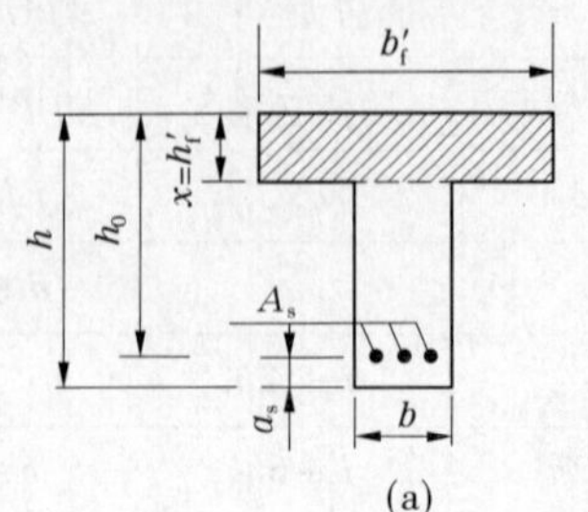

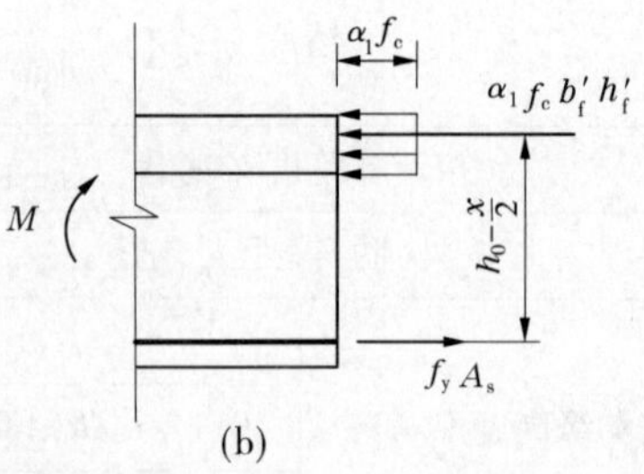

图3-30　两类T形截面的分界

式(3-20)与式(3-21)为两类T型截面界限情况所承受的最大内力,因此

$$f_y A_{s0} \leqslant \alpha_1 f_c b_f' h_f' \tag{3-22}$$

或

$$M \leqslant M_0 = \alpha_1 f_c b_f' h_f' \left(h_0 - \frac{h_f'}{2} \right) \tag{3-23}$$

则必有 $x \leqslant h_f'$,故属于第一类T形截面;反之,若

$$f_y A_{s0} > \alpha_1 f_c b_f' h_f' \tag{3-24}$$

$$M > M_0 = \alpha_1 f_c b_f' h_f' \left(h_0 - \frac{h_f'}{2} \right) \tag{3-25}$$

则必有 $x > h_f'$,故属于第二类T形截面。

式(3-22)和式(3-23)适用于复核截面的承载力时的判别,此时的钢筋截面面积及截面的其他情况都已知;而式(3-23)和式(3-25)适用于截面设计时的判别,因为此时的钢筋截面面积尚未得知。

3.5.2.2　第一类T形截面的计算公式及适用条件

1. 基本计算公式

第一类T形截面与截面尺寸为 $b_f' \times h$ 的矩形截面的受力情况一致,如图3-31所示,基本计算公式也完全相同,只需用 b_f'代替单筋矩形截面计算公式中的 b 即可,具体计算公式为

$$\alpha_1 f_c b_f' x = f_y A_s \tag{3-26}$$

$$M \leqslant M_u = \alpha_1 f_c b_f' x \left(h_0 - \frac{x}{2} \right) \tag{3-27}$$

2. 适用条件

(1)为防止发生超筋破坏,应满足 $x \leqslant 0.85\xi_b h_0$。由于第一类T形截面的受压区高度 $x \leqslant h_f'$,一般情况下 h_f'/h_0 较小,通常均能满足这一条件,而不需验算。

(2)为防止发生少筋破坏,应满足 $\rho \geqslant \rho_{min}$。应该注意的是,尽管该类T形截面承载力是按矩形截面 $b_f' \times h$ 计算的,但其最小配筋率还是应按 $\rho = A_s/bh$ 计算,而不是 b_f'。这是因为最小配筋率是根据钢筋混凝土梁开裂后的受弯承载力与相同截面素混凝土梁受弯承载力相同的条件得出的,而素混凝土T形截面受弯构件(肋宽为 b,梁高为 h)的受弯承载力比矩形截面素混凝土梁($b \times h$)提高的不多。为简化计算并考虑以往设计经验,此处 ρ_{min} 仍按 $b \times h$ 的矩形截面的数值采用。

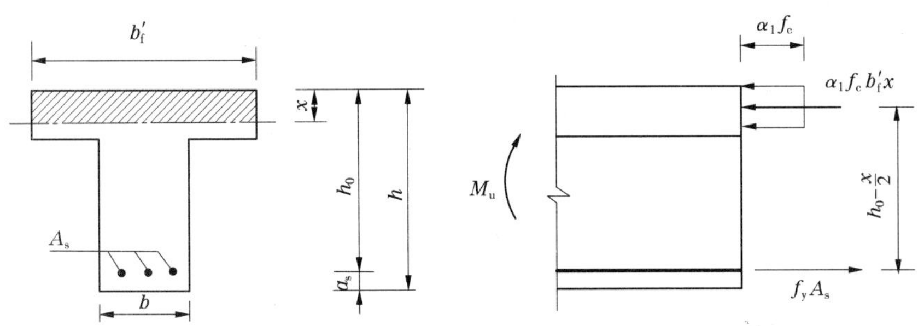

图 3-31 第一类 T 形截面的计算简图

3.5.2.3 第二类 T 形截面的计算公式及适用条件

1. 基本计算公式

第二类 T 形截面的计算简图,如图 3-32 所示。

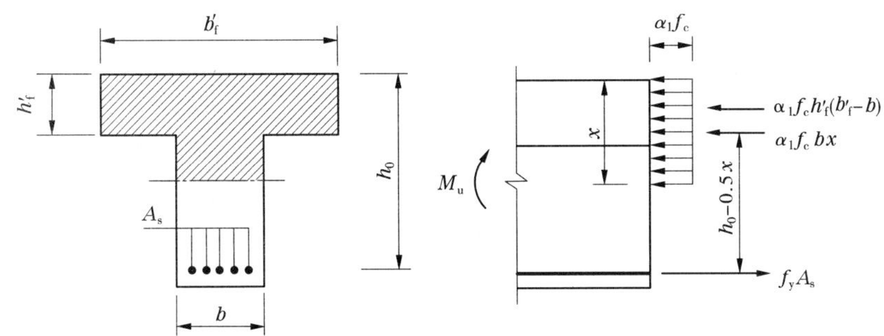

图 3-32 第二类 T 形截面的计算简图

由力的平衡可得:

$$\alpha_1 f_c bx + \alpha_1 f_c (b'_f - b) h'_f = f_y A_s \tag{3-28}$$

由力矩平衡可得:

$$M \leqslant M_u = \alpha_1 f_c bx\left(h_0 - \frac{x}{2}\right) + \alpha_1 f_c (b'_f - b) h'_f\left(h_0 - \frac{h'_f}{2}\right) \tag{3-29}$$

由式(3-29)可知,第二类 T 形截面受弯承载力设计值 M_u 及纵向受拉钢筋 A_s 都可以看作由两部分组成:一部分是由受压翼缘挑出部分的混凝土和相应的受拉钢筋 A_{s1} 所承担的弯矩 M_{u1}(如图 3-33(a)所示);另一部分则是由腹板受压混凝土和相应的受拉钢筋 A_{s2} 所承担的弯矩 M_{u2}(如图 3-33(b)所示),即

$$M_u = M_{u1} + M_{u2} \tag{3-30}$$

$$A_s = A_{s1} + A_{s2} \tag{3-31}$$

由图 3-33(a)可得:

$$f_y A_{s1} = \alpha_1 f_c (b'_f - b) h'_f \tag{3-32}$$

$$M_{u1} = \alpha_1 f_c (b'_f - b) h'_f\left(h_0 - \frac{h'_f}{2}\right) \tag{3-33}$$

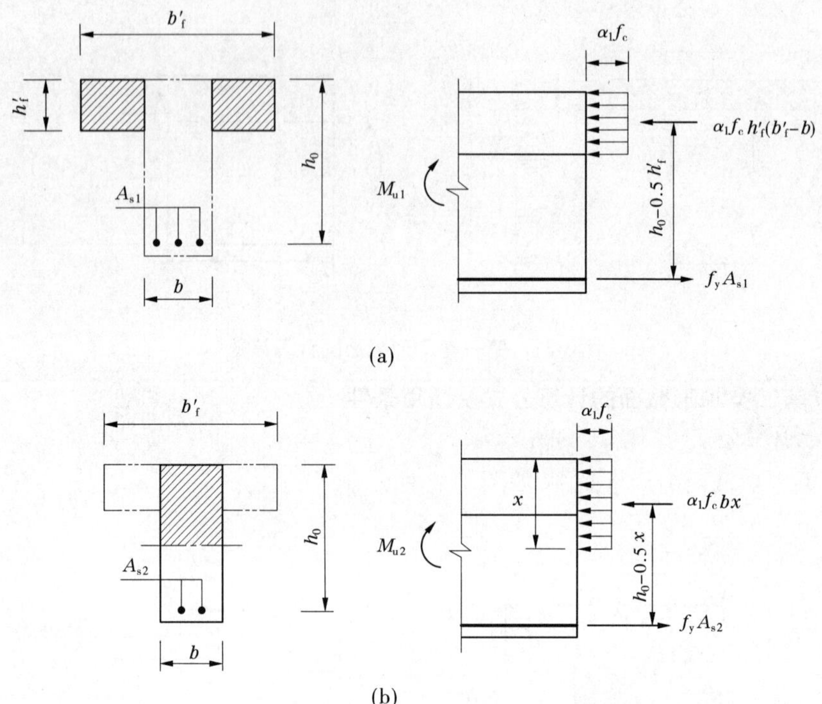

图 3-33　第二类 T 形截面的计算分析简图

由图 3-33(b)可得:

$$f_y A_{s2} = \alpha_1 f_c bx \tag{3-34}$$

$$M_{u2} = \alpha_1 f_c bx\left(h_0 - \frac{x}{2}\right) \tag{3-35}$$

2. 适用条件

(1)为防止发生超筋破坏,应满足 $x \leqslant 0.85\xi_b h_0$。

(2)为防止发生少筋破坏,设计时应满足 $\rho \geqslant \rho_{min}$。一般第二类 T 形截面的配筋数量较多,该条件必然满足,可不必验算。

3.5.3　基本计算公式的应用

T 形截面正截面承载力的计算也包括截面设计和截面复核两类问题。

3.5.3.1　截面设计

已知弯矩设计值 M,材料强度等级和截面尺寸 b、h、b'_f、h'_f,求受拉钢筋截面面积 A_s。具体计算步骤如下:

(1)计算 $h_0 = h - a_s$。

(2)判别截面类型。

计算 $M_u = \alpha_1 f_c b'_f h'_f\left(h_0 - \frac{1}{2}h'_f\right)$

若 $M \leqslant M_u$,则为第一类 T 形截面;

若 $M > M_u$,则为第二类 T 形截面。

(3)对第一类 T 形截面按 $b_f' \times h$ 的矩形截面计算。

对第二类 T 形截面:

$$\alpha_s = \frac{M - f_c(b_f' - b)h_f'(h_0 - 0.5h_f')}{f_c b h_0^2}$$

$$\xi = 1 - \sqrt{1 - 2\alpha_s}$$

验算是否 $\xi \leqslant 0.85\xi_b$,则

$$A_s = \frac{f_c b \xi h_0 + f_c(b_f' - b)h_f'}{f_y}$$

(4)配筋,画图。

第二类 T 形截面也可以用系数法进行计算,步骤如下:

计算 $A_{s1} = \alpha_1 f_c(b_f' - b)h_f'/f_y$;

计算 $M_{u1} = \alpha_1 f_c(b_f' - b)h_f'\left(h_0 - \frac{h_f'}{2}\right)$;

计算 $M_{u2} = M - M_{u1}$;

计算 $\alpha_{s2} = \frac{M_{u2}}{\alpha_1 f_c b h_0^2}$;

查表 3-7 得 ξ 值并验算是否满足 $\xi \leqslant 0.85\xi_b$;

若满足,则 $A_{s2} = \frac{\alpha_1 f_c b \mathrm{h}_0 \xi}{f_y}$;

计算 $A_s = A_{s1} + A_{s2}$;

配筋,画图。

若 $\xi > 0.85\xi_b$,则应加大截面尺寸、提高混凝土强度等级或设置受压钢筋来满足要求。

3.5.3.2 截面承载力复核

已知截面弯矩设计值 M、截面尺寸、混凝土强度等级和钢筋级别、受拉钢筋截面面积 A_s,要验算该截面承载力 M_u 是否足够。

其具体步骤为:

(1)计算 $h_0 = h - a_s$。

(2)判别截面类型。

计算 $x = \frac{f_y A_s}{\alpha_1 f_c b_f'}$

若 $x \leqslant h_f'$,则为第一类 T 形截面;

若 $x > h_f'$,则为第二类 T 形截面。

对第一类 T 形截面:

按单筋矩形截面承载力复核的方法进行,只需把单筋矩形截面宽度 b 换成 b_f'。

①计算 $x = \frac{f_y A_s}{\alpha_1 f_c b_f'}$;

②验算是否满足 $A_s \geqslant A_{s,\min} = \rho_{\min} bh$ 的条件;

③计算 $M_u=\alpha_1 f_c b_f' x\left(h_0-\frac{x}{2}\right)$ 并与 M 比较。

对第二类T形截面:

①计算 $x=\frac{f_y A_s-\alpha_1 f_c(b_f'-b)h_f'}{\alpha_1 f_c b}$。

②验算是否满足 $x\leqslant 0.85\xi_b h_0$。

③若 $x\leqslant 0.85\xi_b h_0$，则 $M_u=\alpha_1 f_c(b_f'-b)h_f'\left(h_0-\frac{h_f'}{2}\right)+\alpha_1 f_c bx\left(h_0-\frac{x}{2}\right)$。

若 $\xi>0.85\xi_b$，则取 $x_b=0.85\xi_b h_0$，$M_u=\alpha_1 f_c(b_f'-b)h_f'\left(h_0-\frac{h_f'}{2}\right)+\alpha_1 f_c bx_b\left(h_0-\frac{x_b}{2}\right)$。

④将 M_u 与 M 进行比较，如果 $M_u\geqslant M$，则说明满足承载力要求，截面安全;反之则承载力不够，截面不安全，需重新设计截面，直到满足要求。

【例3-8】 已知T形截面梁，截面尺寸如图3-34所示，混凝土采用C30，纵向钢筋采用HRB400级钢筋，环境类别为一类。若承受的弯矩设计值 $M=700$ kN·m，计算所需的受拉钢筋截面面积 A_s(预计两排钢筋，$a_s=60$ mm)。

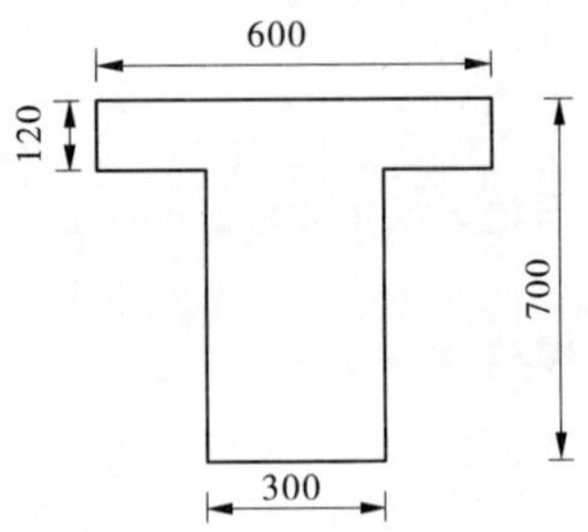

图3-34 截面尺寸图

解 查表3-5得 $\alpha_1=1.0$，查附表1得 $f_c=14.3$ N/mm^2，$f_t=1.43$ N/mm^2，查附表3得 $f_y=360$ N/mm^2，$\xi_b=0.518$。

(1)计算 h_0。

$$h_0=h-a_s=700-60=640(\text{mm})$$

(2)判别T形截面类型。

$$M_u=\alpha_1 f_c b_f' h_f'(h_0-\frac{h_f'}{2})=1.0\times14.3\times600\times120\times(640-60)$$

$$=597.2\times10^6(\text{N}\cdot\text{mm})=597.2\ \text{kN}\cdot\text{m}<700\ \text{kN}\cdot\text{m}$$

故属于第二类T形截面。

(3)计算受拉钢筋面积 A_s。

①计算 A_{s1}:

$$A_{s1}=\frac{\alpha_1 f_c(b_f'-b)h_f'}{f_y}=\frac{1.0\times14.3\times(600-300)\times120}{360}=1\ 430(\text{mm}^2)$$

②计算 M_{u1}:

$$M_{u1} = \alpha_1 f_c (b'_f - b) h'_f (h_0 - \frac{h'_f}{2}) = 1.0 \times 14.3 \times (600 - 300) \times 120 \times (640 - \frac{120}{2})$$
$$= 298.58 \times 10^6 (\text{N} \cdot \text{mm}) = 298.58 \text{ kN} \cdot \text{m}$$

③计算 M_{u2}：

$$M_{u2} = M_u - M_{u1} = 597.2 - 298.58 = 298.62(\text{kN} \cdot \text{m})$$

④计算 α_{s2}：

$$\alpha_{s2} = \frac{M_{u2}}{\alpha_1 f_c b h_0^2} = \frac{298.62 \times 10^6}{1.0 \times 14.3 \times 300 \times 640^2} = 0.170$$

⑤$\xi = 1 - \sqrt{1 - 2\alpha_{s2}} = 0.188 < 0.85\xi_b = 0.85 \times 0.518 = 0.440$。

⑥计算 A_{s2}：

$$A_{s2} = \frac{\alpha_1 f_c b h_0 \xi}{f_y} = \frac{1.0 \times 14.3 \times 300 \times 640 \times 0.188}{360} = 1\ 433.81(\text{mm}^2)$$

⑦计算 A_s：

$$A_s = A_{s1} + A_{s2} = 1\ 430 + 1\ 433.81 = 2\ 863.81(\text{mm}^2)$$

⑧钢筋选配 6 Φ 25（$A_s = 2\ 946\ \text{mm}^2$），如图 3-35 所示。

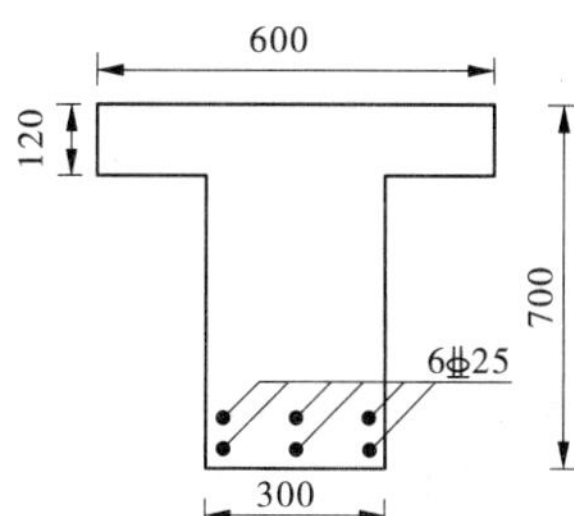

图 3-35　例 3-8 截面配筋图

【例 3-9】　某钢筋混凝土 T 形截面梁，截面尺寸和配筋情况如图 3-36 所示。混凝土强度等级为 C30，纵向钢筋为 HRB400 级钢筋，$a_s = 70$ mm。若截面承受的弯矩设计值 $M = 580$ kN·m，验算该截面承载力是否足够。

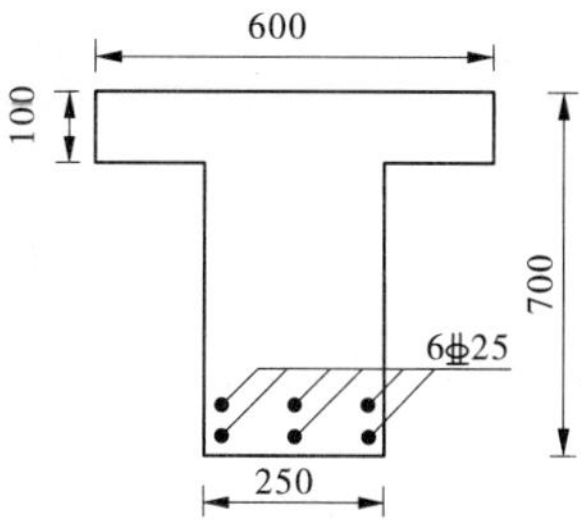

图 3-36　例 3-9 截面配筋图

解　(1)查表 3-5 确定基本数据：$\alpha_1 = 1.0$，查附表 1 得 $f_c = 14.3\ \text{N/mm}^2$，$f_t = 1.43\ \text{N/mm}^2$，查附表 3 得 $f_y = 360\ \text{N/mm}^2$，$\xi_b = 0.518$，$A_s = 2\ 945\ \text{mm}^2$。

(2) $h_0 = h - a_s = 700 - 70 = 630(\text{mm})$。

(3)判别 T 形截面类型。

$$A_{s0}=\frac{\alpha_1 f_c b_f' h_f'}{f_y}=\frac{1.0\times14.3\times600\times100}{360}=2\ 383.3(\mathrm{mm}^2)<A_s=2\ 945\ \mathrm{mm}^2$$

故属于第二类T形截面。

(4)计算x,验算是否超筋。

$$x=\frac{f_yA_s-\alpha_1 f_c(b_f'-b)h_f'}{\alpha_1 f_c b}=\frac{360\times2\ 945-1.0\times14.3\times(600-250)\times100}{1.0\times14.3\times250}$$

$$=156.56(\mathrm{mm})<0.85\xi_b h_0=0.85\times0.518\times630=277.39(\mathrm{mm})$$

故不超筋。

(5)计算受弯承载力M_u。

$$M_u=\alpha_1 f_c bx(h_0-x/2)+\alpha_1 f_c(b_f'-b)h_f'(h_0-\frac{h_f'}{2})$$

$$=1.0\times14.3\times250\times156.56\times(630-\frac{156.56}{2})+1.0\times14.3\times$$

$$(600-250)\times100\times(630-\frac{100}{2})$$

$$=599.09\times10^6(\mathrm{N\cdot mm})=599.09\ \mathrm{kN\cdot m}>580\ \mathrm{kN\cdot m}$$

该截面承载力足够。

【例3-10】 某T形截面吊车梁(3级建筑物),一类环境,计算跨度$l_0=8\ 400$ mm,截面尺寸如图3-37所示,承受弯矩设计值$M=576$ kN·m;混凝土强度等级为C25,HRB400级钢筋。计算所需要的受拉钢筋截面面积A_s。

解 (1)查附表1得$f_c=11.9$ N/mm²,查附表3得$f_y=360$ N/mm²,$\xi_b=0.518$。

(2)确定翼缘计算宽度b_f'。因弯矩较大,设受拉钢筋布置为两层,取$a_s=70$ mm,则$h_0=800-70=730$(mm)。

$$b+12h_f'=300+12\times100=1\ 500(\mathrm{mm})$$

取翼缘计算宽度b_f'为实际宽度,$b_f'=650$ mm。

(3)判别T形截面梁的类型。

$$\alpha_1 f_c b_f' h_f'(h_0-0.5h_f')=1.0\times11.9\times650\times100\times(730-0.5\times100)$$

$$=525.98\times10^6(\mathrm{N\cdot mm})=525.98(\mathrm{kN\cdot m})<M=576\ \mathrm{kN\cdot m}$$

属于第二类T形截面。

(4)配筋计算。

$$\alpha_s=\frac{M-f_c(b_f'-b)h_f'(h_0-0.5h_f')}{f_c b h_0^2}$$

$$=\frac{576\times10^6-11.9\times(650-300)\times100\times(730-0.5\times100)}{11.9\times300\times730^2}=0.154$$

$$\xi=1-\sqrt{1-2\alpha_s}=1-\sqrt{1-2\times0.154}=0.168$$

$$<0.85\xi_b=0.85\times0.5/8=0.440$$

$$A_s=\frac{f_c b\xi h_0+f_c(b_f'-b)h_f'}{f_y}$$

$$= \frac{11.9 \times 300 \times 0.168 \times 730 + 11.9 \times (650 - 300) \times 100}{360} = 2\ 373(\text{mm}^2)$$

(5)选配钢筋并绘制配筋图。

选受拉钢筋为 5 ⌀25($A_s = 2\ 454\ \text{mm}^2$),截面配筋如图 3-37 所示。

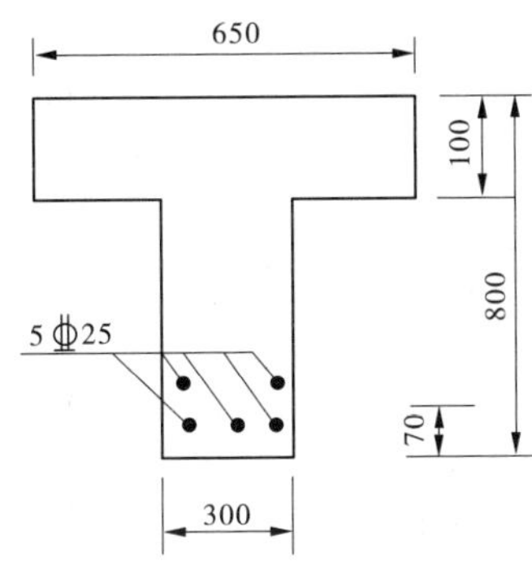

图 3-37 例 3-10 截面配筋图

任务 3.6 梁、板的斜截面受剪设计

受弯构件一般情况下总是由弯矩和剪力共同作用。通过试验可知,在主要承受弯矩的区段,将产生垂直裂缝,但在以剪力为主的区段,受弯构件却产生斜裂缝,如图 3-38 所示。斜截面破坏往往带有脆性破坏的性质,缺乏明显的预兆,在实际工程中应当避免,因此在设计时必须进行斜截面承载力计算。

为了防止受弯构件发生斜截面破坏,应使构件有一个合理的截面尺寸,同时配置必要的箍筋和弯起钢筋来共同承担剪力。箍筋和弯起钢筋统称为腹筋。

3.6.1 梁的斜截面的破坏分析

在受弯构件的构造中,通常把配有纵向受力钢筋和腹筋的梁称为有腹筋梁;把仅有纵向受力钢筋而不设腹筋的梁称为无腹筋梁。在对受弯构件斜截面破坏分析中,为了便于探讨剪切破坏的特性,常以无腹筋梁为基础,再引申到有腹筋梁。

3.6.1.1 无腹筋梁斜截面的破坏分析

试验研究表明,随着剪跨比 λ 的变化,无腹筋简支梁沿斜截面破坏的主要形态有以下三种。

1. 斜拉破坏

当剪跨比较大($\lambda > 3$)时,会发生斜拉破坏,如图 3-39(a)所示。斜裂缝一旦出现,便很快形成一条主要斜裂缝,并迅速向集中荷载作用点延伸,梁即被分成两部分而破坏,破坏面平整,无压碎痕迹。破坏荷载等于或略高于临界斜裂缝出现时的荷载。斜拉破坏主要是由于主拉应力产生的拉应变达到混凝土的极限拉应变而形成的,它的承载力较低,且属于脆性破坏。其抗剪承载力取决于混凝土的抗拉强度。

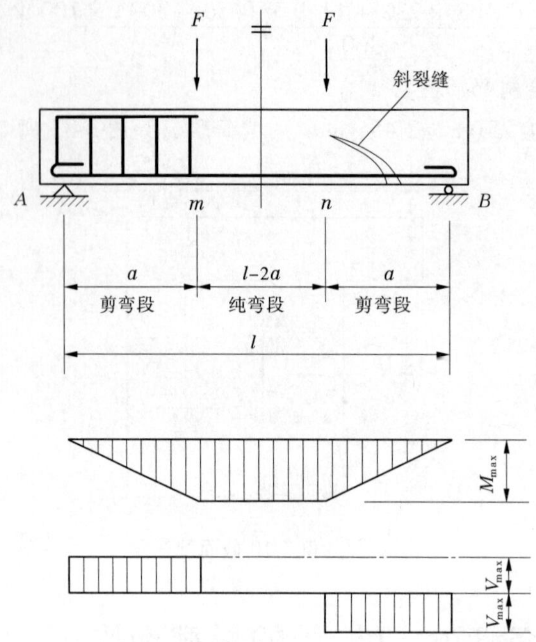

图 3-38　受弯构件斜截面破坏

2. 斜压破坏

当剪跨比较小($\lambda<1$)时，会发生斜压破坏，如图 3-39(b)所示。首先在荷载作用点和支座之间出现一条斜裂缝，然后出现若干条大体相平行的斜裂缝，梁腹被分割成若干个倾斜的小柱体。随着荷载增大，梁腹发生类似混凝土棱柱体被压坏的情况。破坏时斜裂缝多而密，但没有主裂缝，故称为斜压破坏。这种破坏也属于脆性破坏，但承载力较高。其抗剪承载力取决于混凝土的抗压强度。

3. 剪压破坏

当剪跨比为 $1\leqslant\lambda\leqslant3$ 时，将发生剪压破坏，如图 3-39(c)所示。梁在剪弯区段内出现斜裂缝时，随着荷载的增大，陆续出现几条斜裂缝，其中一条发展成为临界斜裂缝。当荷载继续增大，临界斜裂缝上端剩余截面逐渐缩小，剪压区混凝土被压碎而破坏。这种破坏仍为脆性破坏。但其承载力较斜拉破坏高，比斜压破坏低。其抗剪承载力主要取决于混凝土在复合应力下的抗压强度。

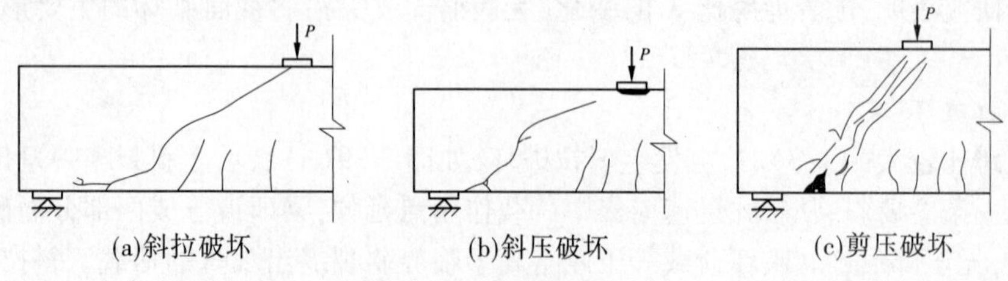

(a)斜拉破坏　(b)斜压破坏　(c)剪压破坏

图 3-39　斜截面破坏形态

总的来看，不同剪跨比无腹筋简支梁的破坏形态虽有不同，但荷载达到峰值时梁的跨中挠度都不大，且破坏较突然，均属脆性破坏，其中斜拉破坏最为明显。

3.6.1.2　有腹筋梁斜截面的破坏分析

在配有箍筋或弯起钢筋的梁中，在荷载较小，斜裂缝出现之前，腹筋的作用不明显，对斜裂缝出现的影响不大，它的受力性能和无腹筋梁相似，但是在斜裂缝出现以后，混凝土逐步退出工作。而与斜裂缝相交的箍筋、弯起钢筋的应力显著增大，箍筋直接承担大部分剪力，并且在其他方面也起重要作用。其作用具体表现如下：

(1)箍筋(或弯起钢筋)可以直接承担部分剪力。

(2)箍筋(或弯起钢筋)能限制斜裂缝的延伸和开展，增大剪压区的面积，提高剪压区的抗剪能力。

(3)箍筋(或弯起钢筋)可以提高斜裂缝交界面上的骨料咬合作用和摩阻作用，从而有效地减小斜裂缝的宽度。

(4)箍筋(或弯起钢筋)还可以延缓沿纵筋劈裂裂缝的展开，防止混凝土保护层的突然撕裂，提高纵筋的销栓作用。

腹筋的配置虽然不能防止斜裂缝的出现，但却能限制斜裂缝的开展和延伸。因此，腹筋的数量对梁斜截面的破坏形态和受剪承载力有很大影响。有腹筋梁的斜截面破坏与无腹筋梁相似，也可分为斜拉破坏、斜压破坏和剪压破坏三种形态。

1. 斜拉破坏

当箍筋配置数量过少，且剪跨比 $\lambda > 3$ 时，则斜裂缝一出现，原来由混凝土承受的拉力转由箍筋承受，箍筋很快会达到屈服强度，变形迅速增加，不能抑制斜裂缝的发展，从而产生斜拉破坏，属于脆性破坏。

2. 斜压破坏

如果箍筋配置数量过多，则在箍筋尚未屈服时，斜裂缝间的混凝土就因主压应力过大而发生斜压破坏，箍筋应力达不到屈服，强度得不到充分利用。此时梁的受剪承载力取决于构件的截面尺寸和混凝土强度，也属于脆性破坏。

3. 剪压破坏

当箍筋配置的数量适当，且 $1 \leq \lambda \leq 3$ 时，则在斜裂缝出现以后，应力大部分由箍筋(或弯起钢筋)承担。在箍筋尚未屈服时，由于箍筋限制了斜裂缝的展开和延伸，荷载还会有较大增长。当箍筋屈服后，由于箍筋应力基本不变而应变迅速增加，箍筋不能再有效地抑制斜裂缝的展开和延伸。最后斜裂缝上端剪压区的混凝土在剪压复合应力的作用下达到极限强度，发生剪压破坏。

3.6.1.3　影响斜截面受力性能的主要因素

影响受弯构件斜截面受剪承载力的因素很多，主要有以下几方面。

1. 剪跨比

通过试验研究发现，无腹筋梁的破坏形式主要取决于剪跨比 λ 的大小。λ 是个无量纲的参数，其定义有广义和狭义之分。

广义的剪跨比是指：该截面所承受的弯矩 M 和剪力 V 的相对比值，即

$$\lambda = \frac{M}{Vh_0} \tag{3-36}$$

狭义的剪跨比是指:集中荷载作用点处至邻近支座的距离 a 与截面有效高度 h_0 的比值,即

$$\lambda = \frac{a}{h_0} \tag{3-37}$$

式中 a——集中荷载作用点处至邻近支座的距离,称为剪跨,如图 3-38 所示。

剪跨比 λ 是影响集中荷载下无腹筋梁的破坏形态和受剪承载力的最主要因素。对于无腹筋梁来说,剪跨比越大,受剪承载力就越小,但是当剪跨比大于等于 3 时,其影响已不再明显,在均布荷载作用下,随跨高比(l_0/h)的增大,梁的受剪承载力降低,当跨高比 $l_0/h > 6$ 时,对梁的受剪承载力影响就很小。

2. 混凝土强度

斜截面破坏是因混凝土到达极限强度而发生的,故斜截面受剪承载力随混凝土的强度等级的提高而提高。梁斜压破坏时,受剪承载力取决于混凝土的抗压强度。梁为斜拉破坏时,受剪承载力取决于混凝土的抗拉强度,而抗拉强度的增加较抗压强度来得缓慢,故混凝土强度的影响就略小。剪压破坏时,混凝土强度的影响则居于上述两者之间。

3. 纵向钢筋配筋率

试验表明,梁的受剪承载力随纵向钢筋配筋率 ρ 的提高而增大。这主要是纵向受拉钢筋约束了斜裂缝长度的延伸,增加了受压区混凝土面积,并使骨料咬合力及纵筋的销栓力有所提高,因而间接地提高了梁的抗剪强度。但试验资料分析,配筋率较小时,对截面抗剪强度的影响并不明显;只有在配筋率 $\rho > 1.5\%$ 时,纵向钢筋对梁的抗剪承载力的影响才较为明显。目前,我国规范中的抗剪计算公式并未考虑这一影响因素。

4. 配箍率和箍筋强度

试验研究表明,当箍筋配置适当时,梁的受剪承载力随配箍率的增大和箍筋强度的提高而有较大幅度的提高。

配箍率是指单位水平截面面积上的箍筋截面面积,如图 3-40 所示,钢筋混凝土梁的配箍率 ρ_{sv} 可用式(3-38)进行计算:

$$\rho_{sv} = \frac{A_{sv}}{bs} = \frac{nA_{sv1}}{bs} \tag{3-38}$$

式中 ρ_{sv}——配箍率(%);

A_{sv}——箍筋截面面积,mm²;

n——同一截面内箍筋的肢数;

A_{sv1}——单肢箍筋的截面面积;

b——截面宽度,mm;

s——箍筋间距,mm。

3.6.2 无腹筋梁斜截面承载力计算方法

对无腹筋梁以及不配置箍筋和弯起钢筋的一般板类受弯构件,其斜截面受剪承载力应按式(3-39)计算:

$$V \leqslant V_c = 0.7\beta_h f_t b h_0 \tag{3-39}$$

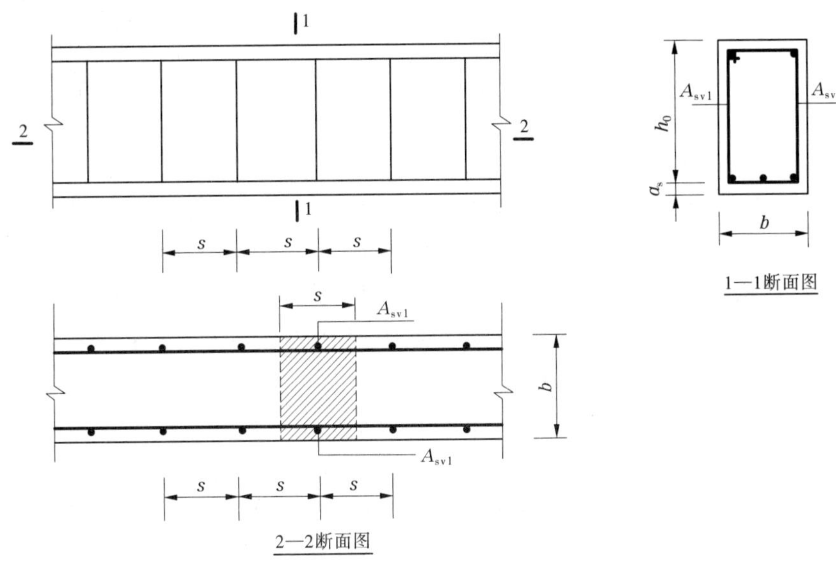

图 3-40　配箍率示意图

$$\beta_h = (800/h_0)^{1/4} \tag{3-40}$$

式中　V——构件斜截面上的最大剪力设计值；

β_h——截面高度影响系数，当 $h_0 < 800$ mm 时，取 $h_0 = 800$ mm，当 $h_0 \geqslant 2\ 000$ mm 时，取 $h_0 = 2\ 000$ mm；

f_t——混凝土轴心抗拉强度设计值。

必须指出的是，以上虽然分析了无腹筋梁受剪承载力的计算公式，但绝不表示允许梁在设计中不配置箍筋。考虑到剪切破坏有明显的脆性，特别是斜拉破坏，斜裂缝一经出现，梁即告破坏，单靠混凝土承受剪力是不安全的。除截面高度不大于 150 mm 的梁外，一般梁均应按构造要求配置箍筋。

3.6.3　有腹筋梁斜截面承载力计算方法

3.6.3.1　仅配置箍筋的梁

对矩形、T 形和工字形截面的一般受弯构件，其受剪承载力计算公式为

$$V \leqslant V_u = V_{cs} = 0.7f_t bh_0 + 1.25f_{yv}\frac{A_{sv}}{s}h_0 \tag{3-41}$$

对集中荷载作用下（包括作用多种荷载，其中集中荷载对支座截面或节点边缘所产生的剪力占该截面总剪力值 75% 以上的情况）的独立梁，其受剪承载力计算公式为

$$V \leqslant V_u = V_{cs} = \frac{1.75}{\lambda + 1.0}f_t bh_0 + f_{yv}\frac{A_{sv}}{s}h_0 \tag{3-42}$$

式中　V——构件斜截面上的最大剪力设计值；

V_{cs}——构件斜截面上混凝土的受剪承载力设计值；

f_t——混凝土轴心抗拉强度设计值；

b——梁的截面宽度（T 形、工字形梁为腹板宽度）；

h_0——梁的截面有效高度；

f_{yv}——箍筋抗拉强度设计值；

A_{sv}——配置在同一截面内箍筋各肢的全部截面面积，$A_{sv} = nA_{sv1}$，其中 n 为在同一个截面内箍筋的肢数，A_{sv1}为单肢箍筋的截面面积；

s——沿构件长度方向上箍筋的间距；

λ——计算截面的剪跨比，可取 $\lambda = a/h_0$，当 $\lambda < 1.5$ 时，取 $\lambda = 1.5$，当 $\lambda > 3$ 时，取 $\lambda = 3$，a 取集中荷载作用点至支座截面或节点边缘的距离。

3.6.3.2 配有箍筋和弯起钢筋的梁

当配有箍筋和弯起钢筋时，其斜截面的受剪承载力应按式(3-43)、式(3-44)计算：

$$V \leqslant V_u = V_{cs} + V_{sb} \tag{3-43}$$

$$V_{sb} = 0.8 f_y A_{sb} \sin\alpha_s \tag{3-44}$$

式中 A_{sb}——同一弯起平面内弯起钢筋的截面面积，mm^2；

f_y——弯起钢筋的抗拉强度设计值，考虑到弯起钢筋在靠近斜裂缝顶部的剪压区时可能达不到屈服强度，乘以 0.8 的降低系数，MPa；

α_s——斜截面上的弯起钢筋与构件纵向轴线的夹角，一般 $\alpha_s = 45°$，当梁截面高度较大时($h \geqslant 800$ mm)，取 $\alpha_s = 60°$。

3.6.3.3 公式的适用范围

1. 防止斜压破坏

当发生斜压破坏时，梁腹的混凝土被压碎，箍筋不屈服，其受剪承载力主要取决于构件的腹板宽度、梁截面高度和混凝土强度。因此，只要保证构件尺寸不要太小，就可防止斜压破坏的发生。《混凝土结构设计规范》(GB 50010—2010)规定，矩形、T 形和工字形截面的一般受弯构件，其最小截面尺寸应符合下列条件：

当 $h_w/b \leqslant 4$ 时

$$V \leqslant 0.25\beta_c f_c b h_0 \tag{3-45}$$

当 $h_w/b \geqslant 6$ 时

$$V \leqslant 0.2\beta_c f_c b h_0 \tag{3-46}$$

当 $4 < \dfrac{h_w}{b} < 6$ 时，按线形内插法取用。

式中 V——构件斜截面上的最大剪力设计值；

β_c——混凝土强度影响系数，当混凝土强度等级不超过 C50 时，取 $\beta_c = 1.0$，当混凝土强度等级为 C80 时，取 $\beta_c = 0.8$，其间按线形内插法取用；

b——矩形截面的宽度或 T 形截面或工字形截面的腹板宽度；

h_w——截面的腹板高度，矩形截面 $h_w = h_0$，T 形截面 $h_w = h_0 - h_f'$，工字形截面 $h_w = h_0 - h_f - h_f'$。

2. 防止斜拉破坏

钢筋混凝土梁出现斜裂缝后，斜裂缝处原来混凝土承受的拉力全部转由箍筋承担，使箍筋的拉应力突然增大。如果配置的箍筋较少，则斜裂缝一出现，箍筋的应力很快达到其屈服强度(甚至被拉断)，不能有效地限制斜裂缝的发展而导致发生斜拉破坏。为防止这

种情况发生，《混凝土结构设计规范》(GB 50010—2010)规定抗剪箍筋的配箍率应满足：

$$\rho_{sv}=\frac{A_{sv}}{bs}\geqslant\rho_{sv,min}=0.24f_t/f_{yv}\tag{3-47}$$

在满足了最小配箍率的要求后，如果箍筋选得较粗而配置较稀，则可能因箍筋间距过大，在两根箍筋之间出现不与箍筋相交的斜裂缝，使箍筋无法发挥作用。因此，《混凝土结构设计规范》(GB 50010—2010)还规定了箍筋的最大间距 s_{max}，见表3-11。

表3-11　梁中箍筋的最大间距 s_{max}　　(单位：mm)

项次	梁高 h	$V>V_c$	$V\leqslant V_c$
1	$h\leqslant300$	150	200
2	$300<h\leqslant500$	200	300
3	$500<h\leqslant800$	250	350
4	$h>800$	300	400

另外，为了使钢筋骨架具有一定的刚性，便于制作安装，箍筋的直径也不应太小。最小直径应满足表3-12的要求；当梁中配有计算需要的纵向受压钢筋时，箍筋的直径尚不小于 $d/4$(d 为纵向受压钢筋的最大直径)。

表3-12　梁中箍筋最小直径　　(单位：mm)

梁高 h	箍筋直径 d
$h\leqslant800$	6
$h>800$	8

3.6.3.4　计算截面位置

在计算斜截面的受剪承载力时，其剪力设计值的计算截面应按下列规定采用(见图3-41)：

(1)支座边缘处的截面1—1。

(2)受控区弯起钢筋弯起点处的截面2—2、3—3。

(3)箍筋截面面积或间距改变处的截面4—4。

(4)腹板宽度改变处的截面。

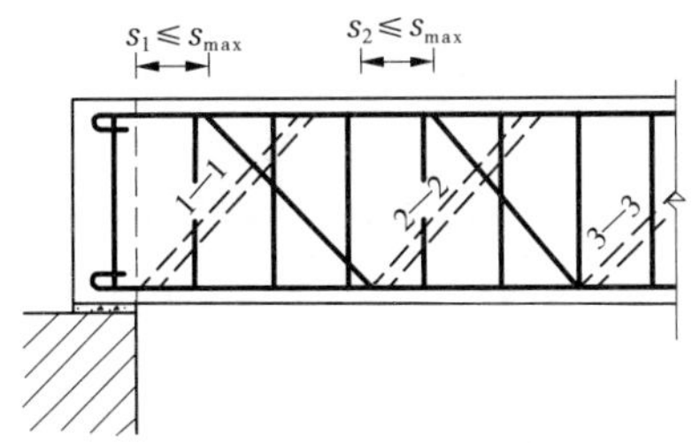

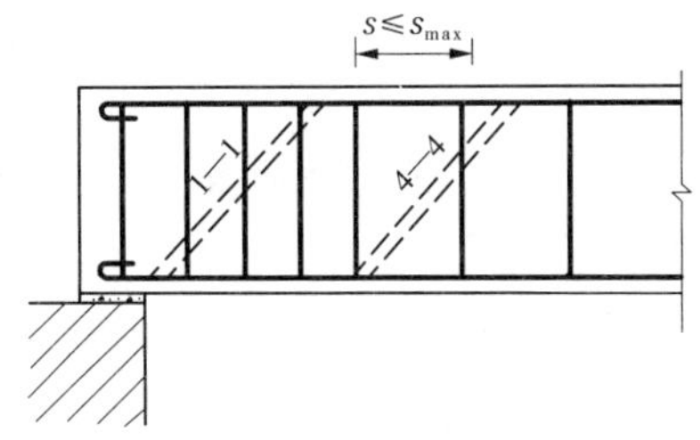

图3-41　斜截面受剪承载力的计算截面位置

3.6.3.5 有腹筋梁的斜截面承载力的计算方法及步骤

在实际工程中，受弯构件斜截面承载力的计算通常有两类问题，即截面设计和截面校核。

1. 截面设计

当已知剪力设计值 V、材料强度和截面尺寸，要求确定箍筋和弯起钢筋的数量，其计算步骤可归纳如下。

1）梁截面尺寸的复核

（1）确定 h_0，计算 h_w。

（2）计算 h_w/b 的值，套用式(3-45)或式(3-46)，验算是否符合截面要求。

2）验算是否按计算要求配腹筋

对矩形、T形和工字形截面的一般受弯构件：若 $V \leqslant 0.7f_t bh_0$，仅按构造要求配置腹筋。

对集中荷载作用下的矩形截面独立梁：若 $V \leqslant \dfrac{1.75}{\lambda+1.0} f_t bh_0$，仅按构造要求配置腹筋；否则，按计算配腹筋。

3）腹筋的计算

（1）仅配箍筋。

对矩形、T形和工字形截面的一般受弯构件计算步骤如下：

①计算单位长度上的箍筋面积 $\dfrac{A_{sv}}{s} = \dfrac{nA_{sv1}}{s} \geqslant \dfrac{V-0.7f_t bh_0}{1.25f_{yv}h_0} = c_1$。

②假设箍筋直径 d、箍筋支数 n，计算取 $s \leqslant \dfrac{nA_{sv1}}{c_1}$，取 s 值，并验算是否满足 $s \leqslant s_{max}$。

③验算配箍率 $\rho_{sv} = \dfrac{A_{sv}}{bs} \geqslant \rho_{sv,min} = 0.24f_t/f_{yv}$。

对集中荷载作用下的独立梁：

①计算单位长度上的箍筋面积 $\dfrac{A_{sv}}{s} = \dfrac{nA_{sv1}}{s} \geqslant \dfrac{V-\dfrac{1.75}{\lambda+1.0}f_t bh_0}{f_{yv}h_0} = c_2$。

②假设箍筋直径 d、箍筋支数 n，$s \leqslant \dfrac{nA_{sv1}}{c_2}$，取 s 值，并验算是否满足 $s \leqslant s_{max}$。

③验算配箍率 $\rho_{sv} = \dfrac{A_{sv}}{bs} \geqslant \rho_{sv,min} = 0.24f_t/f_{yv}$。

（2）同时配有箍筋和弯起钢筋。同时配置箍筋和弯起钢筋的梁，可以根据经验和构造要求配置箍筋确定 V_{cs}，然后按下式计算弯起钢筋的截面面积。

①按构造要求取值，要满足 $d \geqslant d_{min}$、$s \leqslant s_{max}$，并假定箍筋的肢数 n。

②验算是否满足 $\rho_{sv} = \dfrac{A_{sv}}{bs} \geqslant \rho_{sv,min} = 0.24f_t/f_{yv}$。

③计算 V_{cs}：$V_{cs} = 0.7f_t bh_0 + 1.25f_{yv}\dfrac{A_{sv}}{s}h_0$ 或 $V_{cs} = \dfrac{1.75}{\lambda+1.0}f_t bh_0 + f_{yv}\dfrac{A_{sv}}{s}h_0$。

④计算 $A_{sb}=\dfrac{V-V_{cs}}{0.8f_y\sin\alpha_s}$。

⑤从纵筋中选择弯起钢筋的数量。

⑥验算是否需要弯起第二排钢筋。

2. 截面校核

当已知材料强度、截面尺寸、配箍量以及弯起钢筋的截面面积,要求校核斜截面所能承受的剪力 V 时,只要将各已知数据代入式(3-41)、式(3-42)或式(3-43),即可求得解答。但应注意按式(3-45)或式(3-46)及式(3-47)复核截面尺寸以及配箍率,并检验已配的箍筋直径和间距是否满足构造规定。

【例3-11】 一钢筋混凝土矩形截面简支梁,截面尺寸 $b\times h=250\ \text{mm}\times500\ \text{mm}$,$a_s=35\ \text{mm}$,混凝土强度等级为C20($f_t=1.1\ \text{N/mm}^2$、$f_c=9.6\ \text{N/mm}^2$),箍筋为HPB300级钢筋($f_{yv}=270\ \text{N/mm}^2$),支座处截面的剪力设计值为180 kN,求箍筋的数量。

解: (1)验算截面尺寸:

①$h_w=h_0=h-a_s=500-35=465(\text{mm})$,$\dfrac{h_w}{b}=\dfrac{465}{250}=1.86<4$。

②混凝土强度等级为C20,故 $\beta_c=1.0$,则

$$0.25\beta_c f_c bh_0=0.25\times1.0\times9.6\times250\times465=279\ 000(\text{N})>V_{max}=180\ 000\ \text{N}$$

截面符合要求。

(2)验算是否需要计算配置箍筋:

$$0.7f_t bh_0=0.7\times1.1\times250\times465=89\ 512.5(\text{N})<V_{max}=180\ 000\ \text{N}$$

故需要进行配箍计算。

(3)只配箍筋。

①$\dfrac{nA_{sv1}}{s}=\dfrac{V-0.7f_t bh_0}{1.25\times f_{yv}h_0}=\dfrac{180\ 000-89\ 512.5}{1.25\times270\times465}=0.577(\text{mm}^2/\text{mm})$。

②若选用Φ8,$A_{sv1}=50.3\ \text{mm}^2$,$n=2$,则

$$s\leqslant\frac{nA_{sv1}}{c_1}=\frac{2\times50.3}{0.577}=174.4(\text{mm})$$

取 $s=170\ \text{mm}$。

③验算配箍率:

$$\rho_{sv}=\frac{nA_{sv1}}{bs}=\frac{2\times50.3}{250\times130}=0.31\%$$

最小配箍率 $\rho_{sv,min}=0.24\dfrac{f_t}{f_{yv}}=0.24\times\dfrac{1.1}{270}=0.098\%<\rho_{sv}=0.31\%$,满足要求。

即所配箍筋为Φ8@170。

【例3-12】 某矩形截面简支梁承受荷载设计值,如图3-42所示。采用C25混凝土,配有纵筋4Φ25,箍筋为HPB300级钢筋,梁的截面尺寸 $b\times h=250\ \text{mm}\times600\ \text{mm}$,环境类别为一类,取 $a_s=40\ \text{mm}$,试计算箍筋数量。

解 查附表1得 $f_c=11.9\ \text{N/mm}^2$,$f_t=1.27\ \text{N/mm}^2$,查附表3得 $f_{yv}=270\ \text{N/mm}^2$,$\beta_c=$

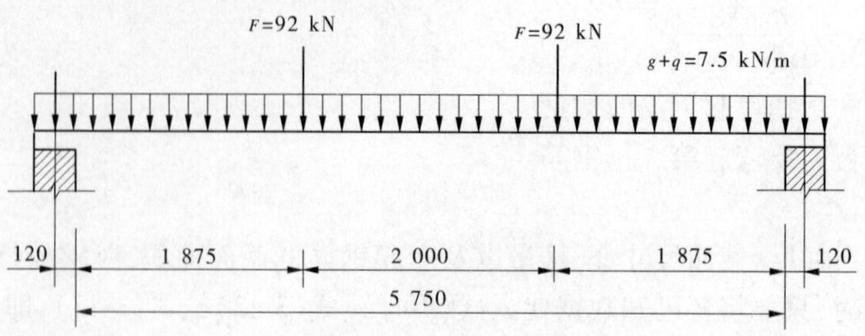

图 3-42　例 3-12 图

1.0。$h_0=600-40=560(\text{mm})$。

(1)内力计算。

由均布荷载在支座边缘处产生的剪力设计值为

$$V_{g+q}=\frac{1}{2}(g+q)l_n=\frac{1}{2}\times7.5\times5.75=21.56(\text{kN})$$

集中荷载在支座边缘处产生的剪力设计值为：$V_F=92\ \text{kN}$

支座边缘处截面的总剪力设计值为：$V=21.56+92=113.56(\text{kN})$

由于$\frac{V_F}{V}=\frac{92}{113.56}=81\%>75\%$，故对该矩形截面简支梁应考虑剪跨比 λ 的影响。

$$\lambda=\frac{a}{h_0}=\frac{1.875+0.12}{0.56}=3.56>3,\text{取}\lambda=3$$

(2)验算截面尺寸是否满足要求。

$$\frac{h_w}{b}=\frac{560}{250}=2.24<4$$

$$\begin{aligned}0.25\beta_c f_c bh_0&=0.25\times1.0\times11.9\times250\times560=416.5\times10^3(\text{N})\\&=416.5\ \text{kN}>V=113.56\ \text{kN}\end{aligned}$$

截面尺寸满足要求。

(3)验算是否需要按计算配置箍筋。

$$\begin{aligned}\frac{1.75}{\lambda+1.0}f_t bh_0&=\frac{1.75}{3+1.0}\times1.27\times250\times560=77.79\times10^3(\text{N})\\&=77.79\ \text{kN}<V=113.56\ \text{kN}\end{aligned}$$

故应按计算配置箍筋。

(4)箍筋计算。

①计算单位长度上的箍筋面积。

由 $V\leqslant V_u=\frac{1.75}{1.0+\lambda}f_t bh_0+f_{yv}\frac{A_{sv}}{s}h_0$ 得：

$$\frac{A_{sv}}{s}=\frac{V-\frac{1.75}{1.0+\lambda}f_t bh_0}{f_{yv}h_0}=\frac{113\ 560-77\ 790}{270\times560}=0.237$$

②箍筋直径及间距的确定。

选用Φ8 箍筋($A_{sv1}=50.3\ mm^2$),双肢箍,$n=2$,则

$$s=\frac{A_{sv}}{0.237}=\frac{2\times50.3}{0.237}=424.5(mm)$$

取 $s=250\ mm=s_{max}=250\ mm$,满足构造要求。

即所配箍筋为Φ8@250。

(5)验算配箍率。

$$\rho_{sv}=\frac{nA_{sv1}}{bs}=\frac{2\times50.3}{250\times250}=0.161\%>\rho_{sv,min}=0.24\frac{f_t}{f_{yv}}=0.24\times\frac{1.27}{270}=0.113\%$$

满足要求。

箍筋沿梁全长均匀配置,梁配筋图如图3-43所示。

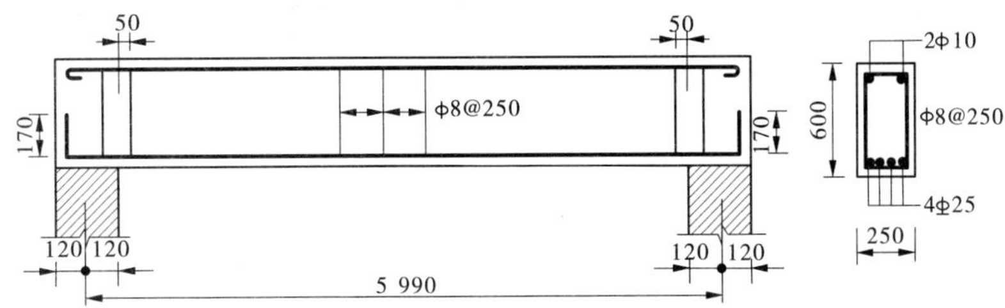

图3-43 例3-12配筋图

【例3-13】 一承受均布荷载的矩形截面简支梁,梁截面尺 $b\times h=200\ mm\times400\ mm$,采用C25混凝土,箍筋采用HPB300级,已配双肢Φ8@200,求该梁所能承受的最大剪力设计值 V;若梁净跨 $l_n=3.86\ m$,求按受剪承载力计算的梁所能承担的均布荷载标准值 q 为多少?

解 查附表1得 $f_c=11.9\ N/mm^2$,$f_t=1.27\ N/mm^2$,查附表3得 $f_{yv}=270\ N/mm^2$;$\beta_c=1.0$,取 $a_s=35\ mm$,$h_0=400-350=365(mm)$。

(1)计算 V_{cs}。

$$\begin{aligned}V_{cs}&=0.7f_tbh_0+1.25f_{yv}\frac{A_{sv}}{s}h_0\\&=0.7\times1.27\times200\times365+1.25\times270\times\frac{2\times50.3}{200}\times365\\&=126\ 860(N)=126.86\ kN\end{aligned}$$

(2)复核梁截面尺寸及配箍率。

$$\begin{aligned}0.25\beta_cf_cbh_0&=0.25\times1.0\times11.9\times200\times365=217\ 175(N)=217.2\ kN\\&>V_{cs}=126.86\ kN\end{aligned}$$

$$\rho_{sv}=\frac{2\times50.3}{200\times200}=0.25\%>\rho_{sv,min}=0.24\times\frac{f_t}{f_{yv}}=0.24\times\frac{1.27}{270}=0.113\%$$

且箍筋直径和间距符合构造规定。

梁所能承受的最大剪力设计值 $V=V_{cs}=126.86\ kN$。

(3)求按受剪承载力计算的梁所能承担的均布荷载标准值:

$$q = \frac{2V}{l_n} = \frac{2 \times 126.86}{3.86} = 65.73(\text{kN/m})$$

3.6.4 纵向钢筋的截断和弯起

在进行受弯构件正截面承载力计算配置纵向钢筋时，是按照跨中的最大弯矩设计值计算配置跨中钢筋，根据支座的最大负弯矩计算配置支座负弯矩钢筋，如图 3-44 所示。但除计算截面外的其他截面，弯矩均小于计算截面。也就是说，计算截面外的其他截面配筋量可以减少。若每个截面均配置和计算截面同样数量的钢筋，显然是不经济的。

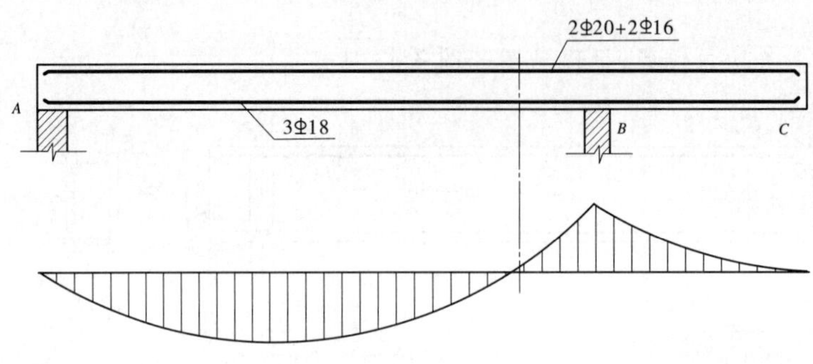

图 3-44 悬臂梁弯矩及配筋图

在实际工程中，常将一部分跨中承受正弯矩的纵向钢筋在其不需要的位置弯起，使它和箍筋一起抵抗剪力，即形成弯起钢筋；将支座负弯矩钢筋在其不需要的位置截断（或分批截断），以节省钢筋。

对于不同的受弯构件，如何确定其纵向钢筋的弯起点位置、弯起钢筋的数量，即在纵向钢筋弯起和截断后，如何保证其正截面抗弯能力和斜截面抗弯能力？此外，纵向钢筋必须有足够的锚固长度，通过在锚固长度上的黏结力积累，才能使钢筋建立起所需的拉力，那么，如何保证纵向钢筋的黏结锚固要求？这些问题需要通过抵抗弯矩图（M_R 图）来解决。

3.6.4.1 抵抗弯矩图（M_R 图）

抵抗弯矩图是指按受弯构件实际配置的纵向钢筋绘制的梁上各正截面所能承受的弯矩图，它反映了沿梁长正截面上材料的抗力，故简称为材料图。图中纵坐标所表示的就是正截面受弯承载力设计值 M_R，简称抵抗弯矩。

一承受均布荷载作用下简支梁的 M 图和 M_R 图，如图 3-45 所示，其设计弯矩图（M 图）为曲线形，跨中最大弯矩为 M_{max}。该梁根据 M_{max} 计算配置的纵向钢筋为 4 ⌀ 22。若梁实配钢筋的总面积正好等于计算面积，则 M_R 图的外围水平线正好与 M 图上最大弯矩点相切，若梁实配钢筋的总面积略大于计算面积，则可根据实际配筋量 A_s，利用式（3-48）来求 M_R 图外围水平线的位置，即

$$M_R = f_y A_s h_0 \left(1 - \frac{\rho f_y}{2\alpha_1 f_c}\right) \tag{3-48}$$

于是，每根钢筋所能承担的 M_{Ri} 值可近似按式（3-49）进行计算：

$$M_{Ri} = \frac{A_{si}}{A_s} M_R \tag{3-49}$$

若上述梁所配置的4 ⌀ 22纵向钢筋均直接伸入两端支座，则梁各截面因配筋相同都具有大小为M_R的抵抗弯矩。因而，其抵抗弯矩图即为图中的矩形弯矩图。若有部分纵向钢筋在跨中的某一截面弯起，则该梁的抵抗弯矩图就不再是矩形。

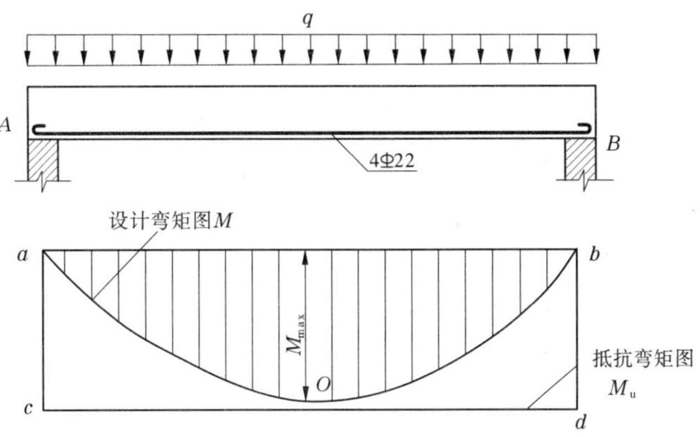

图3-45 配通长直筋简支梁的抵抗弯矩图

3.6.4.2 纵向钢筋的截断

如前所述，梁跨中下部承受正弯矩的钢筋及支座承受负弯矩的钢筋，是分别根据梁的跨中最大正弯矩及支座最大负弯矩配置的，从理论上说，对这些钢筋中的一部分，可在其不需要的位置截断。但是，对于跨中下部钢筋，除焊接骨架外，一般不允许截断，而采用弯起或者直接伸进支座的方式。在支座负弯矩区段，负弯矩向支座两侧迅速减小，常采用截断钢筋的办法，减少钢筋用量，以节省钢材。

梁支座负弯矩钢筋也常根据材料图截断。从理论上讲，某一根纵向钢筋可在其不需要点(称为理论断点)处截断。但事实上，当在理论断点处切断钢筋后，相应于该处的混凝土拉应力会突增，有可能在切断处过早地出现斜裂缝，而该处未切断的纵向钢筋的强度是被充分利用的，斜裂缝的出现，使斜裂缝顶端截面处承担的弯矩增大，未切断的纵向钢筋应力就有可能超过其抗拉强度，造成梁的斜截面受弯破坏。因而，纵向钢筋必须从理论断点以外延伸一定长度后再切断。此时，若在实际切断处再出现斜裂缝，则因该处未切断的纵向钢筋并未充分利用，能承担因斜裂缝出现而增大的弯矩，再加上与斜裂缝相交的箍筋也能承担一部分增长的弯矩，从而使斜截面的受弯承载力得以保证。

为了保证斜截面的受弯承载力，梁内纵向受拉钢筋一般不宜在正弯矩区段截断。承受负弯矩的区段或焊接骨架中的钢筋，当必须截断时，如图3-46所示，应符合以下规定：

(1)钢筋的实际截断点应伸过其理论断点截面以外，当$V \leqslant V_c$时，延伸长度不小于$20d$(d为截断钢筋的直径)；当$V > V_c$时，延伸长度不小于h_0且不应小于$20d$。

(2)钢筋的充分利用点至该钢筋的实际截断点的距离，当$V \leqslant V_c$时，延伸长度$l_d \geqslant 1.2l_a$；当$V > V_c$时，延伸长度$l_d \geqslant 1.2l_a + h_0$，$l_a$为受拉钢筋的最小锚固长度。

3.6.4.3 纵向钢筋的弯起

1. 纵向钢筋弯起在抵抗弯矩图上的表示方法

一根在均布荷载作用下的简支梁，如图3-47所示，配有2 ⌀ 22 +2 ⌀ 20的纵向钢筋。

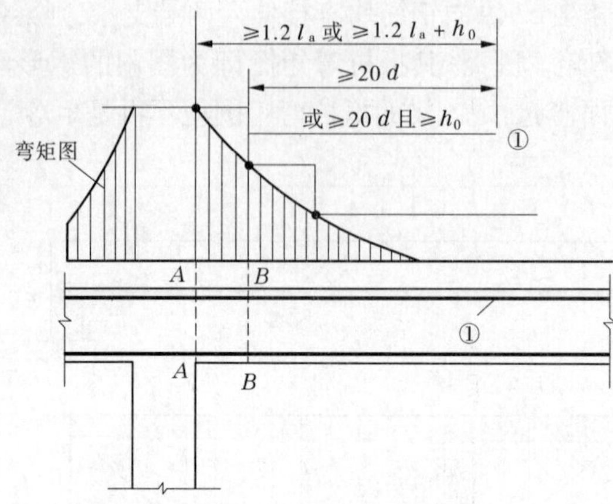

A—A:钢筋①的强度充分利用截面;

B—B:按计算不需要钢筋①的截面

图 3-46 纵向钢筋截断点及延伸长度

若欲将其中 1 Φ 20 弯起,其抵抗弯矩图可以按以下方法绘制。

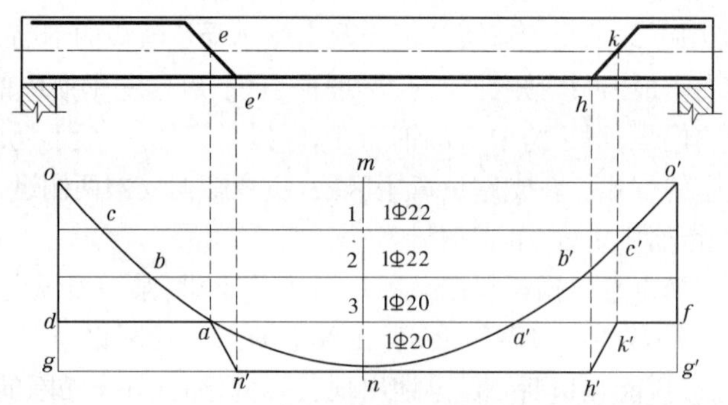

图 3-47 配弯起筋简支梁的抵抗弯矩图

按一定比例绘制出梁的设计弯矩图,如图 3-47 中曲线形图 ono',并按相同的比例绘制出纵向钢筋未弯起时梁的抵抗弯矩图,如图 3-47 中矩形图 $ogg'o'$,一般所配纵向钢筋实际能抵抗的弯矩较设计弯矩稍大。按式(3-49)近似计算出每根钢筋所能抵抗的弯矩,如图 3-47 中的 1、2、3 各点。竖距 $m1$ 代表 1 Φ 22 纵向钢筋所能抵抗的弯矩,竖距 12 代表另一根 1 Φ 22 所能抵抗的弯距,竖距 23 和竖距 $3n$ 分别代表其余 2 根 1 Φ 20 的纵向钢筋所能抵抗的弯矩(一般将拟弯起纵向钢筋所能抵抗的弯矩划分在弯矩图下边)。分别过点 1、2、3 作水平线与 M 图相交于 c、b、a 点和 c'、b'、a'点,n 点为最后 1 Φ 20 纵向钢筋的"充分利用点",a、a'则为该钢筋的"不需要点"。这时,若欲根据 1 Φ 20 钢筋的"不需要点"决定该钢筋的弯起点位置,则可过 a 点作垂线与梁中和轴相交于 e 点,根据钢筋所需弯起的角度(一般为 45°或 60°)过 e 点作斜线与纵向钢筋交于点 e',e'点即为 1 Φ 20 纵向钢筋的弯起点。过 e'点作垂线,与抵抗弯矩图交于点 n',连接点 $n'a$,则折线 $odan'n$ 即为 1 Φ 20 纵向钢筋在 e'点弯起后的抵抗弯矩图。抵抗弯矩图中的斜线段 $n'a$ 是考虑纵向钢筋 1 Φ 20 虽从 e'点弯起,但在其未进入中和轴之前仍具有一定的拉力,且越靠近中和轴拉力越小，至 e 点时不再受拉，因而 $e'e$ 段钢筋越接近中和轴，其所抵抗的弯矩也越小。

若欲将 1 Φ20 纵向钢筋在 h 点按一定角度弯起，则可分别过 h 点、k 点作垂线，分别与抵抗弯矩图交于 h'点、k'点，连接 $h'k'$点，则折线 $nh'k'fo'$ 即为 1 Φ20 纵向钢筋在 h 点弯起时的抵抗弯矩图。也可以用同样的方法绘制另一根 1 Φ20 纵向钢筋弯起时的抵抗弯矩图。

从抵抗弯矩图可以看出，抵抗弯矩图越贴近设计弯矩图，纵向钢筋利用就越充分，因而也就越经济。但在实际工程中，还要根据梁的具体情况、构造要求及施工方面的问题对纵向钢筋弯起进行综合考虑。一般梁底部的纵向钢筋伸入支座不少于两根，故只有底部纵向钢筋数量超过两根才可以考虑弯起钢筋。另外，梁底部的纵向钢筋通常是不能截断的。

2. 纵向钢筋弯起应满足的条件

(1) 为了保证在纵向钢筋弯起后正截面有足够的抗弯能力，应使纵向钢筋弯起后梁的抵抗弯矩图包住梁的设计弯矩图，即弯起钢筋与梁中和轴的交点不得位于按正截面承载力计算不需要该钢筋的截面以内。

若纵向钢筋从 a 点弯起，如图 3-48 所示，由抵抗弯矩图可以看出，梁在 $b'b$ 段的正截面抗弯能力显然不足。

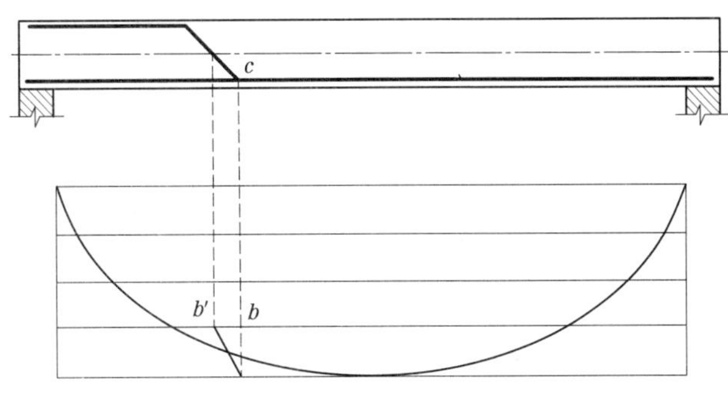

图 3-48　配弯起筋简支梁的抵抗弯矩图

(2) 为了保证斜截面的抗弯能力，纵向钢筋的弯起点应设在按截面抗弯能力计算时该钢筋的“充分利用点”截面以外，其水平距离不小于 $h_0/2$，如图 3-49 所示。

3.6.5　纵向钢筋的锚固

纵向钢筋伸入支座后，应有充分的锚固，如图 3-50 所示，否则，锚固不足就可能使钢筋产生过大的滑动，甚至会从混凝土中拔出造成锚固破坏。

1. 简支支座处的锚固长度 l_{as}

简支支座处的锚固长度应满足下列规定：

(1) 当 $V \leqslant 0.7f_tbh_0$ 时，$l_{as} \geqslant 5d$。

(2) 当 $V > 0.7f_tbh_0$ 时，带肋钢筋 $l_{as} \geqslant 12d$，光圆钢筋 $l_{as} \geqslant 15d$。

对于板，一般剪力较小，通常能满足 $V \leqslant 0.7f_tbh_0$ 的条件，所以板的简支支座和连续板下部纵向受力钢筋伸入支座的锚固长度 $l_{as} \geqslant 5d$。当板内温度、收缩应力较大时，伸入支座的锚固长度宜适当增加。

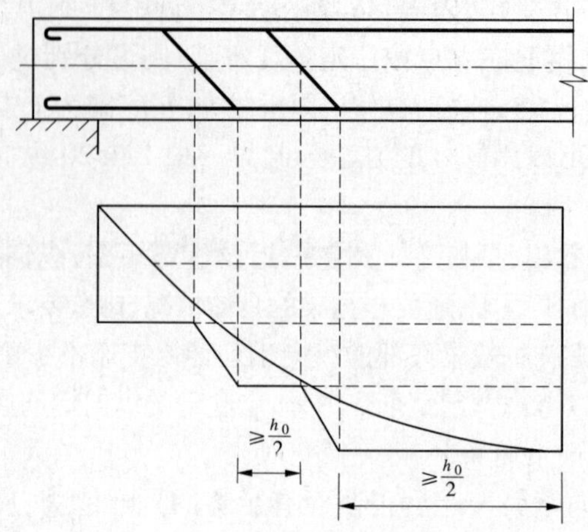

图 3-49 弯起点位置示意图

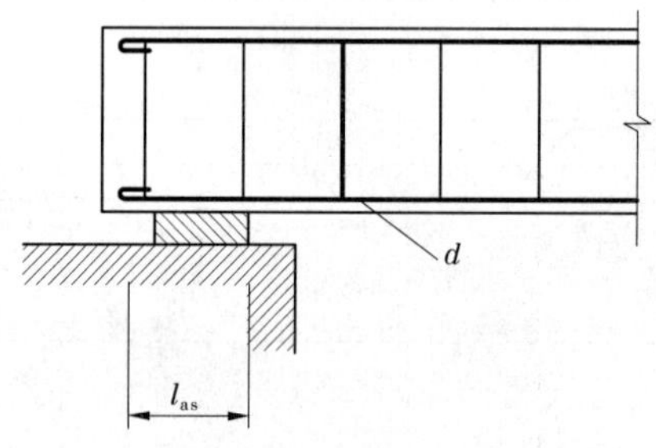

图 3-50 简支梁下部纵筋的锚固

2. 中间支座的钢筋锚固要求

框架梁或连续板在中间支座处，一般上部纵向钢筋受拉，应贯穿中间支座节点或中间支座范围。下部钢筋受压，其伸入支座的锚固长度分下面几种情况考虑：

(1)当计算中不利用钢筋的抗拉强度时，不论支座边缘内剪力设计值的大小，其下部纵向钢筋伸入支座的锚固长度 l_{as} 应满足简支支座 $V>0.7f_tbh_0$ 时的规定，如图 3-51(a)所示。

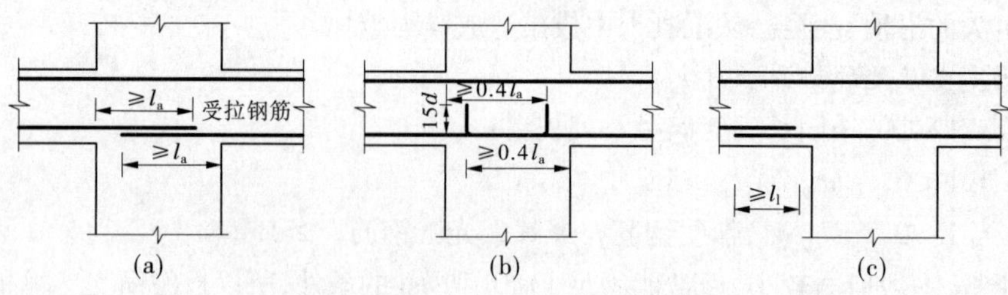

图 3-51 梁中间支座下部纵向钢筋的锚固

(2)当计算中充分利用钢筋的抗拉强度时,下部纵向钢筋应锚固于支座节点内。若柱截面尺寸足够,可采用直线锚固方式,如图3-51(a)所示;若柱截面尺寸不够,可将下部纵筋向上弯折,如图3-51(b)所示。

(3)当计算中充分利用钢筋的受压强度时,下部纵向钢筋伸入支座的直线锚固长度不应小于$0.7l_a$,也可以伸过节点或支座范围,并在梁中弯矩较小处设置搭接接头,如图3-51(c)所示。

任务3.7 正常使用极限状态验算

3.7.1 裂缝宽度验算

混凝土抗压强度较高,而抗拉强度较低,一般情况下混凝土抗拉强度只有抗压强度的1/10左右。所以,在荷载作用下,普通混凝土受弯构件大都带裂缝工作。混凝土裂缝的产生主要有两方面的因素:一是荷载作用;二是非荷载因素,例如,不均匀变形、内外温差、外部其他环境因素等。调查表明,工程实践中结构产生的裂缝,非荷载为主引起的约占80%,荷载为主引起的约占20%。构件裂缝宽度过大不但影响美观,而且会给人以不安全感;在有腐蚀性的液体或气体的环境中,过宽的裂缝易造成钢筋锈蚀,甚至脆断,从而严重影响结构的安全性和耐久性。因此,对结构构件除必须进行承载力计算外,根据使用要求还需对某些构件进行裂缝宽度的控制。

在进行结构构件设计时,应根据使用要求选用不同的裂缝控制等级。《混凝土结构设计规范》(GB 50010—2010)将裂缝控制等级划分为三级:

(1)一级:严格要求不出现裂缝的构件,按荷载效应的标准组合进行计算时,构件受拉边边缘的混凝土不应产生拉应力。

(2)二级:一般要求不出现裂缝的构件,即按荷载效应标准组合进行计算时,构件受拉边边缘混凝土的拉应力不应大于混凝土轴心抗拉强度标准值;而按荷载效应准永久组合进行计算时,构件受拉边边缘的混凝土不宜产生拉应力,当有可靠经验时可适当放宽。

(3)三级:允许出现裂缝的构件,但荷载效应标准组合并考虑长期作用影响求得的最大裂缝宽度不应超过《混凝土结构设计规范》(GB 50010—2010)规定的最大裂缝宽度限值。

上述一、二级裂缝控制属于构件的抗裂能力控制,对于普通的钢筋混凝土构件来说,混凝土在使用阶段一般都带裂缝工作,故按三级标准来控制裂缝宽度。

3.7.1.1 最大裂缝宽度验算

对允许出现裂缝的构件,在荷载的标准组合下,考虑长期作用影响的最大裂缝宽度应满足:

$$w_{max} \leqslant w_{lim} \tag{3-50}$$

式中 w_{lim}——允许的最大裂缝宽度限值,见表3-13。

表 3-13 结构构件的裂缝控制等级及最大裂缝宽度限值

环境类别	钢筋混凝土结构		预应力混凝土结构	
	裂缝控制等级	w_{lim}	裂缝控制等级	w_{lim}(mm)
一	三	0.3(0.4)	三	0.2
二	三	0.2	二	—
三	三	0.2	一	—

注:1. 表中的规定适用于采用热轧钢筋的钢筋混凝土构件和采用预应力钢丝、钢绞线及热处理钢筋的预应力混凝土构件;当采用其他类别的钢丝或钢筋时,其裂缝控制要求可按专门标准确定。

2. 对处于年平均相对湿度小于60%地区一类环境下的受弯构件,其最大裂缝宽度限值可采用括号内的数值。

3. 在一类环境下,对钢筋混凝土屋架、托架及需做疲劳验算的吊车梁,其最大裂缝宽度限值应取为0.2 mm;对钢筋混凝土屋面梁和托梁,其最大裂缝宽度限值应取为0.3 mm。

4. 对于烟囱、筒仓和处于液体压力下的结构构件,其裂缝控制要求应符合专门标准的有关规定。

5. 对于处于四、五类环境下的结构构件,其裂缝控制要求应符合专门标准的有关规定。

6. 表中的最大裂缝宽度限值用于验算荷载作用引起的最大裂缝宽度。

3.7.1.2 最大裂缝宽度的计算

最大裂缝宽度是由平均宽度的计算值乘以“扩大系数”所得。而扩大系数的取值,通常依赖于试验结果以及理论推导。《混凝土结构设计规范》(GB 50010—2010)简明地规定对矩形、T形、倒T形和工字形截面的受拉、受弯和大偏心受压构件,按荷载效应的标准组合并考虑长期作用的影响,其最大裂缝宽度可按下式计算:

$$w_{max} = \alpha_{cr}\psi \frac{\sigma_s}{E_s}\left(1.9c_s + 0.08\frac{d_{eq}}{p_{te}}\right) \tag{3-51}$$

$$\psi = 1.1 - 0.65\frac{f_{tk}}{\rho_{te}\sigma_s} \tag{3-52}$$

$$d_{eq} = \frac{\sum n_i d_i^2}{\sum n_i v_i d_i} \tag{3-53}$$

$$\rho_{te} = \frac{A_s + A_p}{A_{te}} \tag{3-54}$$

式中 α_{cr}——构件受力特征系数,对钢筋混凝土构件,轴心受拉构件 $\alpha_{cr}=2.7$,偏心受拉构件 $\alpha_{cr}=2.4$,受弯构件和偏心受压构件 $\alpha_{cr}=1.9$;

ψ——裂缝间纵向受拉钢筋应变不均匀系数,当 $\psi<0.2$ 时,取 $\psi=0.2$,当 $\psi>1.0$ 时,取 $\psi=1.0$,对直接承受重复荷载的构件,取 $\psi=1.0$;

E_s——钢筋弹性模量;

c_s——最外层纵向受拉钢筋外边缘至受拉区底边的距离,mm,当 $c_s<20$ mm 时,取 $c_s=20$ mm,当 $c_s>65$ mm 时,取 $c_s=65$ mm;

ρ_{te}——按有效受拉混凝土截面面积计算的纵向受拉钢筋配筋率,对无黏结后张构件,仅取纵向受拉普通钢筋计算配筋率,当 $\rho_{te}<0.01$ 时,取 $\rho_{te}=0.01$;

A_{te}——有效受拉混凝土截面面积,对轴心受拉构件,取构件截面面积,对受弯、偏心受压和偏心受拉构件,取 $A_{te}=0.5bh+(b_f-b)h_f$,b_f、h_f 为受拉翼缘的宽度、高度;

A_s——受拉区纵向普通钢筋截面面积；

A_p——受拉区纵向预应力钢筋截面面积；

d_{eq}——受拉区纵向钢筋的等效直径，mm，对无黏结后张构件，仅为受拉区纵向受拉普通钢筋的等效直径；

d_i——受拉区第 i 种纵向钢筋的公称直径；

n_i——受拉区第 i 种纵向钢筋的根数；

v_i——受拉区第 i 种纵向钢筋的相对黏结特性系数，带肋钢筋取 $v_i = 1.0$，光面钢筋取 $v_i = 0.7$；

σ_s——按荷载标准组合计算的钢筋混凝土构件纵向受拉钢筋的应力或按标准组合计算的预应力混凝土构件纵向受拉钢筋等效应力，受弯构件，$\sigma_s = \dfrac{M_q}{0.87h_0A_s}$。

3.7.1.3 减小裂缝宽度的措施

裂缝宽度的验算是在满足构件承载力前提下进行的，因而截面尺寸、配筋率等均已确定。w_{max} 主要与 v 及 d 有关，常见的减小裂缝宽度的措施有：

(1)优先选择带肋钢筋。

(2)选择直径较小的钢筋。

(3)增加钢筋用量。

(4)最有效的方法是采用预应力混凝土结构。

【例 3-14】 已知钢筋混凝土矩形截面简支梁，一类环境($w_{lim} = 0.3$ mm)，截面尺寸 $b \times h = 300$ mm $\times 500$ mm，计算跨度 $l_0 = 5.6$ m，混凝土强度等级为 C35，钢筋采用 HRB400 级，配置纵向受拉钢筋 3 ⌀20($A_s = 942$ mm^2)，箍筋为双肢Φ8，该梁承受的永久荷载标准值 $g_k = 9$ kN/m(包括梁的自重)，可变荷载标准值 $q_k = 12$ kN/m，可变荷载的准永久值系数 $\psi_q = 0.4$。试验算该梁的最大裂缝宽度是否满足要求。

解 (1)基本参数：$c_s = 25$ mm，$a_s = c_s + d/2 = 25 + 20/2 = 35$(mm)；$h_0 = h - a_s = 500 - 35 = 465$(mm)；$f_{tk} = 2.20$ N/mm^2，$E_s = 2.0 \times 10^5$ N/mm^2，$\alpha_{cr} = 1.9$，$v_i = 1.0$。

(2)按荷载准永久组合计算弯矩值：

$$M_q = \frac{1}{8} \times (g_k + \psi_q q_k) l_0^2 = \frac{1}{8} \times (9 + 0.4 \times 12) \times 5.6^2 = 54.10(\text{kN} \cdot \text{m})$$

(3)最大裂缝宽度计算：

$$d_{ep} = \frac{\sum n_i d_i^2}{\sum n_i v_i d_i} = 20(\text{mm})$$

$$\sigma_s = \frac{M_q}{0.87h_0A_s} = \frac{54.10 \times 10^6}{0.87 \times 465 \times 942} = 141.96(\text{N/mm}^2)$$

$$\rho_{te} = \frac{A_s}{0.5bh} = \frac{942}{0.5 \times 300 \times 500} = 0.013 > 0.01$$

所以取 $\rho_{te} = 0.013$ 计算。

$$\psi = 1.1 - 0.65\frac{f_{tk}}{\rho_{te}\sigma_s} = 1.1 - 0.65 \times \frac{2.20}{0.013 \times 141.96} = 0.33$$

由于 $0.2 < 0.33 < 1.0$，故取 $\psi = 0.33$。

$$\begin{aligned} w_{max} &= \alpha_{cr}\psi\frac{\sigma_s}{E_s}(1.9c_s + 0.08\frac{d_{eq}}{\rho_{te}}) \\ &= 1.9 \times 0.33 \times \frac{141.96}{2.0 \times 10^5} \times (1.9 \times 25 + 0.08 \times \frac{20}{0.013}) \\ &= 0.08(\text{mm}) < w_{lim} = 0.3\ \text{mm} \end{aligned}$$

裂缝宽度满足要求。

3.7.2 挠度验算

混凝土构件在使用阶段应具有足够的刚度，以免变形过大而影响建筑的视觉效果，甚至影响结构的使用功能。例如，生产车间楼盖和梁挠度过大，影响精密仪器、设备的整平；吊车梁挠度过大，就会妨碍吊车正常运行；室外屋面挠度过大会造成积水现象，甚至发生渗漏等现象。因此，从使用功能角度来说，挠度不应过大。

3.7.2.1 挠度的验算

受弯构件的挠度应按荷载效应标准组合并考虑荷载长期作用影响进行验算。最大挠度 f 应满足：

$$f \leqslant f_{lim} \tag{3-55}$$

式中 f——根据“最小刚度原则”采用刚度 B 计算的挠度；

f_{lim}——《混凝土结构设计规范》(GB 50010—2010)规定的允许挠度值，见表3-14。

表3-14 受弯构件的挠度限值

构件类型		挠度限值
吊车梁	手动吊车	$l_0/500$
	电动吊车	$l_0/500$
屋盖、楼盖及楼梯构件	$l_0 < 7$ m	$l_0/200(l_0/250)$
	7 m $\leqslant l_0 \leqslant$ 9 m	$l_0/250(l_0/300)$
	$l_0 > 9$ m	$l_0/300(l_0/400)$

注：1. 使用上对挠度有较高要求的构件，可采用括号内的数值。

2. 悬臂构件的挠度限值按表中相应数值乘以2.0取用。

3.7.2.2 挠度的计算

由结构力学知识可知，均质弹性材料梁的跨中挠度 f 可表示为

$$f = \alpha\frac{Ml_0^2}{EI} \tag{3-56}$$

式中 α——与荷载形式、支承条件有关的挠度系数，例如简支梁承受均布荷载，$\alpha = 5/48$；

l_0——梁的计算跨度；

EI——梁的截面弯曲刚度。

对于匀质弹性材料梁，当梁的截面形状、尺寸和材料已知时，EI 便是一个常数，既与弯矩 M 无关，又不受时间影响。因此，弯矩与挠度之间保持不变的线性关系。

对于混凝土受弯构件，上述力学基本概念仍然适用，即梁的跨中挠度f可表达为

$$f = \alpha \frac{M_k l_0^2}{B} \tag{3-57}$$

其中B表示受弯构件的弯曲刚度。由此可知，挠度与刚度成反比。因此，挠度计算实质上就是构件刚度B的计算。

诸多试验表明，由于徐变的存在，荷载不变时，挠度会随时间而增长，截面的抗弯刚度相应减小。对于一般构件，挠度变形3年以后可趋于稳定。在变形验算中，除要考虑荷载的短期效应组合外，还需考虑长期效应组合的影响，前者采用短期刚度B_s，后者采用长期刚度B。

1. 短期刚度B_s

在按裂缝控制等级要求的荷载组合作用下，钢筋混凝土受弯构件和预应力混凝土受弯构件的短期刚度B_s，可按式(3-58)计算：

$$B_s = \frac{E_s A_s h_0^2}{1.15\psi + 0.2 + \dfrac{6\alpha_E \rho}{1 + 3.5\gamma'_f}} \tag{3-58}$$

式中　E_s——受拉钢筋的弹性模量；

ψ——裂缝间纵向受拉钢筋应变的不均匀系数，按式(3-52)计算；

α_E——钢筋弹性模量与混凝土弹性模量的比值，$\alpha_E = E_s/E_c$；

ρ——纵向受拉钢筋配筋率，$\rho = A_s/(bh_0)$；

A_s——受拉区纵向普通钢筋截面面积；

b——矩形截面的宽度，T形截面或工字形截面取腹板宽度；

h_0——截面的有效高度；

γ_f'——受压翼缘截面面积与腹板有效截面面积的比值，$\gamma_f' = \dfrac{(b_f' - b)h_f'}{bh_0}$。

2. 长期刚度B

矩形、T形、倒T形和工字形截面受弯构件考虑荷载长期作用影响的刚度B可按下列规定计算：

采用荷载标准组合时

$$B = \frac{M_k}{M_q(\theta - 1) + M_k} B_s \tag{3-59}$$

采用荷载准永久组合时

$$B = \frac{M_k}{\theta} B_s \tag{3-60}$$

式中　M_k——按荷载的标准组合计算的弯矩，取计算区段内的最大弯矩值；

M_q——按荷载的准永久组合计算的弯矩，取计算区段内的最大弯矩值；

θ——考虑荷载长期作用对挠度增大的影响系数。

$$\theta = 2.0 - 0.4\frac{\rho'}{\rho} \tag{3-61}$$

其中，$\rho' = A_s'/(bh_0)$，$\rho = A_s/(bh_0)$。对翼缘位于受拉区的倒T形截面，θ应增加20%。对预应力混凝土受弯构件，取$\theta = 2.0$。

3.7.3　提高刚度的有效措施

当挠度验算不满足要求时,可采取以下措施减小构件挠度:

(1)最有效的措施是增加截面高度。

(2)当设计构件截面尺寸不能加大时,可考虑增加纵向受拉钢筋截面面积或提高混凝土强度等级。

(3)对于某些构件,还可以充分利用纵向受压钢筋对长期刚度的有利影响,在构件受压区配置一定数量的受压钢筋。

(4)采用预应力混凝土构件。

【例 3-15】　某办公楼盖,一根受均布荷载作用的矩形截面简支梁,计算跨度 $l_0=7.0$ mm,截面尺寸 $b\times h=250\ \text{mm}\times 700\ \text{mm}$,永久荷载标准值(包括梁自重)为 $g_k=19.74\ \text{kN/m}$,可变荷载标准值为 $q_k=10.50\ \text{kN/m}$,准永久值系数为 0.5,混凝土强度等级为 C20(查附表 2 得 $E_c=2.55\times10^4\ \text{N/mm}^2$),配置 HRB335 级钢筋 2 Φ 22 + 2 Φ 20($A_s=1\ 388\ \text{mm}^2$,$E_s=2.0\times10^5\ \text{N/mm}^2$),挠度限值 $f_{\text{lim}}=\dfrac{l_0}{250}$。试验算梁的跨中最大挠度是否满足要求。

解　(1)求弯矩标准值。按荷载效应标准组合计算的弯矩值为

$$M_k=\frac{1}{8}(g_k+q_k)l_0^2=\frac{1}{8}\times(19.74+10.50)\times7.0^2$$
$$=185.22(\text{kN}\cdot\text{m})$$

按荷载效应准永久组合计算的弯矩值为

$$M_q=\frac{1}{8}(g_k+\phi_q q_k)l_0^2=\frac{1}{8}\times(19.74+0.5\times10.50)\times7.0^2=153.07(\text{kN}\cdot\text{m})$$

(2)求受拉钢筋应变不均匀系数 ψ:

$$h_0=665\ \text{mm},\rho_{te}=\frac{A_s}{0.5bh}=\frac{1\ 388}{0.5\times250\times700}=0.015\ 9$$

C20 混凝土的抗拉标准强度 $f_{tk}=1.54\ \text{N/mm}^2$,按荷载效应标准组合计算的钢筋应力为

$$\sigma_s=\frac{M_k}{0.87h_0A_s}=\frac{185\ 220\ 000}{0.87\times665\times1\ 388}=230.7(\text{N/mm}^2)$$

钢筋应变不均匀系数为

$$\psi=1.1-\frac{0.65f_{tk}}{\rho_{te}\sigma_s}=1.1-\frac{0.65\times1.54}{0.015\ 9\times230.7}=0.827$$

(3)求短期刚度 B_s。

因为矩形截面 $\gamma_f'=0$,则

$$\alpha_E=\frac{E_s}{E_c}=\frac{2.0\times10^5}{2.55\times10^4}=7.84$$

受拉纵向钢筋的配筋率:

$$\rho=\frac{A_s}{bh_0}=\frac{1\ 388}{250\times665^2}=0.008\ 35$$

则短期刚度为

$$B_s = \frac{E_s A_s h_0^2}{1.15\psi + 0.2 + \frac{6\alpha_E \rho}{1 + 3.5\gamma'_f}} = \frac{2.0 \times 10^5 \times 1\,388 \times 665^2}{1.15 \times 0.827 + 0.2 + 6 \times 7.84 \times 0.008\,35}$$

$$= 79\,517 \times 10^9 (\text{N} \cdot \text{mm}^2)$$

(4)求考虑荷载长期作用影响的刚度 B。

因为 $\rho' = 0, \theta = 2.0$，则

$$B = \frac{M_k B_s}{M_k + (\theta - 1)M_q} = \frac{185.22 \times 79\,517 \times 10^9}{185.22 + (2.0 - 1) \times 153.07} = 43\,536 \times 10^9 (\text{N} \cdot \text{mm}^2)$$

(5)计算跨中挠度 f。

$$f = \frac{5}{48}\frac{M_k l_0^2}{B} = \frac{5}{48} \times \frac{185.22 \times 10^6 \times 7\,000}{43\,536 \times 10^9} = 20.85(\text{mm})$$

$$f < f_{\lim} = \frac{l_0}{250} = \frac{7\,000}{250} = 28.0(\text{mm})$$

故梁的挠度满足要求。

任务3.8　钢筋混凝土肋形结构设计

钢筋混凝土肋形结构是水工结构中应用较为广泛的结构形式。一现浇肋梁楼盖结构示意图如图3-52所示，其楼(屋)盖采用整体式钢筋混凝土肋形结构，包括楼(屋)面板、次梁(纵梁)、主梁(屋面大梁)等，而竖向承重结构则由刚架柱等构件组成。作用在屋面上的荷载，经由屋面板传给纵梁和屋面大梁，再传给柱，最后由柱传给下部结构或基础。

整体式肋形结构根据梁格的布置情况可分为以下两种类型：

(1)单向板肋形结构。当长边与短边之比 $l_2/l_1 \geqslant 3$ 时，板上的荷载主要沿短边传递给次梁，短边为板的主要弯曲方向，受力钢筋沿短边布置，长边布置分布钢筋，这就是单向板肋形结构。该结构的优点是设计计算简单、施工方便。

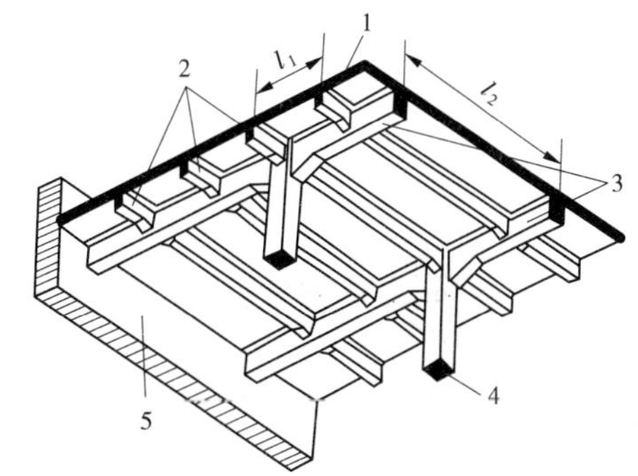

1—板；2—次梁；3—主梁；4—柱；5—墩墙

图3-52　现浇肋梁楼盖结构示意图

(2)双向板肋形结构。当长边与短边之比 $l_2/l_1 \leqslant 2$ 时，板上的荷载沿两个方向传递给四边支承，长边和短边都是板的主要弯曲方向，板为双向受力。受力钢筋分别沿长边、短边布置，这就是双向板肋形结构。该结构的优点是经济美观。

当长边与短边长度之比大于2但小于3时，宜按照双向板计算；如按单向板计算，应沿长边方向布置足够数量的构造钢筋。

3.8.1 计算简图

在现浇单向板肋梁楼盖中,板、次梁和主梁的计算模型一般为连续板或连续梁。其中,板一般可视为以次梁和边墙(或梁)为铰支承的多跨连续板;次梁一般可视为以主梁和边墙(或梁)为铰支承的多跨连续梁;对于支承在混凝土柱上的主梁,其计算模型应根据梁柱线刚度比而定。当主梁与柱的线刚度比大于等于3时,主梁可视为以柱和边墙(或梁)为铰支承的多跨连续梁,否则应按梁、柱刚接的框架模型(框架梁)计算主梁。支座简化如图3-53所示。

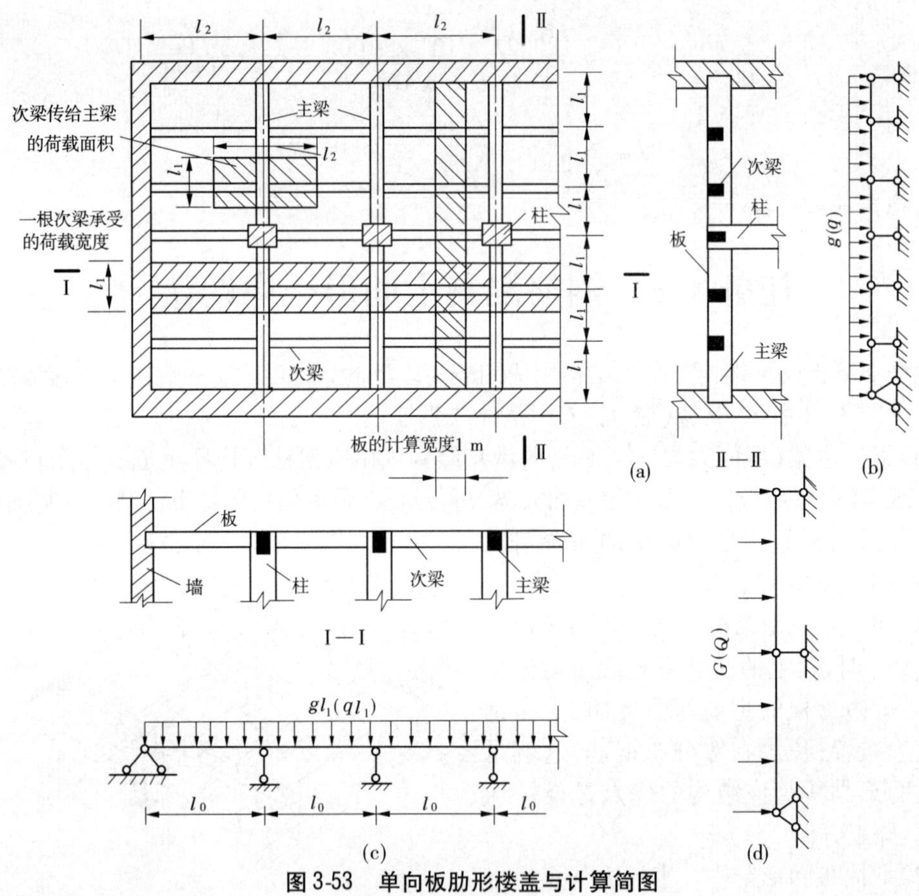

图3-53 单向板肋形楼盖与计算简图

3.8.1.1 受荷范围

当楼面承受均布荷载时,板所承受的荷载即为板带的自重(包括面层及顶棚抹灰等)及板带上的均布活荷载。在确定板传递给次梁的荷载和次梁传递给主梁的荷载时,一般忽略结构的连续性而按简支进行计算。所以,对于次梁,取相邻跨中线所分割出来的面积作为它的受荷面积,次梁所承受的荷载为次梁自重及其受荷面积上板传来的荷载。对于主梁,则承受主梁自重及由次梁传来的集中荷载,但由于主梁自重与次梁传来的荷载相比往往较小,故为了简化计算,一般可将主梁均布自重简化为若干集中荷载,加上次梁传来的集中荷载合并计算,如图3-54所示。

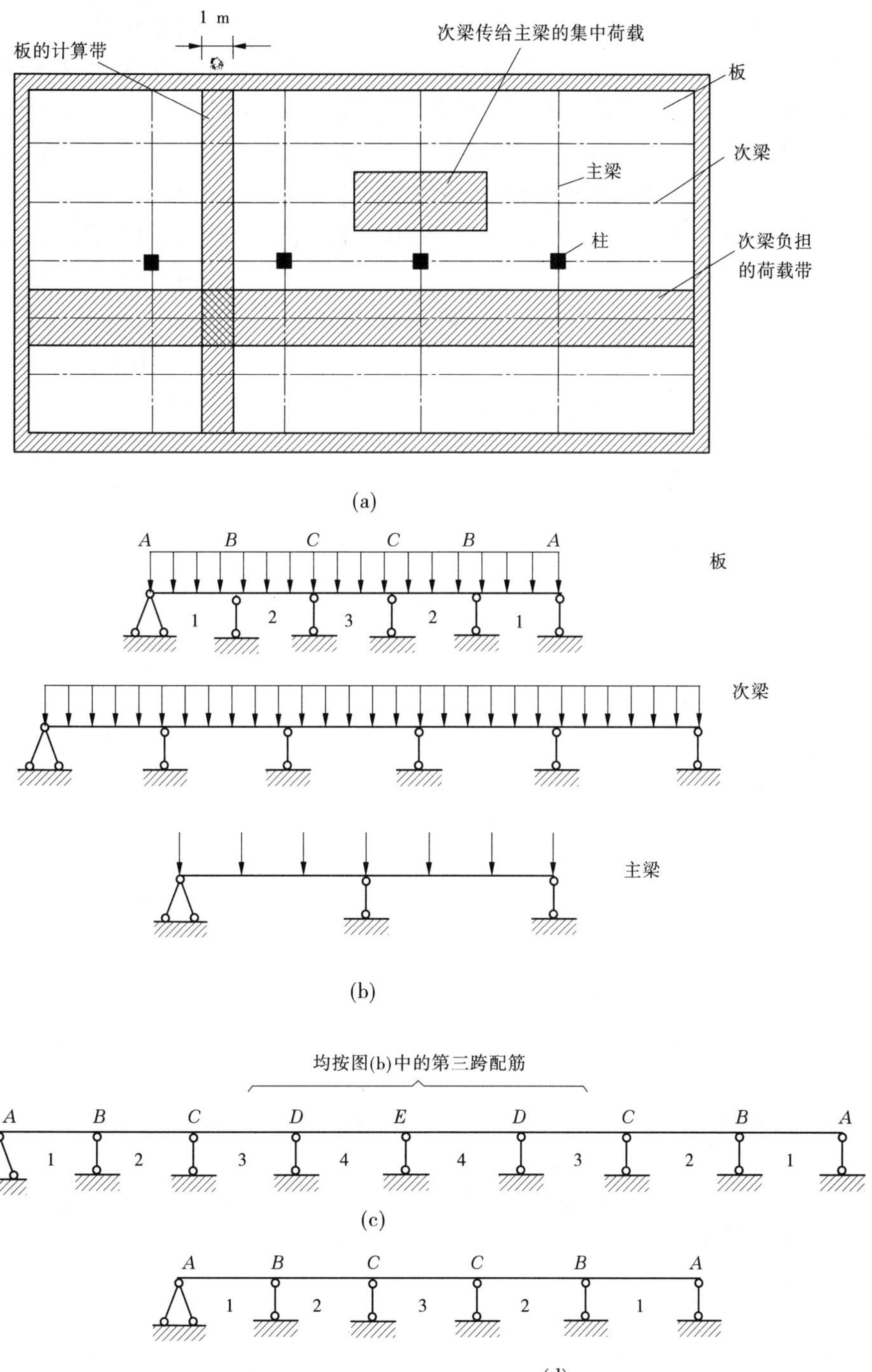

图 3-54　连续梁、板的计算简图

3.8.1.2　**跨数与计算跨度**

当连续梁、板的某跨受到荷载作用时，它的相邻各跨也会受到影响，并产生变形和内力，但这种影响是距该跨越远越小，当超过两跨以上时，影响已很小。因此，对于多跨连续梁、板（跨度相等或相差不超过 10%），当跨数超过五跨时，可按五跨来计算。此时，除连续梁、板两边的第一、二跨外，其余的中间跨度和中间支座的内力值均按五跨连续梁、板的中间跨度和中间支座采用。如果跨数未超过五跨，则计算时应按实际跨数考虑。

梁、板的计算跨度是指在计算弯矩时所采用的跨间长度。梁、板计算跨度的取值方法见表 3-15。

表 3-15　梁、板的计算跨度

按弹性理论计算	单跨	两端搁置	$l_0=l_n+a$ 且 $l_0\leqslant l_n+h$（板） $l_0\leqslant 1.05\ l_n$（梁）
		一端搁置、一端与支承构件整浇	$l_0=l_n+a/2$ 且 $l_0\leqslant l_n+h/2$（板） $l_0\leqslant 1.025\ l_n$（梁）
		两端与支承构件整浇	$l_0=l_n$
	多跨	边跨	$l_0=l_n+a/2+b/2$ 且 $l_0\leqslant l_n+h/2+b/2$（板） $l_0\leqslant 1.025\ l_n+b/2$（梁）
		中间跨	$l_0=l_c$ 且 $l_0\leqslant 1.1\ l_n$（板） $l_0\leqslant 1.05\ l_n$（梁）
按塑性理论计算	两端搁置		$l_0=l_n+a$ 且 $l_0\leqslant l_n+h$（板） $l_0\leqslant 1.05\ l_n$（梁）
	一端搁置、一端与支承构件整浇		$l_0=l_n+a/2$ 且 $l_0\leqslant l_n+h/2$（板） $l_0\leqslant 1.025\ l_n$（梁）
	两端与支承构件整浇		$l_0=l_n$

注：l_0—板、梁的计算跨度；l_c—支座中心线间距离；l_n—板、梁净跨；h—板厚；a—板、梁端支承长度；b—中间支座宽度。

3.8.2　计算等跨连续梁、板的内力

3.8.2.1　**钢筋混凝土连续梁、板的内力计算方法**

钢筋混凝土连续梁、板的内力计算方法有弹性计算方法和按塑性内力重分布计算方法。

按弹性计算方法计算连续梁、板的内力时，将钢筋混凝土梁、板视为理想弹性体，用结构力学的一般方法来进行结构的内力计算。用弹性方法计算的结果，支座配筋量大，施工困难。

按塑性内力重分布来计算梁的内力时，即考虑钢筋混凝土材料实际上是一种弹塑性材料，在钢筋屈服后其塑性有较为明显的体现，此时连续梁的内力与荷载不再是线性关系，而是非线性的，连续梁的内力发生了重分布。考虑塑性内力重分布，可调整支座配筋，方便施工，同时可发挥结构的潜力，有强度储备可利用，能提高结构的极限承载力，具有经济效益。

特别提示：从钢筋屈服到混凝土被压碎，构件截面不断绕中和轴转动，类似于一个铰，并且由于此铰是在截面发生明显的塑性形变后形成的，故称其为塑性铰。

(1)塑性铰的存在条件是因截面上的弯矩达到塑性极限弯矩，并由此产生转动；当该截面上的弯矩小于塑性极限弯矩时，则不允许转动。因此，塑性铰可以传递一定的弯矩。

(2)塑性铰的转动方向必须与塑性弯矩的方向一致，不允许与塑性铰极限弯矩相反的方向转动，否则出现卸载使塑性铰消失。所以，塑性铰为单向铰。

3.8.2.2 塑性内力重分布计算连续梁、板的内力

为了方便计算，对工程中常用的承受均布荷载的等跨连续梁或等跨连续单向板，设计时可直接查表得出控制截面的内力系数并按式(3-62)、式(3-63)计算弯矩设计值 M 和剪力设计值 V。

$$M = \alpha_M (g + q) l_0^2 \tag{3-62}$$

$$V = \alpha_V (g + q) l_n^2 \tag{3-63}$$

式中 α_M——连续梁、板的弯矩计算系数，按表3-16取值；

α_V——连续梁的剪力计算系数，按表3-17取值；

g、q——作用在梁、板上的均布恒荷载和活荷载设计值；

l_0——计算跨度，按塑性理论方法计算时的计算跨度见表3-15；

l_n——净跨度。

表3-16 连续梁和连续单向板的弯矩计算系数 α_M

截面	支承条件	梁	板
边支座	梁、板搁置在墙上	0	0
	梁、板与梁整浇	−1/24	−1/16
	梁与柱整浇	−1/16	
边跨中	梁、板搁置在墙上	1/11	
	梁、板与梁整浇	1/14	
第一内支座	两跨连续	−1/10	
	三跨及三跨以上连续	−1/11	
中间支座		−1/14	
中间跨中		1/16	

注：1. 表中系数适用于荷载比 $q/g>0.3$ 的等跨连续梁和连续单向板。

2. 连续梁或连续单向板的各跨长度不等，但相邻两跨的长度与短跨之比值小于1.10时，仍可采用表中弯矩系数值。计算支座弯矩时，应取相邻两跨中的较大值；计算跨中弯矩时，应取本跨长度。

表 3-17 连续梁的剪力计算系数 α_V

截面	支承条件	梁
端支座内侧	搁置在墙上	0.45
	与梁或柱整浇	0.50
第一支内座外侧	搁置在墙上	0.60
	与梁或柱整浇	0.55
第一支内座外侧		0.55
中间支座两侧		0.55

弯矩设计值 M 和剪力设计值 V 的计算也可由图 3-55 查出。

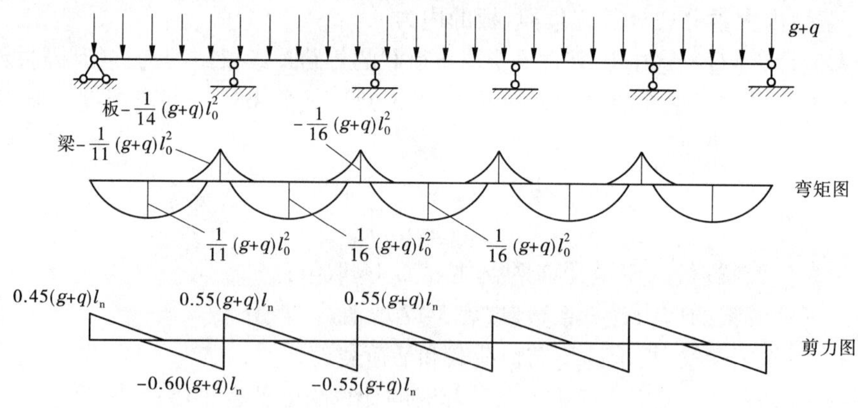

图 3-55 弯矩设计值 M 和剪力设计值 V 的计算图形

3.8.2.3 弹性理论方法

按弹性计算方法计算连续梁、板的内力时，将钢筋混凝土梁、板视为理想弹性体，用结构力学的一般方法来进行结构的内力计算。

1. 活荷载不利布置

作用于梁或板上的荷载有恒荷载、活荷载，其中恒荷载保持不变，而活荷载的分布是随机的。活荷载是按一整跨为单位来改变位置的，因此在设计多跨连续梁、板时，应研究活荷载如何布置，与恒荷载组合后，使得某一截面的内力最为不利。对连续梁，某跨的作用荷载对本跨产生的内力较大，对邻近跨所产生的内力较小，对更远的跨则影响更小，如图 3-56 所示。活荷载布置在不同跨间时，从图 3-56 可以看出内力图的变化规律：当 1 跨单独布置荷载时，1 跨支座为负弯矩，相邻的 2 跨支座为正弯矩，相隔的 3 跨支座又为负弯矩；1 跨跨中为正弯矩，相邻的 2 跨跨中为负弯矩，相隔的 3 跨跨中又为正弯矩。支座剪力的变化规律与支座负弯矩的变化规律相同，同样的道理，当 2 跨和 3 跨分别单独布置荷载时，内力有同样的变化规律。

将上述变化规律分析归纳，可得出以下的活荷载最不利布置规律：

(1) 当求连续梁、板某跨跨内最大正弯矩时，应在该跨布置活荷载，然后向其左、右两

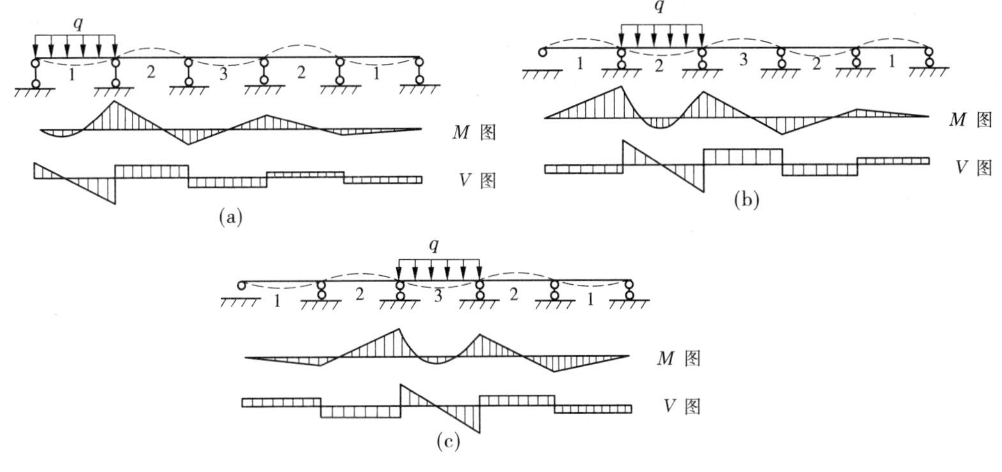

图 3-56 活荷载不利布置

边每隔一跨布置活荷载。

(2)当求某支座最大(绝对值)负弯矩时,应在该支座左、右两跨布置活荷载,然后每隔一跨布置活荷载。

(3)当求某跨跨内最大(绝对值)负弯矩时,该跨不布置活荷载,而在其左、右相邻两跨布置活荷载,然后每隔一跨布置活荷载。

(4)求某支座截面最大剪力时,应在该支座左、右相邻两跨布置活荷载,然后每隔一跨布置活荷载。

2. 计算内力

当活荷载最不利布置明确后,等跨连续梁、板的内力可由附表5查出相应弯矩系数及剪力系数,利用式(3-64)~式(3-67)计算跨内或支座截面的最大内力值。

当均布荷载作用时:

$$M = \alpha_1 g l_0^2 + \alpha_2 q l_0^2 \tag{3-64}$$

$$V = \beta_1 q l_0 + \beta_2 q l_0 \tag{3-65}$$

当集中荷载作用时:

$$M = \alpha_1 G l_0 + \alpha_2 Q l_0 \tag{3-66}$$

$$V = \beta_1 G + \beta_2 Q \tag{3-67}$$

式中 g——单位长度上的均布恒荷载设计值;

q——单位长度上的均布活荷载设计值;

G——集中恒荷载;

Q——集中活荷载;

α_1、α_2、β_1、β_2——附表5相应栏中的内力系数;

l_0——梁、板的计算跨度,按表3-15规定采用,对于不等跨连续梁、板,当各跨跨度相差不超过10%时,计算支座弯矩时,应取该支座左、右两跨跨度的平均值,计算跨内弯矩时,l_0取本跨的跨度。

3. 内力包络图

将恒载在各个截面所产生的内力与各相应截面最不利活荷载布置时所产生的内力相

叠加，便可以得出各个截面可能出现的最不利内力。以五跨连续梁为例，根据活荷载的不同布置情况，每一跨都可以画出四个弯矩图，分别对应于跨中最大正弯矩、跨中最小正弯矩(或最大负弯矩)和左、右支座截面的最大负弯矩。当端支座为简支时，边跨只能画出三个弯矩图。把这些弯矩图绘于同一坐标图上，称为弯矩叠合图，如图3-57所示，这些图的外包线所形成的图形称为弯矩包络图。同样，可画出剪力叠合图和剪力包络图，如图3-57所示。包络图中跨内和支座截面弯矩、剪力设计值就是连续梁相应截面进行受弯、受剪承载力计算的内力依据，弯矩包络图也是确定纵向钢筋弯起和截断位置的依据。

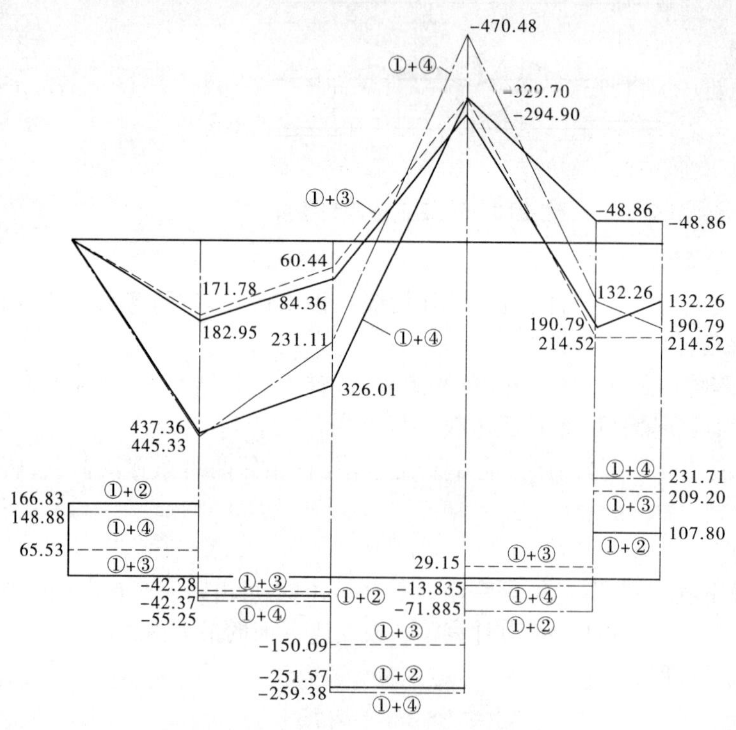

图3-57 内力包络图

4. 折算荷载

在现浇肋梁楼盖中，对于支座为整体连接的梁、板，在确定其计算简图时，将支座视为铰支，与实际情况有一定的差别，因此可以通过折算荷载的方法进行修正。在计算模型的简化过程中，认为连续板在次梁处，连续次梁在主梁处均为铰支承，没有考虑次梁对板、主梁对次梁转动的约束作用。以板为例，实际上，当板受荷发生弯曲转动时，将使支承它的次梁产生扭转，而次梁对此扭转的抵抗将部分阻止板自由转动，此时板支座截面的实际转角 θ 比理想铰支承时转角 θ_0 小，其效果相当于降低了板弯矩。次梁与主梁间的情况与此类似，工程中通常采用增大恒荷载和相应减小活荷载的方法来考虑这一有利影响，即以折算荷载来代替实际荷载。板和次梁的折算荷载通常按式(3-68)、式(3-69)取值。

对于板：

$$g' = g + \frac{1}{2}q \qquad q' = \frac{1}{2}q \tag{3-68}$$

对于次梁：

$$g' = g + \frac{1}{4}q \qquad q' = \frac{3}{4}q \tag{3-69}$$

式中　g'——折算恒荷载设计值；

q'——折算活荷载设计值；

g——实际恒荷载设计值；

q——实际活荷载设计值。

注意：主梁不进行荷载折算。

5. 控制截面内力设计值

所谓控制截面，是指对受力钢筋计算起控制作用的截面。在现浇混凝土肋梁楼盖中，在计算内力时，由于计算跨度取至支座中心处，忽略了支座宽度，故所得支座截面负弯矩和剪力值都是在支座中心位置处的弯矩和剪力。板、梁、柱整浇时，支座中心处截面的高度较大，所以危险截面应在支座边缘，内力设计值应按支座边缘处确定，如图 3-58 所示。

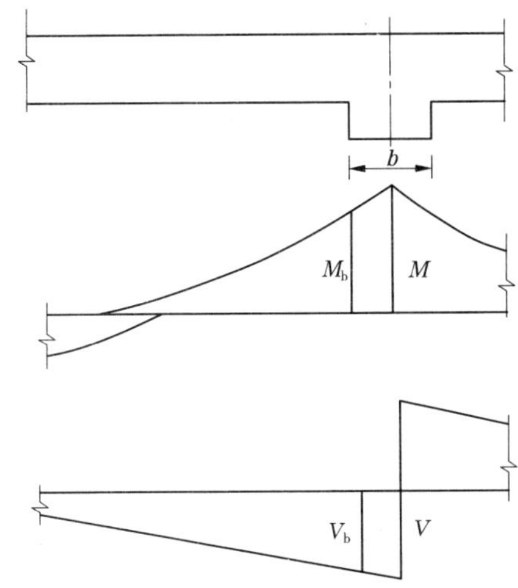

图 3-58　多跨梁板支座处的弯矩与剪力

支座边缘弯矩、剪力设计值按式(3-70) ~ 式(3-72)计算：

弯矩设计值：

$$M_b = M - V\frac{b}{2} \tag{3-70}$$

剪力设计值：

均布荷载作用时

$$V_b = V - (g + q)\frac{b}{2} \tag{3-71}$$

集中荷载作用时

$$V_b = V \tag{3-72}$$

式中　M_b——支座边缘弯矩设计值；

M——支座中心处弯矩设计值；

V_b——支座边缘处剪力设计值；
b——支座宽度；
V——支座中心处剪力设计值。

3.8.3 板的截面设计与构造

3.8.3.1 初选梁、板、柱的截面尺寸

钢筋混凝土梁、板截面尺寸见表3-18。

表3-18 钢筋混凝土梁、板截面尺寸

构件种类	截面高度h与跨度l比值	附注
简支单向板	$\frac{h}{l} \geqslant \frac{1}{35}$	单向板h不小于下列值： 屋顶板:60 mm 民用建筑楼板:70 mm 工业建筑楼板:80 mm
两端连接单向板	$\frac{h}{l} \geqslant \frac{1}{40}$	
四边简支双向板	$\frac{h}{l_2} \geqslant \frac{1}{45}$	双向板h 160 mm≥h≥80 mm l_1为双向板的短向跨度
四边连续双向板	$\frac{h}{l_1} \geqslant \frac{1}{50}$	
多跨连续次梁	$\frac{h}{l} = \frac{1}{18} \sim \frac{1}{12}$	梁的高宽比($\frac{h}{b}$) 一般取为1.5~3.0 并以50 mm为模数
多跨连续主梁	$\frac{h}{l} = \frac{1}{14} \sim \frac{1}{8}$	
单跨简支梁	$\frac{h}{l} = \frac{1}{14} \sim \frac{1}{8}$	

3.8.3.2 板的截面设计

连续板设计主要是板的正截面承载力计算，即配筋计算。计算方法同前面任务中的受弯构件。只不过要对跨中及支座截面分别计算，并且注意纵向受力钢筋位置应与截面内力情况相一致。在现浇楼盖中，板支座截面在负弯矩作用下，顶面开裂，而跨中截面由于正弯矩作用，底面开裂，使板形成了拱。因此，在竖向荷载作用下，板将有如拱的作用而产生推力，板中推力可减少板中计算截面的弯矩。因此，考虑这一有利因素，设计截面时可将设计弯矩乘以折减系数。对于四周与梁整体连接的板中间跨的跨中及中间支座，折减系数为0.8。对于边跨跨中截面和离板端第二支座截面，由于边梁侧向刚度不大，难以提供足够的水平推力，故计算时弯矩不予折减。

由于板为多跨连续板，考虑计算方便，取沿板的长边方向1 m宽板带作为计算单元。在具体计算时，当实际跨数大于五跨时可按五跨板计算，但要求板的跨度差不大于10%。

板的混凝土用量占全楼盖混凝土用量的一半以上，因此楼盖中的板在满足建筑功能和方便施工条件下，尽可能薄些，但也不能过薄。工程设计中板的最小厚度一般可取：一般屋盖为50 mm，一般民用建筑楼盖为60 mm，工业房屋楼盖为80 mm。为了保证刚度，单向板的厚度不应小于跨度的1/40(连续板)或1/35(简支板)。板在砖墙上的支承长度

一般不小于板厚，也不小于 120 mm。

3.8.3.3 板的钢筋

1. 板的受力钢筋

板内的受力钢筋经计算确定后，配置时应考虑构造简单、施工方便。对于多跨板各跨截面配筋可能不同，配筋时往往各截面的钢筋间距相同，而用调整直径的方法处理，连续板中的受力钢筋布置有两种形式：分离式和弯起式。

分离式配筋：跨中正弯矩钢筋宜全部伸入支座锚固；而在支座处另配负弯矩钢筋，其范围应能覆盖负弯矩区域并满足锚固要求，如图 3-59 所示。由于施工方便，分离式配筋已成为工程中主要采用的配筋方式。

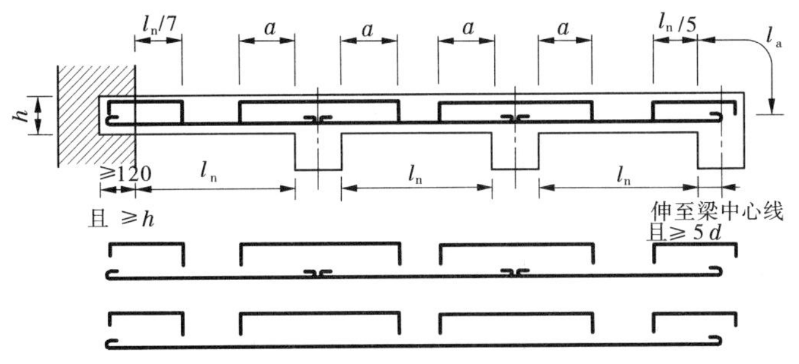

图 3-59 板中受力钢筋的布置 （单位：mm）

弯起式配筋：将一部分跨中正弯矩钢筋在适当的位置（反弯点附近）弯起，并伸过支座后作负弯矩钢筋使用，由于施工比较麻烦，目前已很少采用。

板中受力钢筋一般采用 HPB235（300）或 HRB335 钢筋，常用直径为 6 mm、8 mm、10 mm、12 mm 等。为便于架立，支座处承受板面负弯矩的钢筋不宜太细。

板中受力钢筋的间距不应小于 70 mm，当板厚 $h \leqslant 150$ mm 时，间距不应大于 200 mm；当板厚 $h > 150$ mm 时，间距不应大于 $1.5h$，且不应大于 250 mm。

2. 板的构造钢筋

（1）分布钢筋。单向板除在受力方向布置受力钢筋外，还应在垂直受力钢筋方向布置分布钢筋。分布钢筋的作用是：抵抗混凝土收缩或温度变化产生的内力；有助于将板上作用的集中荷载分布在较大的面积上，以便更多的受力钢筋参与工作；对四边支承的单向板，可承担长跨方向实际存在的一些弯矩；与受力钢筋形成钢筋网，固定受力钢筋的位置。

分布钢筋应放置在受力钢筋的内侧。间距不应大于 250 mm，直径不宜小于 6 mm；单位长度上的分布钢筋的截面面积不应小于单位宽度上受力钢筋截面面积的 15%，且不宜小于该方向板截面面积的 0.15%；对集中荷载较大的情况，分布钢筋的截面面积应适当增加，其间距不宜大于 200 mm。此外，在受力钢筋的弯折点内侧应布置分布钢筋。对于无防寒或隔热措施的屋面板和外露结构，分布钢筋应适当增加。

（2）一边嵌固于砌体墙内时的板面附加钢筋。沿承重墙边缘在板面配置附加钢筋。对于一边嵌固在承重墙内的单向板，墙对板有一定约束作用，因而板在墙边会产生一定的负弯矩。因此应在板上部沿边墙配置直径不小于 8 mm、间距不大于 200 mm 的板面附加钢筋（包括弯起钢筋），从墙边算起不宜小于板短边跨度的 1/7，如图 3-60 所示。

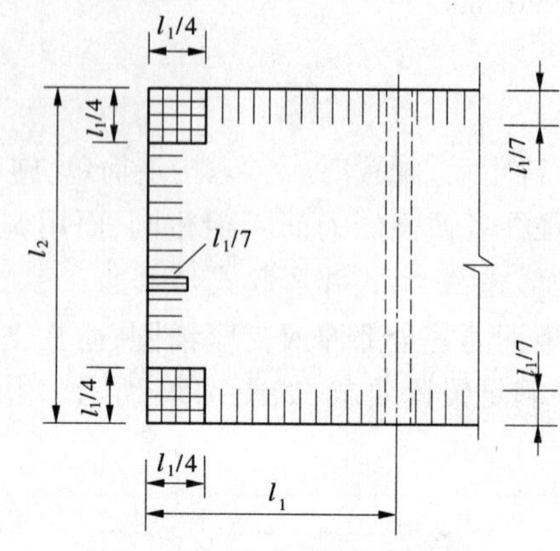

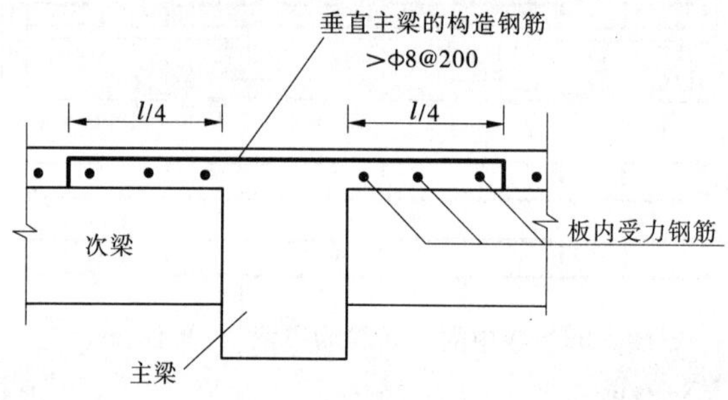

图 3-60 板的钢筋

(3)两边嵌固于砌体墙内的板角部分双向附加钢筋。对于两边嵌固于墙内的板角部分,应在板面配置双向附加钢筋。由于板在荷载作用下,角部都会翘离支座,当这种翘离受到墙体约束时,板角上部产生沿墙边裂缝和板角斜裂缝,因此应在角区 1/4 范围内双向配置板面附加钢筋,钢筋直径不小于 8 mm,间距不宜大于 200 mm。该钢筋伸入板内的长度不宜小于板短边跨度的 1/4,如图 3-60 所示。

(4)周边与混凝土梁或混凝土墙体浇筑的单向板沿支承周边配置的上部构造钢筋。应在板边上部设置垂直于板边的构造钢筋,其截面面积不宜小于板跨中相应方向纵向钢筋截面面积的 1/3;该钢筋自梁边或墙边伸入板内的长度,不宜小于板短边跨度的 1/5。在板角处该钢筋应沿两个垂直方向布置或按放射状布置;钢筋直径不小于 8 mm,间距不宜大于 200 mm。

3.8.4 次梁设计与构造

3.8.4.1 次梁的计算

次梁的截面设计时,次梁的内力一般按塑性方法计算。由于现浇肋梁楼盖的板与次梁为整体连接,板可作次梁的上翼缘。在正截面计算中,跨中正弯矩作用下按 T 形截面计算;支座附近的负弯矩区段,板处于受拉区,因此还应按矩形截面计算。斜截面计算抗剪腹筋时,当荷载和跨度较小时,一般只用箍筋抗剪;当荷载和跨度较大时,可在支座附近设置弯起钢筋,以减少箍筋用量。

3.8.4.2　次梁的构造要求

次梁的一般构造要求与普通受弯构件构造相同，次梁伸入墙内支承长度一般不应小于 240 mm。当次梁各跨中及支座截面分别按最大弯矩确定配筋量后，沿梁长纵向钢筋的弯起与截断应按内力包络图确定，但对于相邻跨度相差不大于 20%、活荷载与恒荷载比值 $q/g \leqslant 3$ 时的次梁，可按图 3-61 所示布置钢筋。

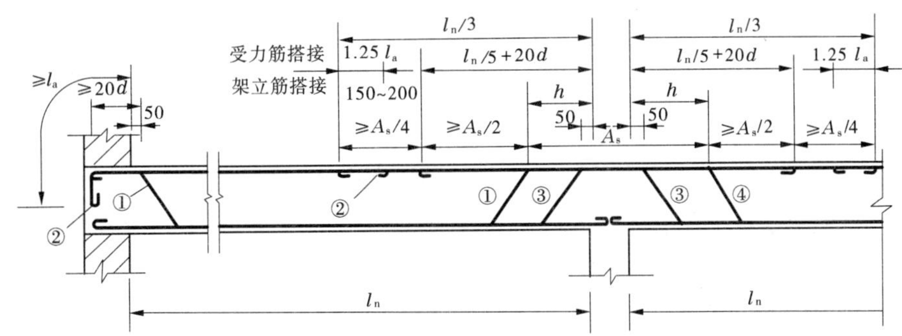

①、④—弯起钢筋，可同时用于抗弯和抗剪；②—架立筋兼负筋，$\geqslant A_s/4$，且≥2 根；

③—弯起钢筋，仅用于抗剪

图 3-61　次梁的配筋图

3.8.5　主梁设计与构造

3.8.5.1　主梁的计算

(1) 主梁主要承受次梁传来的集中荷载以及主梁自重。为简化计算，可将主梁自重等效成集中荷载，作用点与次梁位置相同。

(2) 在正截面计算中，主梁与次梁相似，跨中正弯矩作用下按 T 形截面计算；在支座附近负弯矩区段按矩形截面计算。

(3) 在主梁支座处，主梁与次梁截面的上部纵筋相互交叉，主梁的钢筋位置须放在次梁的钢筋下面，则主梁的截面有效高度 h_0 有所减小，当主梁支座负弯矩钢筋为单层时，$h_0 = h-(50\sim60)$ mm，当主梁支座负弯矩钢筋为两层时，$h_0 = h-(70\sim80)$ mm。注意：主梁内力一般按弹性方法计算。

3.8.5.2　主梁的构造要求

主梁承受荷载较大，一般伸入墙内的长度不小于 370 mm，主梁的跨度一般在 5 ~ 8 m，梁高为跨度的 1/15 ~ 1/10，如图 3-62 所示。

其纵向钢筋的弯起与截断应根据内力包络图，通过作抵抗弯矩图来布置。在次梁与主梁相交处，应设置附加横向钢筋（箍筋或吊筋），来承受较大的集中荷载，防止局部破坏，如图 3-63 所示。附加钢筋应布置在长度为 $S = 2h_1 + 3b$ 范围内，其中 h_1 为主梁与次梁的高度之差，mm；b 为次梁的宽度，mm。附加横向钢筋宜采用箍筋，计算公式如下：

$$A_{sv} = \frac{F}{f_{sv}\sin\alpha} \tag{3-73}$$

式中　F——次梁传来的集中力设计值，kN；

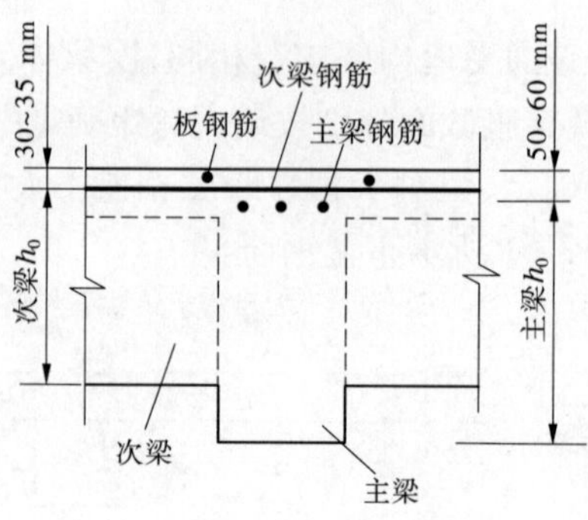

图 3-62　主梁支座处截面的有效高度

A_{sv}——承受集中荷载所需的附加横向钢筋总截面面积，当采用附加吊筋时，应为左、右弯起段截面面积之和，mm^2；

α——附加横向钢筋与梁轴线间夹角，(°)；

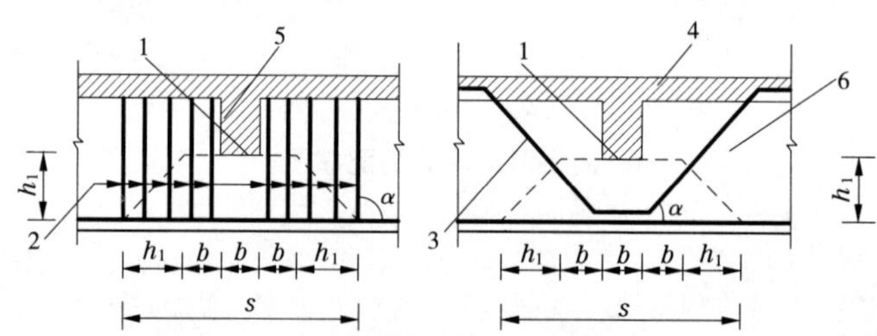

1—传递集中荷载的位置；2—附加箍筋；3—附加吊筋；
4—板；5—次梁；6—主梁

图 3-63　附加横向钢筋的布置

【例 3-16】　单向板肋形楼盖设计实例。

某多层建筑楼盖的轴线及柱网平面尺寸，如图 3-64 所示，建筑层高 4.5 m，采用钢筋混凝土现浇楼盖。试设计该楼盖。

(1)楼面做法：30 mm 厚现制水磨石面层，下铺 70 m 厚水泥石灰焦渣，梁板下面用 20 mm 厚石灰砂浆抹灰。

(2)楼面可变荷载标准值 $q=5\ kN/m^2$，其分项系数为 1.3。

(3)材料：梁、板混凝土采用 C25 级，钢筋用 HPB235 级和 HRB335 级。

1. 截面尺寸选择

按不需要做挠度验算的条件考虑。

板：$h\geqslant\frac{1}{40}\geqslant\frac{2\ 600}{40}=65(mm)\geqslant 60\ mm$，取板厚 $h=80$ mm。

次梁：截面高度 $h=(1/18\sim1/12)l=6\ 000/18\sim6\ 000/12=333\sim500$ mm，取 $h=450$ mm；截面宽度 $b=(1/3\sim1/2)h=450/3\sim450/2=150\sim225$ mm，取 $b=200$ mm。

主梁：$h=(1/14\sim1/8)l=7\ 800/14\sim7\ 800/8=557\sim975$ mm，取 $h=800$ mm；截面宽度 $b=(1/3\sim1/2)h=800/3\sim800/2=267\sim400$ mm，取 $b=300$ mm。

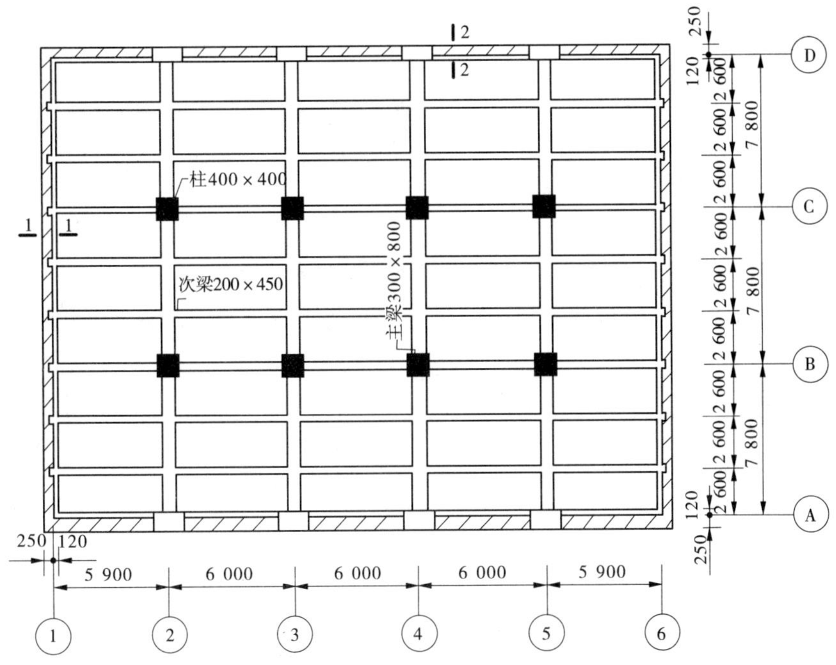

图 3-64　楼盖结构平面布置图

柱：$b \times h = 400\ \text{mm} \times 400\ \text{mm}$。

2. 板的设计按内力塑性重分布方法计算。

(1)荷载计算。

板的荷载计算见表 3-19。

表 3-19　板的荷载计算

荷载种类		荷载标准值(kN/m^2)	荷载分项系数	荷载设计值(kN/m^2)
永久荷载	30 mm 现制水磨石	0.65	—	—
	70 mm 水泥石灰热渣	$14\ kN/m^3 \times 0.07\ m = 0.98$	—	—
	80 mm 钢筋混凝土板	$25\ kN/m^3 \times 0.08\ m = 2$	—	—
	20 mm 石灰砂浆抹底	$17\ kN/m^3 \times 0.02\ m = 0.34$	—	—
	小计	$g_k = 3.97$	1.2	$g = 4.76$
可变荷载		$q_k = 5.0$	1.3	$q = 6.5$
全部计算荷载				$g + q = 11.26$

(2)计算简图。

连续板结构布置如图 3-65 所示。

边跨：$l_n = 2\,600 - 120 - 200/2 = 2\,380(\text{mm})$，$l_0 = l_n + h/2 = 2\,380 + 80/2 = 2\,420(\text{mm}) \leqslant l_n + 1/2$ 墙支承宽度 $= 2\,440(\text{mm})$

中跨：$l_n = 2\,600 - 200 = 2\,400(\text{mm})$，$l_0 = l_n = 2\,400\ \text{mm}$

边跨与中间跨的计算跨度相差$(2\,420 - 2\,400)/2\,400 \times 100\% = 0.83\% \leqslant 10\%$。

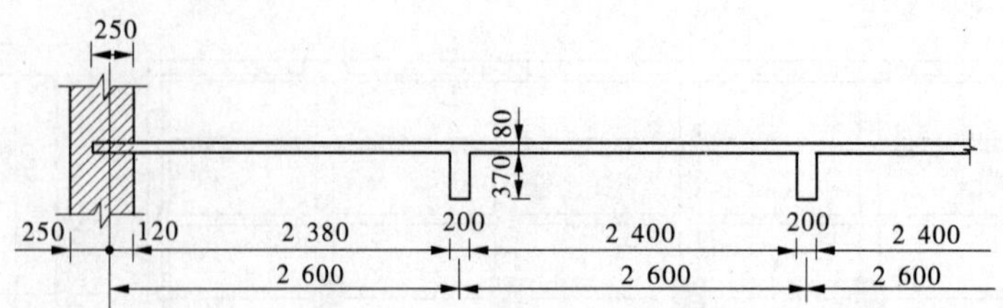

图 3-65 连续板结构布置图 （单位:mm）

跨数大于五跨,故可近似按五跨的等跨连续板的内力系数计算内力,如图 3-66 所示。

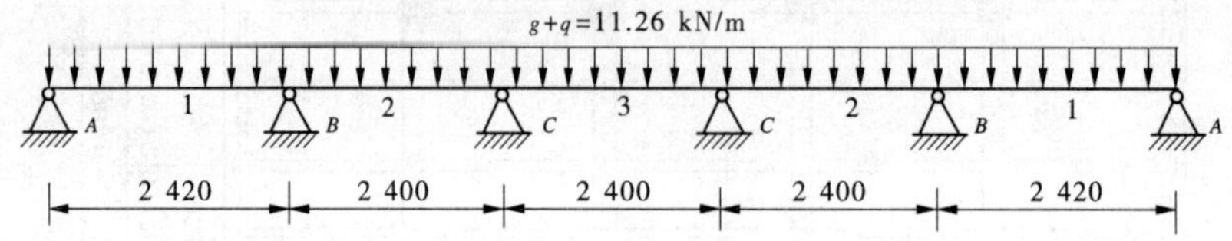

图 3-66 连续板的计算简图 （单位:mm）

(3)内力及截面承载力计算。

②~⑤轴间板带的中间跨跨中和中间支座考虑板四周与梁整体连接,故弯矩值降低 20%,计算结果列在表 3-20 的括号内。

表 3-20 连续单向板的截面弯矩及正截面抗弯承载力计算表

截面	边跨跨中 1	第一内支座 B	中间跨中 2	中间支座 C
计算跨度(m)	2.42	2.42	2.40	2.40
弯矩系数 α	$+\frac{1}{11}$	$-\frac{1}{11}$	$+\frac{1}{16}$	$-\frac{1}{14}$
$M=\alpha_M(g+q)l_0^2$(kN·m)	5.995	−5.995	4.054(3.243)	−4.633(−3.706)
$b\times h_0$(mm×mm)	1 000×60			
$\alpha_s=\frac{M}{\alpha_1 f_c b h_0^2}$	0.140	0.140	0.095(0.076)	0.108(0.087)
$\xi=1-\sqrt{1-2\alpha_s}$	0.151	0.151	0.100(0.079)	0.115(0.091)
$A_s=\frac{\alpha_1 f_c b\xi h_0}{f_y}$	515	515	339(269)	390(309)
选用钢筋	Φ10@140	Φ10@140	Φ10@140 (Φ10@140)	Φ10@140 (Φ10@140)
实配钢筋截面面积(mm^2)	561	561	561(561)	561(561)
最小配筋率 ρ_{min}(%)	$45\frac{f_t}{f_y}=45\times\frac{1.27}{210}=0.27>0.2$,取 $\rho_{min}=0.27$			
配筋率 $\rho=\frac{A_s}{bh}$	$0.70\%>\rho_{min}$	$0.70\%>\rho_{min}$	$0.70\%>\rho_{min}$ $(0.70\%>\rho_{min})$	$0.70\%>\rho_{min}$ $(0.70\%>\rho_{min})$

(4)板配筋图。

板配筋图如图 3-67 所示。

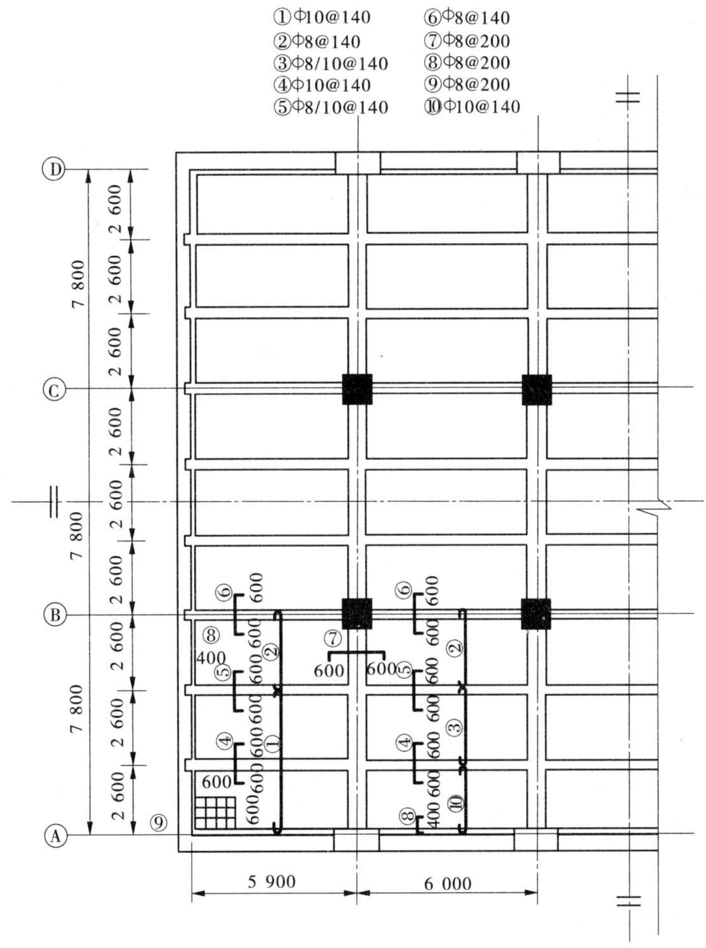

图3-67 楼板配筋图 （单位:mm）

3. 次梁设计

次梁按塑性内力重分布方法计算。

(1)荷载计算。

次梁荷载计算见表3-21。

(2)计算简图。

主梁截面为400 mm×800 mm。

根据图3-68计算连续梁的净跨，连续梁的边跨一端与梁整体连接，另一端搁支在墙上，中跨两端都与梁固接，计算跨度 l_0。

边跨：$l_n = 5\ 900 - 120 - 300/2 = 5\ 630$ (mm)，$l_0 = 1.025l_n = 1.025 \times 5\ 630 = 5\ 771$ (mm) $> l_n + 1/2$ 墙支承宽度 $= 5\ 630 + 250/2 = 5\ 755$ (mm)，故取 $l_0 = 5\ 755$ mm。

中跨：$l_n = 6\ 000 - 300 = 5\ 700$ (mm)，$l = l_n = 5\ 700$ mm。

表 3-21　次梁荷载计算

荷载种类		荷载标准值(kN/m)	荷载分项系数	荷载设计值(kN/m)
永久荷载	由板传来的荷载	$3.97\times2.5=10.32$	—	—
	次梁自重	$0.2\times(0.45-0.08)\times25=1.85$	—	—
	梁侧抹灰	$0.02\times(0.45-0.08)\times2\times17=0.25$	—	—
	小计	$g_k=12.42$	1.2	$g=14.90$
可变荷载		$q_k=5\times2.6=13.00$	1.3	$q=16.90$
全部计算荷载			—	$g+q=31.80$

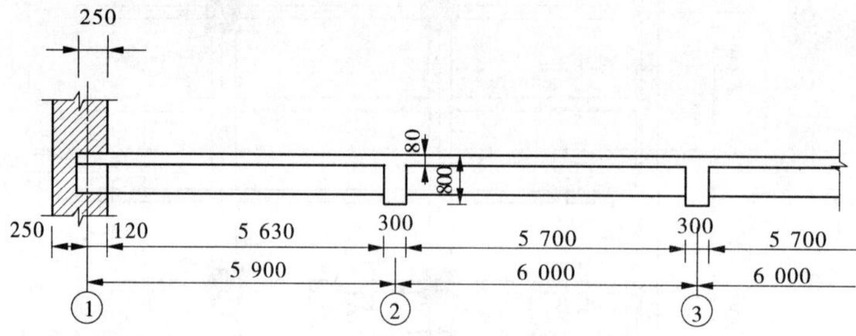

图 3-68　次梁结构布置图　(单位:mm)

边跨与中间跨的计算跨度差$(5\ 755-5\ 700)/5\ 700\times100\%=0.96\%<10\%$,故次梁按端支座是铰接的五跨等截面等跨连续梁计算,如图 3-69 所示。承受正弯矩的跨中截面按 $b_f'=l_0/3$ 的 T 形截面计算。

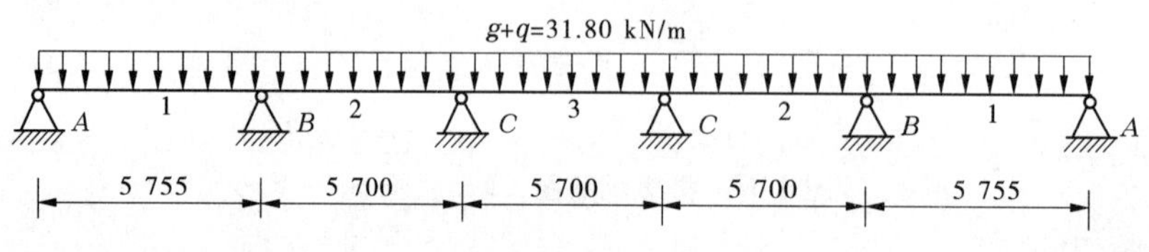

图 3-69　次梁的计算简图　(单位:mm)

(3) 内力及截面承载力计算。

边跨:$b_f'=l_0/3=5\ 755/3=1\ 918(\text{mm})<b_f'=200+5\ 630=5\ 830(\text{mm})$,故取 $b_f'=1\ 918$ mm

中跨:$b_f'=l_0/3=5\ 700/3=1\ 900(\text{mm})<b_f'=200+5\ 700=5\ 900(\text{mm})$,故取 $b_f'=1\ 900$ mm

判别 T 形截面类别,取 $h_0=450-35=415(\text{mm})$

边跨:$b_f'h_f'f_c'(h_0-\dfrac{h_f'}{2})=1\ 918\times80\times11.9\times(415-\dfrac{80}{2})=684.7(\text{kN}\cdot\text{m})\geqslant95.75\ \text{kN}\cdot\text{m}$

中跨:$b_f'h_f'f_c'(h_0-\dfrac{h_f'}{2})=1\ 900\times80\times11.9\times(415-\dfrac{80}{2})=678.3(\text{kN}\cdot\text{m})\geqslant64.57\ \text{kN}\cdot\text{m}$

故各跨跨中截面均属于第一类 T 形截面。表 3-22 为次梁正截面承载力计算表,表 3-23为次梁斜截面承载力计算表。

表 3-22　次梁正截面承载力计算

截面	边跨跨中 1	第一内支座 B	中间跨中 2、3	中间支座 C
计算跨度(m)	5.755	5.755	5.700	5.700
弯矩系数 α	$\frac{1}{11}$	$-\frac{1}{11}$	$\frac{1}{16}$	$-\frac{1}{14}$
$M=\alpha_{Mb}(g+q)l_0^2$(kN·m)	95.75	95.75	64.57	73.80
$b\times h_0$ 或 $b_f'\times h_0$	1 918×415	200×395	1 900×415	200×395
$\alpha_s=\frac{M}{\alpha_1 f_c bh_0^2}$	0.024	0.258	0.017	0.199
$\xi=1-\sqrt{1-2\alpha_s}$	$0.025<\xi_b$	$0.304<\xi_b$	$0.017<\xi_b$	$0.224<\xi_b$
$A_s=\frac{\alpha_1 f_c b\xi h_0}{f_y}$(mm²)	779	953	523	701
选用钢筋	4 Φ 16	2 Φ 16 + 2 Φ 20	3 Φ 16	2 Φ 16 + 2 Φ 14
实配钢筋截面面积(mm²)	804	1 030	603	710
最小配筋率 ρ_{min}(%)	$45\frac{f_t}{f_y}=45\times\frac{1.27}{300}=0.19<0.2$，取 $\rho_{min}=0.2$			
配筋率 $\rho=\frac{A_s}{bh}$ 或 $\rho=\frac{A_s}{bh+(b-b_f)h_f}$	$0.35\%>\rho_{min}$	$1.14\%>\rho_{min}$	$0.27\%>\rho_{min}$	$0.79\%>\rho_{min}$

注：混凝土强度等级≤C50，钢筋为 HRB335，则 $\xi_b=0.550$。

表 3-23　次梁的斜截面承载力计算

截面	端支座	第一内支座(左)	第一内支座(右)	中间支座
剪力系数 α_{vb}	0.45	0.60	0.55	0.55
净跨 t_n	5.63	5.63	5.70	5.70
$V=\alpha_{vb}(g+q)l_n$(kN)	80.57	107.42	99.69	99.69
$0.25f_c bh_0$(kN)	$246.93>V$	$235.03>V$	$246.98>V$	$235.03>V$
$0.7f_t bh_0$(kN)	$73.79<V$	$70.23<V$	$73.79<V$	$70.23<V$
箍筋肢数和直径(mm)	2 Φ 6	2 Φ 6	2 Φ 6	2 Φ 6
$A_{sv}=nA_{sv1}$(mm²)	57	57	57	57
$s=\frac{1.25A_{svt}f_t h_0}{V-0.7f_t bh_0}$(mm)	916	159	240	201
实配箍筋间距(mm)	180	150	180	180
$(\rho_{sv})_{min}$	$0.24\frac{f_t}{f_{yv}}=0.145\%$			
$\rho_{sv}=\frac{A_{sv}}{bs}$	$0.158\%>(\rho_{sv})_{min}$	$0.158\%>(\rho_{sv})_{max}$	$0.158\%>(\rho_{sv})_{min}$	$0.158\%>(\rho_{sv})_{max}$

注：s_{max} 为 200 mm，d_{mm} 为 6 mm，满足构造要求。

(4)次梁配筋图。

次梁配筋图如图 3-70 所示。

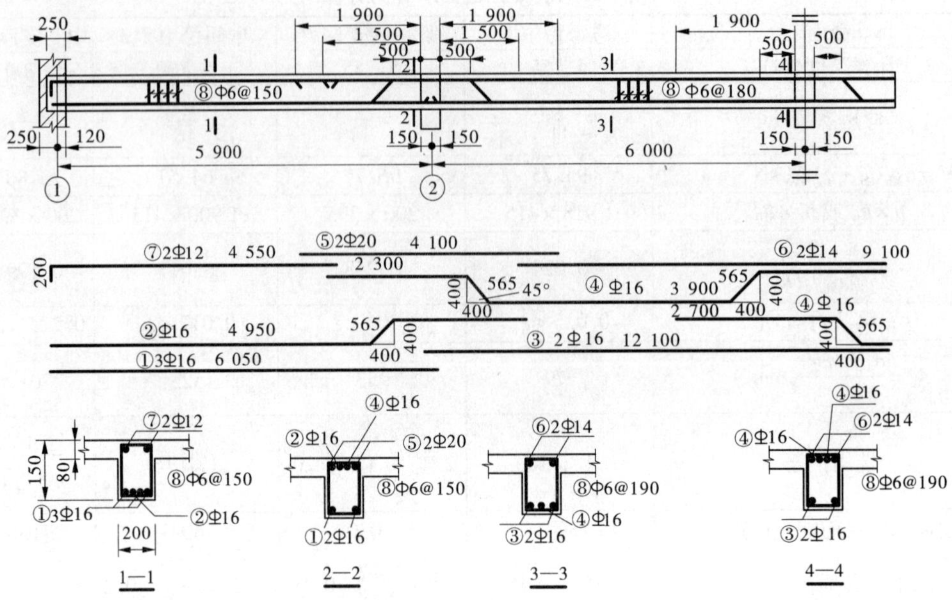

图 3-70 次梁配筋图 （单位:mm）

4. 主梁计算

(1)荷载计算。

主梁按弹性理论计算。

为简化起见，主梁自重及梁侧抹灰折算为集中荷载。主梁荷载计算见表 3-24。

表 3-24 主梁荷载计算

荷载种类		荷载标准值(kN)	荷载分项系数	荷载设计值(kN)
永久荷载	由次梁传来的荷载	$12.42 \times 6.0 = 74.52$	—	—
	主梁自重	$0.3 \times (0.80 - 0.08) \times 2.6 \times 25 = 14.04$	—	—
	梁侧抹灰	$0.02 \times (0.80 - 0.08) \times 2.6 \times 2 \times 17 = 1.27$	—	—
	小计	$G_k = 89.83$	1.2	$G = 107.80$
可变荷载		$Q_k = 13 \times 6.0 = 78.00$	1.3	$Q = 101.40$
全部计算荷载			—	—

(2)计算简图。

柱截面为 400 mm×400 mm。

根据图 3-71 进行主梁的净跨计算；主梁的边跨一端与柱整体连接，另一端搁支在墙上，中跨两端都与柱固接，计算跨度 l_0 的计算步骤如下：

边跨：$l_n = 7\ 800 - 120 - 400 = 7\ 480\,(\text{mm})$，$l_0 = l_n + 370/2 + 400 = 7\ 480 + 370/2 + 400/2 = 7\ 865\,(\text{mm})$。

中跨：$l_n=7\ 800-400=7\ 400(\mathrm{mm})$，$l_0=l_n+400/2+400/2=7\ 400+200+200=7\ 800(\mathrm{mm})$。

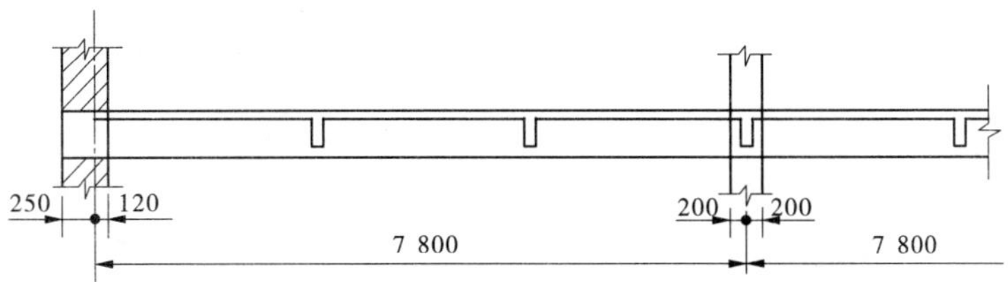

图 3-71　主梁结构布置图　（单位：mm）

主梁按端支座是铰接的三跨等截面等跨连续梁计算，承受正弯矩的跨中截面按 $b_f'=l_0/3$ 的 T 形截面计算。计算简图如图 3-72 所示。

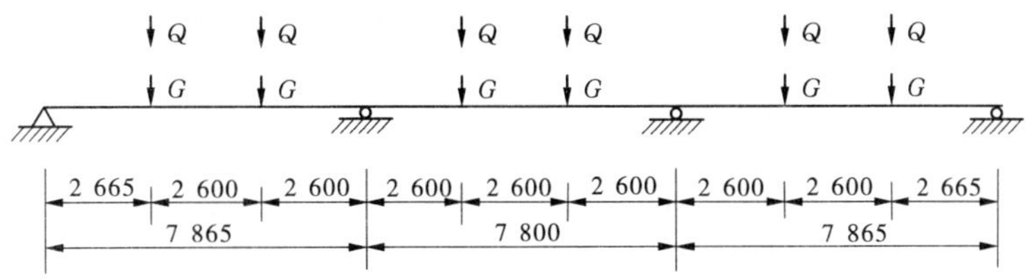

图 3-72　主梁的计算简图　（单位：mm）

（3）内力及截面承载力计算。

主梁的内力计算见表 3-25。

表 3-25　主梁内力计算

项次	荷载简图	弯矩（kN·m）					剪力（kN）		
		边跨跨中		*B* 支座	中间跨跨中		*A* 支座	*B* 支座	
		$\frac{k}{M_1}$	$\frac{k}{M_2}$	$\frac{k}{M_B}$	$\frac{k}{M_3}$	$\frac{k}{M_4}$	$\frac{k}{V_A}$	$\frac{k}{V_{B左}}$	$\frac{k}{V_{B右}}$
①	G G G G G G; 1 2 3 4; A B C D	0.244	0.155	-0.267	0.067	0.067	0.733	-1.267	1.000
		206.87	131.42	-224.50	56.34	56.34	79.02	-135.58	107.80
②	Q Q Q Q; 1 2 3 4; A B C D	0.289	0.244	-0.133	-0.133	-0.133	0.666	-1.134	0
		230.48	194.59	-105.19	-105.19	105.19	87.81	-114.99	0
③	Q Q; 1 2 3 4; A B C D	-0.044	-0.080	-0.133	0.200	0.200	-0.133	-0.133	1.000
		-35.09	-70.98	-105.19	158.14	158.14	-13.49	-13.49	101.40

续表 3-25

项次	荷载简图	弯矩(kN·m)					剪力(kN)		
		边跨跨中		B 支座	中间跨跨中		A 支座	B 支座	
		$\frac{k}{M_1}$	$\frac{k}{M_2}$	$\frac{k}{M_B}$	$\frac{k}{M_3}$	$\frac{k}{M_4}$	$\frac{k}{V_A}$	$\frac{k}{V_{B左}}$	$\frac{k}{V_{B右}}$
④	Q Q Q Q; 1 2 3 4; A B C D	0.229	0.125	-0.311	0.095	0.170	0.689	-1.211	1.222
		238.46	99.69	-245.98	75.93	134.46	69.86	-122.80	123.91
⑤	Q Q Q Q; 1 2 3 4; A B C D	-0.030	-0.059	-0.089	0.170	0.096	-0.089	-0.089	0.778
		-23.93	-47.05	-70.39	134.45	75.93	-9.03	-9.03	78.89
内力不利组合	①+②	437.35	326.01	-329.70	-48.86	-48.86	166.83	-251.57	107.80
	①+③	171.78	60.44	-329.69	214.52	214.52	65.53	-150.09	209.20
	①+④	445.33	231.11	-470.48	132.26	190.79	148.88	-259.38	231.71
	①+⑤	182.95	84.36	-294.90	190.79	132.26	69.99	-146.61	186.69

将上述荷载情况经最不利内力组合,得到主梁的弯矩包络图和剪力包络图,如图 3-73 所示。

边跨:$b_f' = l_0/3 = 7\ 865/3 = 2\ 622$(mm) $< b_f' = 300 + 7\ 480 = 7\ 780$(mm),故取 $b_f' = 2\ 622$ mm

中跨:$b_f' = l_0/3 = 7\ 800/3 = 2\ 600$(mm) $< b_f' = 300 + 7\ 400 = 7\ 700$(mm),故取 $b_f' = 2\ 600$ mm

判别 T 形截面类别,取 $h_0 = 800 - 35 = 765$(mm)

边跨:$b_f' h_f' f_c\left(h_0 - \frac{h_f'}{2}\right) = 2\ 622 \times 80 \times 11.9 \times \left(765 - \frac{80}{2}\right) = 1\ 809.70 \times 10^6$(N·m) = 1 809.70 kN·m ≥ 445.33 kN·m

中跨:$b_f' h_f' f_c\left(h_0 - \frac{h_f'}{2}\right) = 2\ 600 \times 80 \times 11.9 \times \left(765 - \frac{80}{2}\right) = 1\ 794.52 \times 10^6$(N·m) = 1 794.52 kN·m ≥ 214.52 kN·m

故各跨跨中截面均属于第一类 T 形截面。

各截面承载力计算见表 3-26、表 3-27。

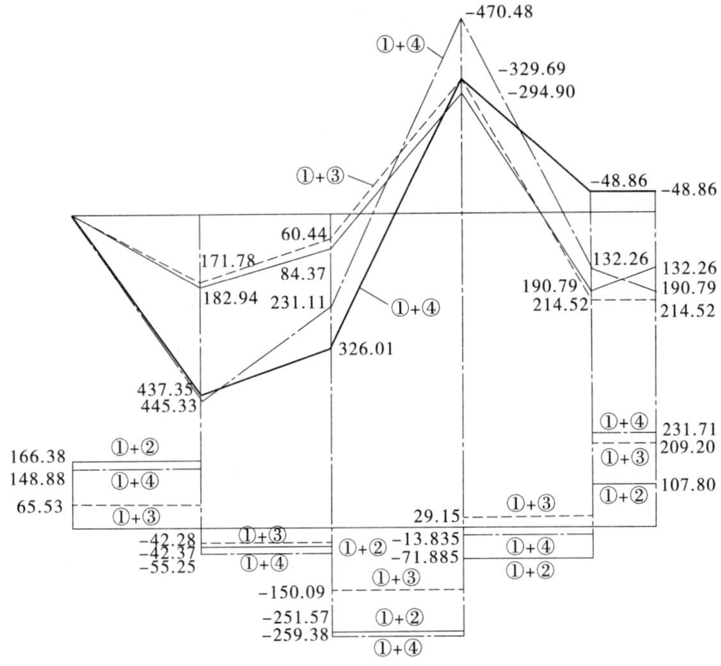

图3-73 主梁内力包络图

表3-26 主梁正截面承载力计算

截面	边跨中1	中间支座 B	中间跨中2	
M(kN·m)	445.33	-470.48	214.52	-48.55
$V_0\dfrac{b}{2}$(kN·m)		51.88	—	—
$M-V_0\dfrac{b}{2}$(kN·m)	—	-418.60	—	—
$b\times h_0^2$ 或 $b_f'\times h_0^2$	$2\ 622\times745^2$	300×720^2	$2\ 600\times745^2$	$2\ 600\times745^2$
$\alpha_s=\dfrac{M}{f_c bh_0^2}$	0.026	0.226	0.012	0.003
$\xi=1-\sqrt{1-2a_s}$	0.026	0.260	0.013	0.003
$A_s=\dfrac{\alpha_1 f_c b\xi h_0}{f_y}$	2 019	2 228	966	219
选用钢筋	3 Φ 25 + 2 Φ 22	3 Φ 22 + 2 Φ 18 + 2 Φ 20	4 Φ 18	2 Φ 20
实配钢筋截面面积(mm^2)	2 233	2 277	1 017	628
最小配筋率 ρ_{min}	$45\dfrac{f_t}{f_y}=45\times\dfrac{1.27}{300}=0.19<0.2$,取 $\rho_{min}=0.2$			
配筋率 $\rho=\dfrac{A_s}{bh}$ 或 $\rho=\dfrac{A_s}{bh+(b-b_f)h_f}$	$0.52\%>\rho_{min}$	$0.95\%>\rho_{min}$	$0.24\%>\rho_{min}$	

表 3-27　主梁斜截面承载力计算

截面	边支座	第一内支座(左)	第一内支座(右)
V(kN)	156.83	-259.38	231.71
$0.25f_c bh_0$(kN)	642.6	642.6	642.6
$0.7f_t bh_0$(kN)	192.02 > V	192.02 < V	192.02 < V
箍筋肢数和直径	2 Φ 8	2 Φ 8	2 Φ 8
$A_{sv} = nA_{sv1}$(mm^2)	101	101	101
$s = \frac{1.25f_y A_{sv} h_0}{V - 0.07f_c bh_0}$(mm)	构造配箍	283	481
实配箍筋间距(mm)	200	200	200
$(\rho_{sv})_{min}$	$0.24\frac{f_t}{f_{yv}} = 0.145\%$		
$\rho_{sv} = \frac{A_{sv}}{bs}$	$0.168\% > (\rho_{sv})_{min}$	$0.168\% > (\rho_{sv})_{min}$	$0.168\% > (\rho_{sv})_{min}$
$V_{sv} = 0.7f_t bh_0 + \frac{1.25f_{yv}A_{sv}h_0}{s}$(N)	268.38 > V	268.38 > V	268.38 > V

(4)主梁吊筋计算。

由次梁传至主梁的集中荷载(不包括主梁自重及粉刷)为：

$$F = G + P = 1.2 \times 74.52 + 1.3 \times 78.00 = 190.82(\text{kN})$$

采用双肢2,8 箍筋,$A_{sv} = 2 \times 50.3 = 100.6(\text{mm}^2)$,$f_{yv} = 210\ \text{N/mm}^2$

$$m = \frac{F}{f_{yv}A_{sv}} = \frac{190.82 \times 1\,000}{210 \times 100.6} = 9.03,\text{取 } m = 10。$$

如用吊筋,$A_{sb} = \frac{G+P}{2f_y \sin\alpha} = \frac{190.82 \times 1\,000}{2 \times 300 \times 0.707} = 450(\text{mm}^2)$,可用 2 Φ 18(509 mm^2)。

(5)主梁配筋图。

主梁抵抗弯矩图如图 3-74 所示。主梁配筋图如图 3-75 所示。

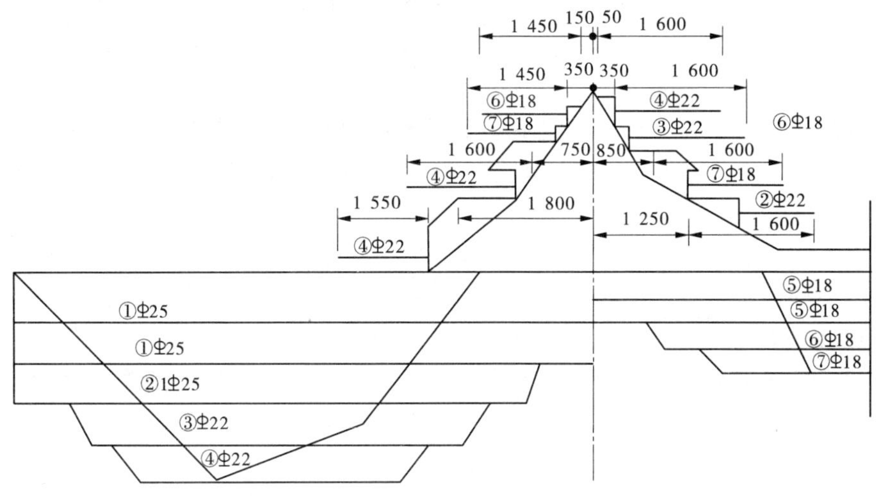

图 3-74　主梁抵抗弯矩图　（单位:mm）

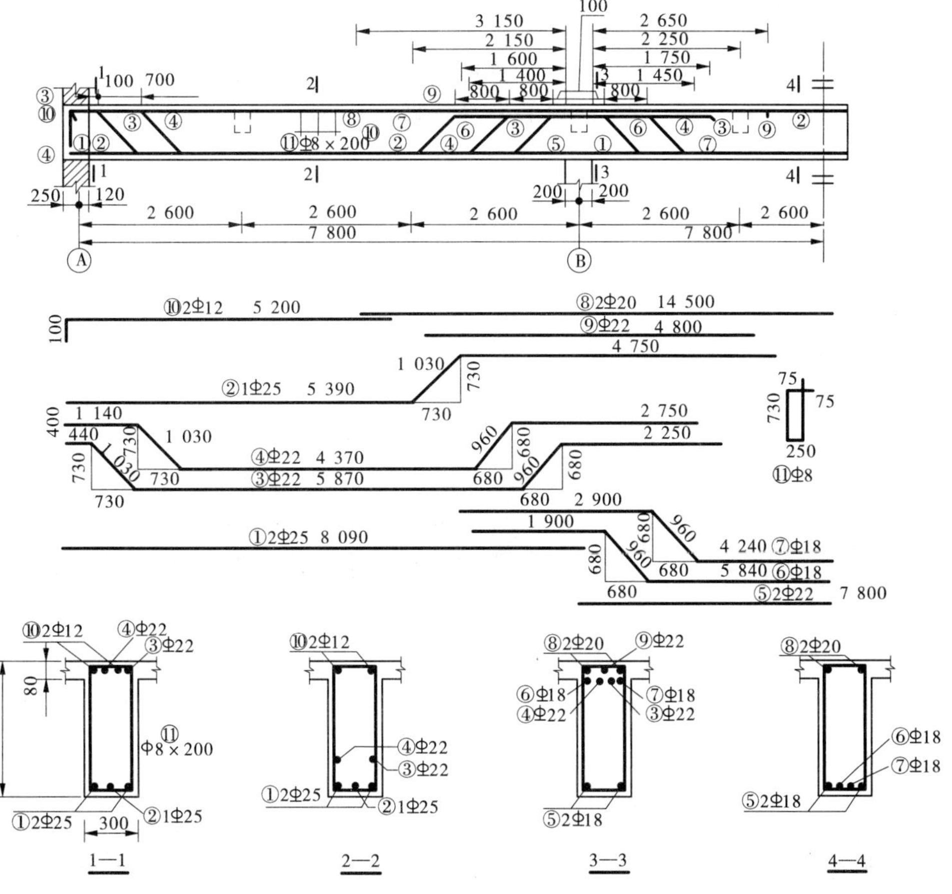

图 3-75　主梁配筋图　（单位:mm）

小　结

1. 本项目对钢筋混凝土梁、板构件的设计过程和内容进行了较为详细的阐述，包括混凝土结构所使用材料的选择，简支梁、简支板和外伸梁的设计计算以及相关混凝土构件的基本构造要求。

2. 建筑结构的设计内容，包括数值计算和构造措施两部分。混凝土结构设计的一般步骤是：选择材料、初步确定构件尺寸、确定构件计算简图、荷载计算、内力分析、截面设计、变形验算（必要时）、确定构造措施、按计算结果和构造要求绘制结构施工图。

3. 根据梁纵向钢筋的配筋率不同，钢筋混凝土梁可以分为适筋梁、超筋梁和少筋梁三种类型。根据适筋梁的破坏模型建立起钢筋混凝土梁的正截面承载力计算公式。钢筋混凝土梁的纵向受力钢筋的数量要通过钢筋混凝土正截面承载力计算完成，钢筋混凝土梁的正截面承载力计算包括了配筋计算和截面校核两种。

4. 受弯构件正截面受弯承载力计算采用 4 个基本假定，据此可确定截面应力图形并建立两个基本计算公式。其中第一个公式是截面内力中的拉力与压力保持平衡，另一个公式是截面的弯矩保持平衡。截面设计时可先确定 x 而后计算钢筋截面面积 A，截面复核时可先求出 x 而后计算 M_u。应熟练掌握单筋矩形截面的基本公式及其应用。对于双筋截面，还应考虑受压钢筋的作用；对于 T 形截面，还应考虑受压区翼缘悬臂部分的作用。

5. 注意受弯构件的截面及纵向钢筋的构造问题。在设计中应保证钢筋的混凝土保护层厚度、钢筋之间的净距离等。钢筋必须绑扎或焊接成钢筋骨架，以保证浇筑混凝土时钢筋的正确位置，因此除受力钢筋外，尚须有构造钢筋，例如架立钢筋等。

6. 随着箍筋数量和剪跨比的不同，钢筋混凝土梁的三种斜截面受剪破坏形态为斜压破坏、斜拉破坏和剪压破坏。斜压破坏通过限制截面尺寸来防止，斜拉破坏通过按最小配筋率配置箍筋来防止，剪压破坏要通过设计计算配置箍筋来避免。箍筋的数量则通过斜截面承载力计算完成。

7. 受弯构件斜截面承载力有两类问题：一类是斜截面受剪承载力，对此类问题应通过计算配置箍筋或配置箍筋和弯起钢筋来解决；另一类是斜截面受弯承载力，主要是纵向受力钢筋的弯起和截断位置以及相应的锚固问题，一般只需用构造措施来保证，无须进行计算。

8. 当长边与短边之比 $l_2/l_1 \geqslant 3$ 时，板上的荷载主要沿短边传递给次梁，短边为板的主要弯曲方向，受力钢筋沿短边布置，长边布置分布钢筋，这就是单向板肋形结构。该结构的优点是设计计算简单、施工方便。

9. 当长边与短边之比 $l_1/l_2 \leqslant 2$ 时，板上的荷载沿两个方向传递给四边支承，长边和短边都是板的主要弯曲方向，板为双向受力。受力钢筋分别沿长边、短边布置，这就是双向板肋形结构。该结构的优点是经济美观。

10. 当长边与短边长度之比大于 2.0 但小于 3.0 时，宜按照双向板计算；当按单向板计算时，应沿长边方向布置足够数量的构造钢筋。

11. 现浇肋梁楼盖中的板和梁的钢筋构造的构造要求。

12. 板和次梁的内力计算用塑性重分布方法。

13. 主梁的内力计算用弹性理论方法。

工作任务

一、判断题

1. 对于某一构件而言,混凝土强度等级越高,构件的混凝土保护层厚度越大。 ( )

2. 梁中箍筋的主要作用是承受弯矩。 ( )

3. 板中分布钢筋的主要作用是承担弯矩。 ( )

4. 梁中架立钢筋的主要作用是承担支座产生的负弯矩。 ( )

5. 少筋梁正截面受弯破坏时,破坏弯矩小于同截面适筋梁的开裂弯矩。 ( )

6. 配置了受拉钢筋的钢筋混凝土梁,其极限承载力不可能小于同样截面、相同混凝土强度的素混凝土梁的承载力。 ( )

7. 受弯构件正截面的三种破坏形态均属脆性破坏。 ( )

8. 受弯构件斜截面的三种破坏形态均属脆性破坏。 ( )

9. 钢筋混凝土梁斜截面的剪压破坏,要通过设计配置箍筋来避免。 ( )

二、思考题

1. 钢筋混凝土梁和板中通常配置哪几种钢筋,各起什么作用?

2. 梁、板内纵向受力钢筋的直径、根数、间距有何规定?梁中箍筋有哪几种形式,各适用于什么情况?箍筋肢数、间距有何规定?

3. 何为单筋截面?何为双筋截面?两者区别的关键是什么?

4. 复核单筋截面承载力时,若 $x>0.85\xi_b h_0$,如何计算其承载力?

5. 混凝土保护层的作用是什么?室内正常环境中梁、板的保护层厚度一般取为多少?

6. 根据纵向受力钢筋配筋率的不同,钢筋混凝土梁可分为哪几种类型?不同类型梁的破坏特征有何不同,破坏性质分别属于什么?实际工程设计中如何防止少筋和超筋?

7. 计算双筋截面,A_s、A_s'均未知时,x 如何取值?当 A_s'已知时,应当如何求 A_s?

8. 截面设计时,为什么要限制 $x\leqslant0.85\xi_b h_0$?在受压区配置钢筋时,为什么要求 $x>2a'_s$?

9. 提高梁、板构件正截面承载能力的措施有哪些?

10. 钢筋混凝土受弯构件斜截面受剪破坏有哪几种形态,破坏特征各是什么?以哪种破坏形式作为计算的依据,如何防止斜压和斜拉?

11. 在梁的斜截面承载力计算中,若计算结果不需要配置腹筋,那么该梁是否仍需配置箍筋和弯起钢筋?若需要,应如何确定?

12. 什么情况下采用双筋截面?在截面设计时,如何判别两类 T 形截面?

13. 什么是抵抗弯矩图(M_R 图)?当纵向受拉钢筋截断或弯起时,M_R 图上有什么变化？

14. 在绘制M_R图时，如何确定每一根钢筋所抵抗的弯矩？其理论截断点或充分利用点又是如何确定的？

15. 梁中纵向钢筋的弯起与截断应满足哪些要求？

16. 斜截面受剪承载力的计算位置如何确定？在计算弯起钢筋时，剪力值如何确定？

17. 提高钢筋混凝土构件抗裂能力的措施有哪些？

18. 钢筋混凝土构件最大裂缝宽度超过允许值时，应采取哪些措施？

19. 单向板和双向板的受力特点如何？

三、计算题

1. 钢筋混凝土矩形截面梁，截面尺寸 $b \times h = 180\ \text{mm} \times 500\ \text{mm}$，弯矩设计值 $M = 100\ \text{kN} \cdot \text{m}$，混凝土强度等级为 C30，钢筋采用 HRB400 级，构件处于正常工作环境。试计算纵向受力钢筋面积 A_s。

2. 有一计算跨径为 2.15 m 的人行道板如图 3-76 所示，板厚为 80 mm，下缘配置 HPB300(235)的钢筋，承受的人群荷载为 3.5 kN/m^2，混凝土强度等级为 C25，试求板中的配筋。

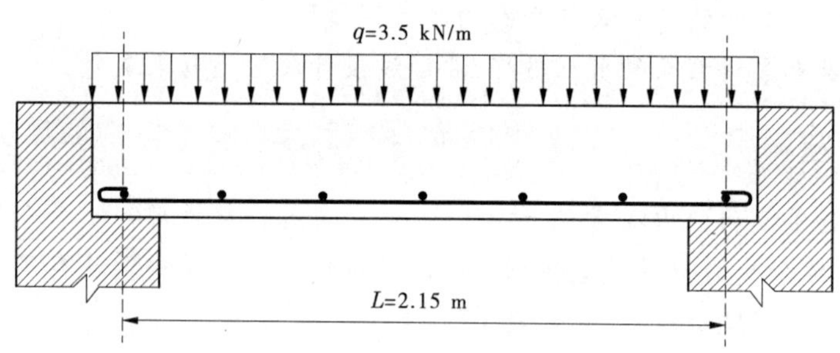

图 3-76　计算题 2

3. 已知矩形截面梁，$b \times h = 250\ \text{mm} \times 500\ \text{mm}$，弯矩设计值 $M = 150\ \text{kN} \cdot \text{m}$，混凝土强度等级为 C30，钢筋采用 HRB335 级，构件处于正常工作环境。试计算纵向受力钢筋截面面积 A_s。若改成 HRB500 级钢筋，截面配筋情况怎样？

4. 矩形截面梁 $b \times h = 300\ \text{mm} \times 400\ \text{mm}$，如图 3-77 所示，混凝土强度等级为 C35，钢筋采用 HRB335 级，构件处于正常工作环境，弯矩设计值 $M = 120\ \text{kN} \cdot \text{m}$，构件安全等级为Ⅱ级。验算该梁的正截面承载力。

5. 已知 2 级建筑物的矩形截面简支梁，截面尺寸 $b \times h = 250\ \text{mm} \times 550\ \text{mm}$，一类环境条件，混凝土强度等级为 C25，钢筋采用 HRB335 级。弯矩设计值 $M = 218\ \text{kN} \cdot \text{m}$。试计算：

(1) 该正截面所需要的受力钢筋截面面积。

(2) 在受压区已配置 2 Φ22 时，计算受拉钢筋截面面积。

6. 某 2 级建筑物的双筋截面梁截面尺寸 $b \times h = 250\ \text{mm} \times 500\ \text{mm}$，一类环境条件，承受弯矩设计值 $M = 140\ \text{kN} \cdot \text{m}$，采用混凝土强度等级为 C20，受压纵筋为 2 Φ16($A'_s = 402$

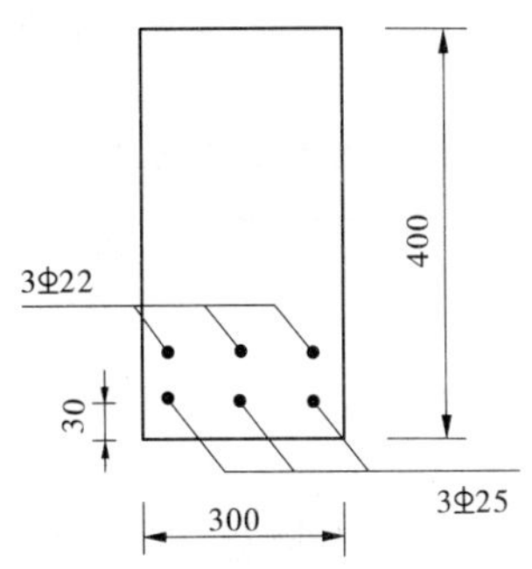

图 3-77 计算题 4

mm^2)；受拉纵筋有两种配置：① 4 Φ 20(A_s = 1 256 mm^2)；② 4 Φ 25(A_s = 1 964 mm^2)。复核在上述两种配筋情况下，此梁正截面是否安全。

7. 一根承受均布荷载的钢筋混凝土矩形截面梁，其截面尺寸 $b \times h = 250$ mm × 550 mm，配置一排纵筋。已求的支座边缘剪力设计值 $V = 250$ kN，该梁混凝土强度等级为 C30，钢筋采用 HRB400 级，构件处于正常工作环境。试确定箍筋数量。

8. 某 2 级建筑物的吊车梁，一类环境，翼缘计算宽度 $b_f' = 650$ mm，$h_f' = 90$ mm，$b = 250$ mm，$h = 750$ mm，计算跨度 $l_0 = 6\ 000$ mm，在使用阶段跨中承受弯矩设计值 $M = 410$ kN · m，混凝土强度等级为 C20，HRB400 级钢筋。计算跨中截面所需要的受拉钢筋截面面积。

9. 已知某 2 级建筑物中的矩形截面梁，$b \times h = 200$ mm × 550 mm，承受均布荷载作用，配有双肢Φ 6@ 150 箍筋。混凝土强度等级采用 C25，箍筋采用 HPB235 级。若支座边缘截面剪力设计值 $V = 120$ kN，取 $a_s = 35$ mm，复核该梁斜截面承载力是否安全？

10. 受均布荷载作用的矩形简支梁，截面尺寸 $b \times h = 300$ mm × 500 mm，净跨为 3 560 mm。该梁已配有 2 Φ 25 + 1 Φ 22 的纵向受力钢筋，混凝土强度等级为 C30，均布荷载设计值 $q = 90$ kN/m，箍筋为 HPB300(235)级钢筋，构件处于正常工作环境。求此梁需配置的箍筋。

11. 某钢筋混凝土 T 形截面梁，梁的截面尺寸 $b_f' \times h_f' = 500$ mm × 100 mm，$b \times h = 200$ mm × 500 mm，混凝土强度等级为 C30，承受弯矩设计值 $M = 80$ kN · m。试对该截面进行配筋设计。

12. 某钢筋混凝土 T 形截面梁，梁的截面尺寸 $b_f' \times h_f' = 600$ mm × 100 mm，$b \times h = 250$ mm × 800 mm，混凝土强度等级为 C40，承受弯矩设计值 $M = 650$ kN · m。试对该截面进行配筋设计。

13. 某钢筋混凝土 T 形截面梁，梁的截面尺寸 $b_f' \times h_f' = 700$ mm × 100 mm，$b \times h = 300$ mm × 800 mm，混凝土强度等级为 C40，在受拉区配置 6 Φ 25 纵向钢筋，$a_s = 70$ mm。试问此截面能否承受 800 kN · m 的设计弯矩？

14. 一钢筋混凝土简支矩形截面梁，两端搁置在厚度为 370 mm 的砖墙上，如图 3-78 所示，已知梁的跨度(支座中到支座中)为 8 m，截面尺寸为 $b \times h = 200$ mm × 600 mm，承受的均布荷载设计值 $g = 30$ kN/m(包括梁的自重)，混凝土强度等级为 C30，纵向受力钢筋

HRB400 级，箍筋 HPB300(235)级。构件处于正常工作环境，试确定梁的纵筋及箍筋。

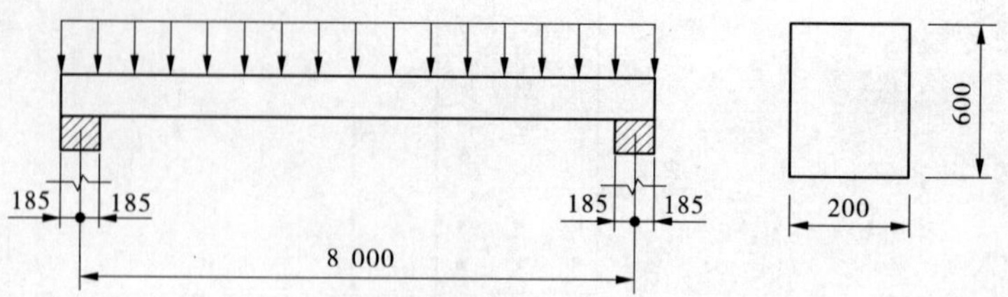

图 3-78　计算题 14　（单位：mm）

15. 钢筋混凝土矩形截面简支梁(2 级水工建筑物)，处于露天环境。截面尺寸 $b \times h = 250\ \text{mm} \times 500\ \text{mm}$，计算跨度 $l_0 = 7.0\ \text{m}$；采用 C30 混凝土强度等级，纵向钢筋为 HRB335 级；使用期间承受均布荷载，荷载标准值为：永久荷载 $g_k = 15\ \text{kN/m}$(包括自重)，可变荷载 $q_k = 4.8\ \text{kN/m}$。试求纵向受拉钢筋截面面积 A_s，并验算最大裂缝开展宽度和跨中挠度是否满足要求。($a_s = 35\ \text{mm}$)

项目4　钢筋混凝土柱设计

【学习重点】

受压构件的构造要求，普通箍筋柱的正截面承载力计算。偏心受压构件的承载力计算公式及其适用条件。

【能力要求】

能力目标	相关知识
掌握受压构件的构造要求	受压构件的构造要求
掌握普通箍筋柱的正截面承载力计算	普通箍筋柱正截面承载力计算公式应用
熟悉偏心受压构件的承载力计算	偏心受压构件的承载力计算公式应用
了解受压构件的材料、截面形式及尺寸	受压构件的材料、截面形式及尺寸
对钢筋混凝土受拉构件进行设计的能力	受拉构件正截面承载力计算公式及适用条件，斜截面承载力计算公式及适用条件

【技能目标】

掌握受压（受拉）构件的分类、破坏特征和构造要求；掌握普通箍筋柱的正截面承载力计算，掌握偏心受压（受拉）构件的受力全过程、两种破坏形态的特征以及矩形截面偏心受压（受拉）构件正截面承载力的计算方法，熟悉偏心受压（受拉）构件斜截面受剪承载力的计算；了解受压（受拉）构件的材料、截面形式和尺寸。

任务4.1　柱的构造要求

当构件上作用有纵向压力为主的内力时，称为受压构件。按照纵向压力在截面上作用位置的不同，受压构件分为轴心受压构件和偏心受压构件。纵向压力作用线与构件轴线重合的构件称为轴心受压构件，否则为偏心受压构件。偏心受压构件又可分为单向偏心受压构件和双向偏心受压构件，如图4-1所示。在建筑工程中，柱是最常见的受压构件之一。本项目只介绍轴心受压构件和单向偏心受压构件。

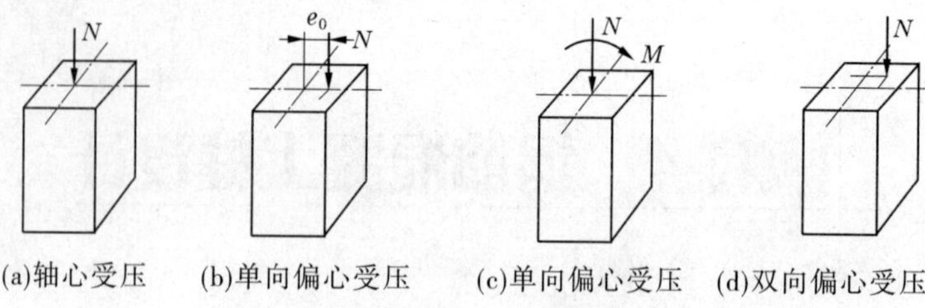

图 4-1 轴心受压和偏心受压

4.1.1 材料

受压构件的承载力主要取决于混凝土强度,采用较高强度等级的混凝土可以减小构件截面尺寸,节省钢材,因而柱中混凝土一般宜采用较高强度等级,但不宜选用高强度钢筋。其原因是受压钢筋要与混凝土共同工作,钢筋应变受到混凝土极限压应变的限制,而混凝土极限压应变很小,所以高强度钢筋的受压强度不能充分利用。《混凝土结构设计规范》(GB 50010—2010)规定:受压钢筋的最大抗压强度为 400 N/mm^2。一般柱中采用 C25 及以上等级的混凝土。对于高层建筑的底层柱,可采用更高强度等级的混凝土,例如采用 C40 或以上,纵向钢筋一般采用 HRB400 级和 HRB335 级热轧钢筋,箍筋一般采用 HPB335 级钢筋。

4.1.2 截面形式及尺寸

钢筋混凝土受压构件的截面形式要考虑到受力合理和模板制作方便。轴心受压构件的截面形式一般做成正方形或边长接近的矩形,有特殊要求的情况下,也可做成圆形或多边形;偏心受压构件的截面形式一般采用矩形截面,还可采用工字形、T 形等截面。

钢筋混凝土受压构件截面尺寸一般不宜小于 250 mm × 250 mm,以避免长细比过大,降低受压构件截面承载力。一般应符合 $l_0/b \leqslant 30$, $l_0/h \leqslant 25$(其中 l_0 为柱的计算长度,h 和 b 分别为截面的高度和宽度)。为了施工制作方便,在 800 mm 以内时,宜取 50 mm 为模数;800 mm 以上时,可取 100 mm 为模数。

4.1.3 钢筋构造

4.1.3.1 纵向受力钢筋

钢筋混凝土受压构件中纵向受力钢筋的作用是与钢筋混凝土共同承担由外荷载引起的内力,防止构件突然的脆性破坏,减小混凝土不匀质性引起的影响;同时,纵向钢筋还可以承担构件失稳破坏时,凸出面出现的拉力以及由于荷载的初始偏心、混凝土收缩变形等因素所引起的拉力等。

受压构件中,为了增加钢筋骨架的刚度,减小钢筋在施工时的纵向弯曲及减少箍筋用量,宜采用较粗直径的钢筋,以便形成刚性较好的骨架。因此,纵向受力钢筋直径 d 不宜小于 12 mm,一般在 12 ~ 32 mm 范围内选用。

矩形截面受压构件中纵向受力钢筋根数不得少于 4 根,以便与箍筋形成钢筋骨架。轴心受压构件中的纵向钢筋应沿构件截面周边均匀布置,偏心受压构件中的纵向钢筋应按计算要求布置在离偏心压力作用平面垂直的两侧。圆形截面受压构件中纵向钢筋不宜少于 8 根,不应少于 6 根,且宜沿周边均匀布置。

当矩形截面偏心受压构件的截面高度 $h \geqslant 600$ mm 时,为防止构件因混凝土收缩和温度变化产生裂缝,应沿长边设置直径为 10 ~ 16 mm 的纵向构造钢筋,且间距不应超过 500 mm,且不宜大于 300 mm,并相应地配置复合箍筋或拉筋。为便于浇筑混凝土,纵向钢筋的净间距不应小于 50 mm,对水平放置浇筑的预制受压构件,其纵向钢筋的间距要求与梁相同。偏心受压构件中,垂直于弯矩作用平面的侧面上的纵向受力钢筋以及轴心受压构件中各边的纵向受力钢筋,其中距不宜大于 300 mm。

为使纵向受力钢筋起到提高受压构件截面承载力的作用,纵向钢筋应满足最小配筋率的要求。对于轴心受压构件全部受压钢筋的配筋率不得小于 0.6%,当混凝土强度等级大于 C50 时,不应小于 0.7%,同时一侧钢筋的配筋率不应小于 0.2%。当温度、收缩等因素对结构产生较大影响时,构件的最小配筋率应适当增加。为了施工方便和经济要求,全部纵向钢筋配筋率不宜超过 5%,受压钢筋的配筋率一般不超过 3%,通常在 0.5% ~ 2%。

4.1.3.2 箍筋

受压构件中,一般箍筋沿构件纵向等距离放置,并与纵向钢筋构成空间骨架。箍筋除在施工时对纵向钢筋起固定作用外,还给纵向钢筋提供侧向支点,防止纵向钢筋受压弯曲而降低承压能力。此外,箍筋在柱中也起到抵抗水平剪力的作用。密布箍筋还起到约束核心混凝土,改善混凝土变形性能的作用。

为了有效地阻止纵向钢筋的压屈破坏和提高构件斜截面抗剪能力,周边箍筋应做成封闭式。箍筋间距不应大于 400 mm 及构件截面短边尺寸,同时在绑扎骨架中不应大于 $15d$,在焊接骨架中不应大于 $20d$(d 为纵向钢筋最小直径)。箍筋直径不应小于纵向钢筋最大直径的 1/4,且不应小于 6 mm;当柱中全部纵向受力钢筋配筋率大于 3% 时,箍筋直径不应小于 8 mm,间距不应大于纵向钢筋最小直径的 10 倍,且不应大于 200 mm。箍筋末端应做成 135°弯钩且弯钩末端平直段长度不应小于箍筋直径的 10 倍。箍筋也可焊接成封闭环式。当柱截面短边尺寸大于 400 mm 且各边纵向钢筋多于 3 根时,或当柱截面短边尺寸不大于 400 mm,但各边纵向钢筋多于 4 根时,应设置复合箍筋,其布置要求是使纵向钢筋至少每隔一根位于箍筋转角处,如图 4-2 所示。

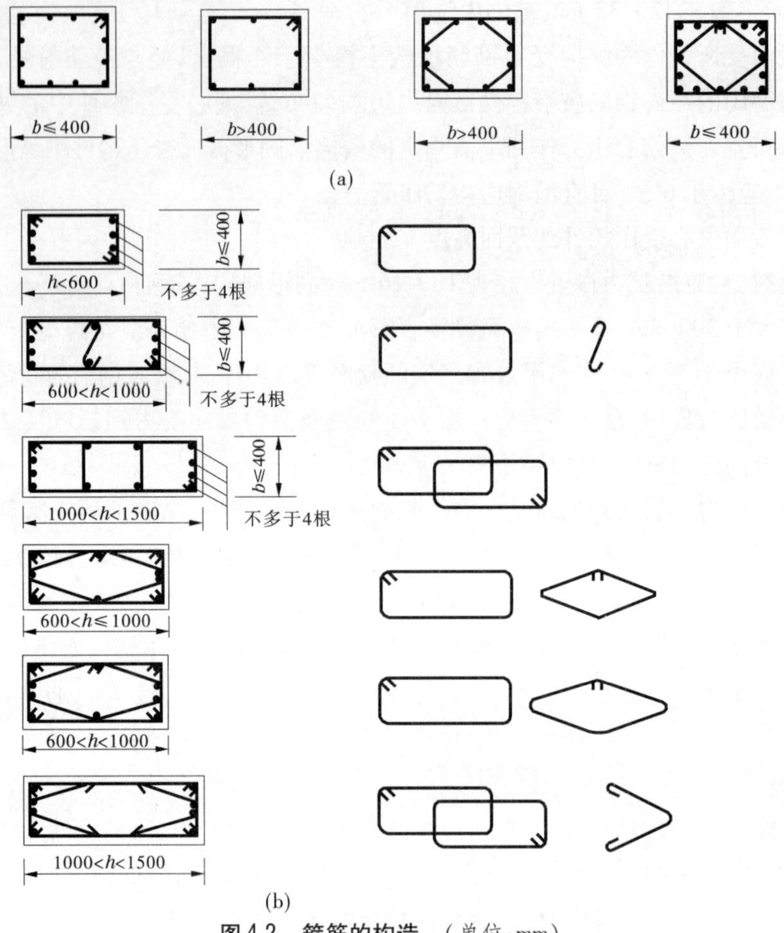

图 4-2　箍筋的构造　（单位:mm）

任务 4.2　钢筋混凝土轴心受压柱

按照箍筋配置方式的不同,钢筋混凝土轴心受压柱可分为两种:一种是配置纵向钢筋和普通箍筋的柱,称为普通箍筋柱,如图 4-3 所示;另一种是配置纵向钢筋和螺旋筋或焊接环筋的柱,称为螺旋箍筋柱或间接箍筋柱,如图 4-4 所示。

4.2.1　受压构件的破坏特征

按照长细比 l_0/b 的大小,轴心受压柱可分为短柱和长柱两类。对方形和矩形柱,当 $l_0/b \leqslant 8$ 时属于短柱,否则为长柱。其中,l_0 为柱的计算长度,b 为矩形截面的短边尺寸。

4.2.1.1　轴心受压短柱的破坏特征

构件在轴向压力作用下的各级加载过程中,由于钢筋和混凝土之间存在着黏结力,纵向钢筋与混凝土共同受压,故压应变沿构件长度上基本是均匀分布的。

试验表明,轴心受压素混凝土棱柱体构件达到最大压应力值时的压应变值一般在 0.001 5 ~ 0.002。而钢筋混凝土轴心受压短柱达到峰值应力时的压应变一般在 0.002 5 ~

0. 003 5,其主要原因可以认为是构件中配置了纵向钢筋,起到了调整混凝土应力的作用,能比较好地发挥混凝土的塑性性能,使构件到达峰值应力时的应变值得到增加,改善了轴心受压构件破坏的脆性性质。

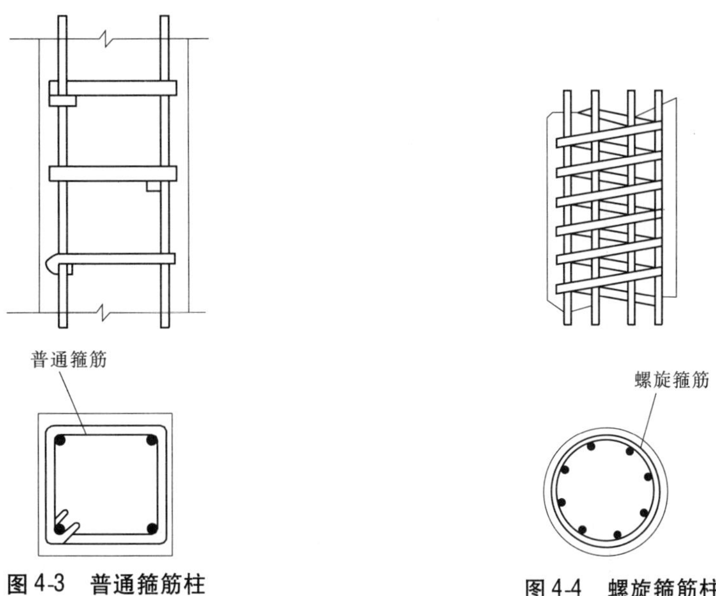

图 4-3　普通箍筋柱　　图 4-4　螺旋箍筋柱

在轴心受压短柱中,不论受压钢筋在构件破坏时是否达到屈服,构件的承载力最终都是由混凝土压碎来控制的。当达到极限荷载时,在构件最薄弱区段的混凝土内将出现由微裂缝发展而成的肉眼可见的纵向裂缝。随着压应变的增长,这些裂缝将相互贯通,在外层混凝土剥落之后,核心部分的混凝土将在纵向裂缝之间被完全压碎。在这个过程中,混凝土的侧向膨胀将向外推挤钢筋,而使纵向受压钢筋在箍筋之间呈灯笼状向外受压屈服,如图 4-5 所示。破坏时,一般中等强度的钢筋,均能达到其抗压屈服强度,混凝土能达到轴心抗压强度,钢筋和混凝土都得到充分的利用。

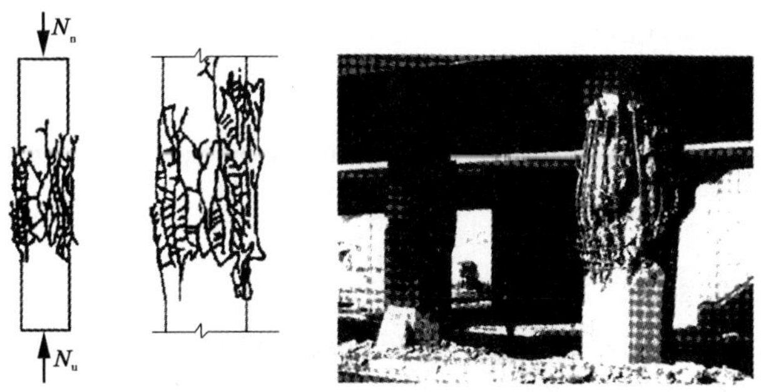

图 4-5　轴心受压短柱的破坏形态

4. 2. 1. 2　偏心受压长柱的破坏特征

由于材料本身的不均匀性、施工的尺寸误差等,轴心受压构件的初始偏心是不可避免的。初始偏心距的存在,必然会在构件中产生附加弯矩和相应的侧向扰度,而侧向扰度又加大了原来的初始偏心距。这样相互影响的结果,必然导致构件承载能力降低。试验表明，对粗短受压构件，初始偏心距对构件承载力的影响并不明显，而对细长受压构件，这种影响是不可忽略的。细长轴心受压构件的破坏，实质上已具有偏心受压构件强度破坏的典型特征：破坏时，首先在凹边出现纵向裂缝，接着混凝土被压碎，纵向钢筋被压弯向外凸出，侧向挠度急速发展，最终柱子失去平衡并将凸边混凝土拉裂而破坏，如图4-6所示。

4.2.2 轴心受压构件正截面承载力计算基本公式

4.2.2.1 基本公式

钢筋混凝土轴心受压柱的正截面承载力由混凝土承载力及钢筋承载力两部分组成，如图4-7所示。

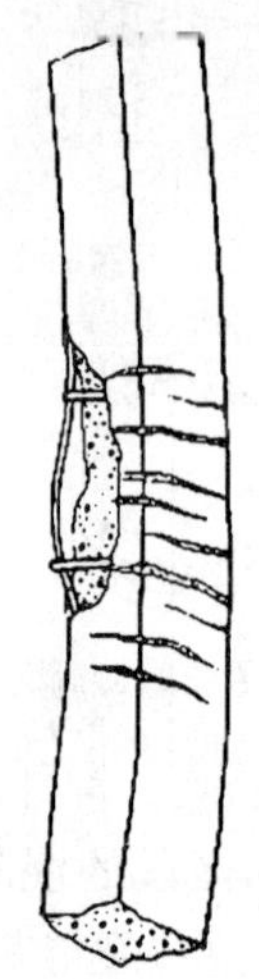
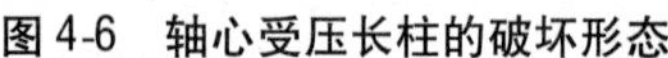

图4-6 轴心受压长柱的破坏形态

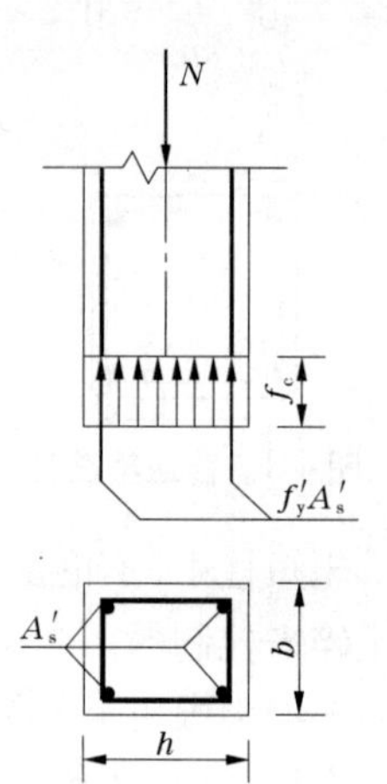

图4-7 轴心受压构件计算简图

根据力的平衡条件，得短柱和长柱的承载力计算公式为

$$N \leqslant N_u = 0.9\varphi(f_cA + f'_yA'_s) \tag{4-1}$$

式中 N——轴向压力设计值；

φ——钢筋混凝土构件的稳定系数；

f_c——混凝土的轴心抗压强度设计值；

A——构件截面面积，当纵向钢筋配筋率大于3%时，A应改为$A_c = A - A'_s$；

f'_y——纵向钢筋的抗压强度设计值；

A'_s——全部纵向钢筋的截面面积。

式中系数0.9，是考虑到初始偏心的影响以及主要承受永久荷载作用的轴心受压柱的可靠性，引入的承载力折减系数。

4.2.2.2 稳定系数

稳定系数φ主要与构件的长细比l_0/i有关（l_0为构件的计算长度，i为截面的最小回转半径）。当为矩形截面时，长细比用l_0/b表示（b为截面短边）。长细比越大，φ值越小。《混凝土结构设计规范》（GB 50010—2010）给出的φ值见表4-1。当$l_0/i \leqslant 28$或$l_0/b \leqslant 8$时，即为短柱，$\varphi = 1$。

表 4-1　钢筋混凝土轴心受压构件的稳定系数 φ

l_0/b	l_0/d	l_0/i	φ	l_0/b	l_0/d	l_0/i	φ
≤8	≤7	≤28	1.0	30	26	104	0.52
10	8.5	35	0.98	32	28	111	0.48
12	10.5	42	0.95	34	29.5	118	0.44
14	12	48	0.92	36	31	125	0.40
16	14	55	0.87	38	33	132	0.36
18	15.5	62	0.81	40	34.5	139	0.32
20	17	69	0.75	42	36.5	146	0.29
22	19	76	0.70	44	38	153	0.26
24	21	83	0.65	46	40	160	0.23
26	22.5	90	0.60	48	41.5	167	0.21
28	24	97	0.56	50	43	174	0.19

注：表中 l_0 为受压构件计算长度，见表 4-2；b 为矩形截面的短边尺寸；d 为圆形截面的直径；i 为截面最小回转半径。

表 4-2　受压构件的计算长度 l_0

杆件	两端约束情况	l_0	杆件	两端约束情况	l_0
直杆	两端固定	$0.5l$	拱	三铰拱	0.58S
	一端固定，一端为不移动的铰	$0.7l$		两铰拱	0.54S
	两端为不移动的铰	l		无铰拱	0.36S
	一端固定，一端自由	$2l$			

注：l 为构件支点间长度，S 为拱轴线长度。

4.2.2.3　计算方法

1. 截面设计

已知：轴向力设计值 N，构件的计算长度 l_0，材料强度等级。求构件截面面积及纵向受力钢筋的截面面积 A'_s。计算步骤如图 4-8 所示。

【例 4-1】　某钢筋混凝土轴心受压柱，计算长度 $l_0=6.4$ m，柱截面尺寸 $b\times h=400$ mm×400 mm。承受轴向压力设计值 $N=2\ 450$ kN（含柱自重）。采用 C30 混凝土和 HRB400 级钢筋。求该柱纵筋截面面积 A'_s，并配置纵向钢筋和箍筋。

解　本例题属于截面设计类。

查附表 1 得，C30 混凝土，$f_c=14.3$ N/mm^2，查附表 3 得，HRB400 级钢筋，$f'_y=360$ N/mm^2。

（1）计算受压纵筋面积。

长细比 $l_0/b=6.4/0.4=16$，查表 4-1 得 $\varphi=0.87$。

由式（4-1）得：

$$A'_s=\frac{\dfrac{N}{0.9\varphi}-f_cA}{f'_y}=\frac{\dfrac{2\ 450\times10^3}{0.9\times0.87}-14.3\times400\times400}{360}=2\ 336.1(\text{mm}^2)$$

（2）选配钢筋。

选配纵筋 8 Φ20，实配纵筋截面面积 $A'_s=2\ 513$ mm^2。

$\rho'=A'_s/A=2\ 513/160\ 000\times100\%=1.57\%>\rho'_{min}=0.6\%$，满足配筋率要求。

按构造要求，选配箍筋Φ8@300。

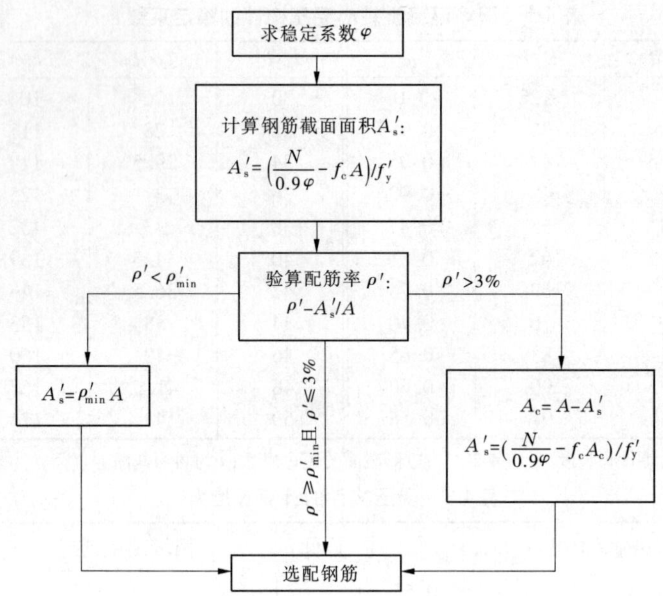

图 4-8　轴心受压构件截面设计计算步骤

2. 截面复核

已知:构件截面尺寸 $b\times h$,轴向力设计值 N,构件的计算长度 l_0,纵向钢筋数量及级别,材料强度等级。然后将相关参数代入式(4-1)便可。若该式成立,说明截面安全;否则,为不安全。计算步骤如图 4-9 所示。

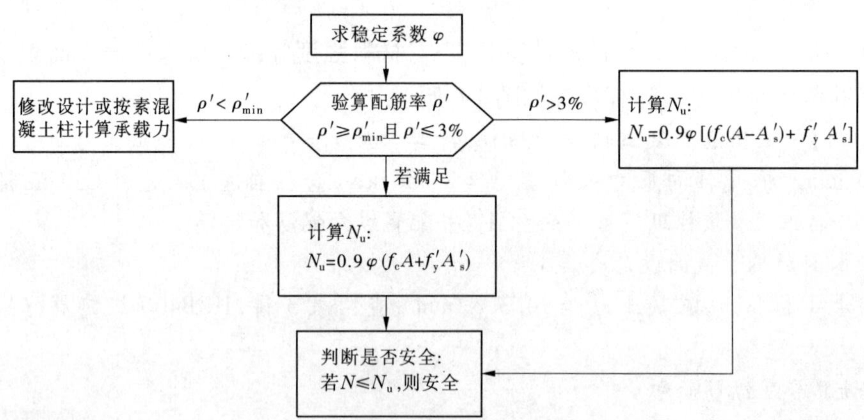

图 4-9　轴心受压构件截面承载力复核步骤

【例 4-2】　已知某钢筋混凝土轴心受压柱,柱截面尺寸 $b\times h=400\ \text{mm}\times400\ \text{mm}$,计算长度 $l_0=4.5\ \text{m}$,已配置 HRB400 级纵向受力钢筋 8 ⌀22($A_s'=3\ 041\ \text{mm}^2$),混凝土强度等级为 C40,承受轴向力设计值 $N=3\ 080\ \text{kN}$。试对该柱进行承载力复核。

解　本例题属于截面复核类。

查附表 1 得,C40 混凝土,$f_c=19.1\ \text{N/mm}^2$,查附表 3 得,HRB400 级钢筋,$f_y'=360\ \text{N/mm}^2$。

(1)求稳定系数。

长细比 $l_0/b=4.5/0.4=11.25$，查表4-1得 $\varphi=0.961$。

(2)验算配筋率。

$$\rho'_{\min}=0.55\%<\rho'=\frac{A'_s}{A}=\frac{3\,041}{400\times400}=1.9\%<3\%$$

(3)计算柱截面承载力。

$$N_u=0.9\varphi(f_cA+f'_yA'_s)=0.9\times0.961\times(19.1\times400\times400+360\times3\,041)\times10^{-3}$$
$$=3\,590(\mathrm{kN})>3\,080\ \mathrm{kN}$$

故此柱截面安全。

任务4.3　钢筋混凝土偏心受压柱

4.3.1　偏心受压构件正截面的破坏特征

钢筋混凝土偏心受压构件正截面的受力特点和破坏特征与轴向压力偏心距大小、纵向钢筋的数量、钢筋强度和混凝土强度等因素有关，一般可分为以下两种主要破坏形态。

4.3.1.1　大偏心受压破坏

在相对偏心距 e_0/h 较大，且受拉钢筋配置得不太多时，会发生这种破坏形态。短柱受力后，截面靠近偏心压力 N 的一侧（钢筋为 A'_s）受压，另一侧（钢筋为 A_s）受拉。随着荷载增大，受拉区混凝土先出现横向裂缝，裂缝的开展使受拉钢筋 A_s 的应力增长较快，首先达到屈服。中和轴向受压边移动，受压区混凝土压应变迅速增大，最后，受压区钢筋 A'_s 屈服，混凝土达到极限压应变而压碎，如图4-10所示。

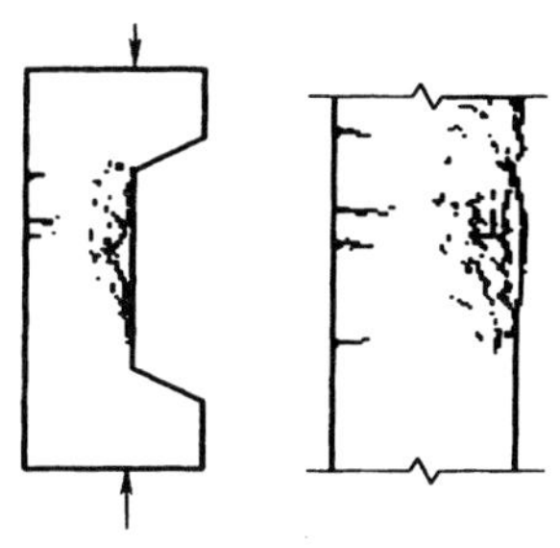

图4-10　大偏心受压破坏

许多大偏心受压短柱试验都表明，当偏心距较大，且受拉钢筋配筋率不高时，偏心受压构件的破坏是受拉钢筋首先到达屈服强度然后受压混凝土压坏。临近破坏时有明显的预兆，裂缝显著开展，称为受拉破坏。构件的承载能力取决于受拉钢筋的强度和数量。

4.3.1.2　小偏心受压破坏

小偏心受压就是压力 N 的初始偏心距 e_0 较小的情况。短柱受力后，截面处于全部受压或大部分受压而少部分受拉状态。其中，靠近偏心压力 N 的一侧（钢筋为 A'_s）受到的压应力较大，另一侧（钢筋为 A_s）压应力较小或拉应力较小。随着偏心压力 N 的逐渐增加，混凝土应力也增大。当靠近 N 一侧的混凝土压应变达到其极限压应变时，受压区边缘混凝土压碎，同时，该侧的受压钢筋 A'_s 也达到屈服。但是，破坏时另一侧的混凝土和钢筋 A_s 的应力都很小，在临近破坏时，受拉一侧才出现短而小的裂缝，如图4-11所示。

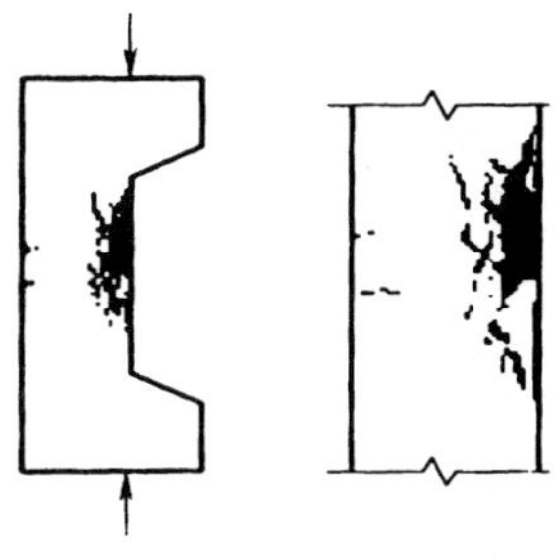

图4-11　小偏心受压破坏

4.3.2 界限破坏及大、小偏心受压的分界

4.3.2.1 界限破坏

在大偏心受压破坏和小偏心受压破坏之间，从理论上考虑存在一种“界限破坏”状态；当受拉区的受拉钢筋达到屈服时，受压区边缘混凝土的压应变刚好达到极限压应变值 ε_{cu}。这种特殊状态可作为区分大、小偏压的界限。二者的本质区别在于受拉区的钢筋是否屈服。

4.3.2.2 大、小偏心受压的分界

由于大偏心受压与受弯构件的适筋梁破坏特征类同，因此也可用相对受压区高度比值大小来判别。

$$\xi_b = \frac{\beta_1}{1 + \dfrac{f_y}{E_s \varepsilon_{cu}}} \tag{4-2}$$

当 $\xi < \xi_b$ 时，截面属于大偏心受压；

当 $\xi > \xi_b$ 时，截面属于小偏心受压；

当 $\xi = \xi_b$ 时，截面处于界限状态。

4.3.3 附加偏心距 e_a 和初始偏心距 e_i

由于实际工程中存在着荷载作用位置的不定性、混凝土质量的不均匀性及施工的偏差等因素，都可能产生附加偏心距。因此，在偏心受压构件正截面承载力计算中，应计入轴向压力在偏心方向存在的附加偏心距 e_a，其值应取 20 mm 和偏心方向截面尺寸的 1/30 两者中的较大值。引进附加偏心距后，在计算偏心受压构件正截面承载力时，应将轴向力作用点到截面形心的偏心距取为 e_i，称为初始偏心距。

$$e_i = e_0 + e_a \tag{4-3}$$

4.3.4 偏心受压构件弯矩设计值计算方法

钢筋混凝土受压构件在承受偏心轴力后，将产生纵向弯曲变形，即侧向挠度随着荷载的增大而不断增大，因而弯矩的增长也越来越明显，如图 4-12 所示。偏心受压构件计算中把截面弯矩中的 Ne_0 称为初始弯矩或一阶弯矩，将 N_y 或 N_f 称为附加弯矩或二阶弯矩，如图 4-13 所示。

当长细比较小时，偏心受压构件的纵向弯曲很小，附加弯曲的影响可忽略。《混凝土结构设计规范》(GB 50010—2010)规定：弯矩作用平面内截面对称的偏心受压构件，当同一主轴方向的杆端弯矩比值 M_1/M_2 不大于 0.9 且轴压比不大于 0.9 时，若构件的长细比满足式(4-4)的要求，可不考虑该方向构件自身挠曲产生的附加弯矩影响；若不满足，需按截面的两个主轴方向分别考虑构件挠曲产生的附加弯矩影响。

$$l_0/i \leqslant 34 - 12(M_1/M_2) \tag{4-4}$$

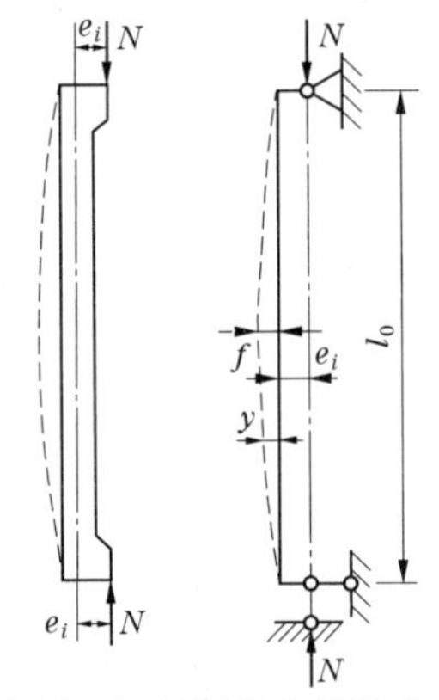

图4-12 钢筋混凝土长柱在荷载作用下的横向变形

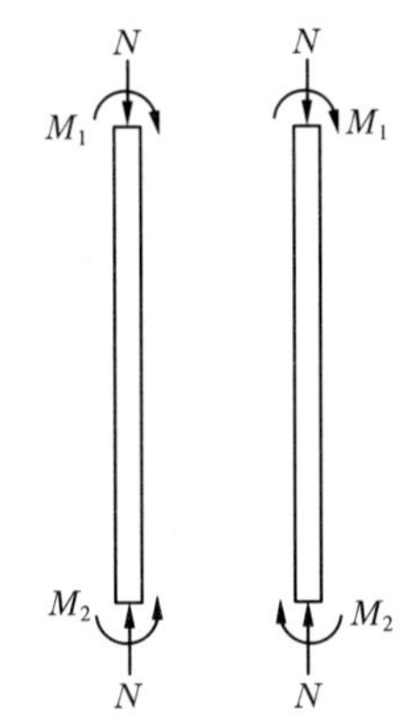

图4-13 偏心受压构件的弯曲

式中 M_1、M_2——偏心受压构件两端截面按结构分析确定的对同一主轴的组合弯矩设计值，绝对值较大端为 M_2，绝对值较小端为 M_1，当构件按单曲率弯曲时，M_1/M_2 取正值，否则取负值；

l_0——构件的计算长度，可近似取偏心受压构件相应主轴方向上、下支撑点之间的距离；

i——偏心方向的截面回转半径。

除排架结构柱以外的偏心受压构件，在其偏心方向上考虑杆件自身挠曲影响（附加弯矩或二阶弯矩）的控制截面弯曲设计值可按式(4-5)～式(4-8)计算：

$$M = C_m \eta_{ns} M_2 \tag{4-5}$$

$$C_m = 0.7 + 0.3\frac{M_1}{M_2} \geq 0.7 \tag{4-6}$$

$$\eta_{ns} = 1 + \frac{1}{1\,300(M_2/N + e_a)/h_0}\left(\frac{l_0}{h}\right)^2 \xi_c \tag{4-7}$$

$$\xi_c = 0.5 f_c A/N \tag{4-8}$$

式中 C_m——构件截面偏心距调节系数，当小于0.7时取为0.7；

η_{ns}——弯矩增大系数；

ξ_c——截面曲率修正系数，当计算值大于1.0时取为1.0；

N——与弯矩设计值 M_2 相应的轴向压力设计值；

h——截面高度；

h_0——截面有效高度；

A——构件截面面积。

其中，当 $C_m\eta_{ns}$ 小于1.0时取1.0；对剪力墙类构件及核心筒类构件，可取 $C_m\eta_{ns}$ 等于1.0。

4.3.5 偏心受压构件正截面承载力计算

4.3.5.1 矩形截面非对称配筋构件正截面承载力

1. 基本公式及适用条件

矩形截面偏心受压构件正截面承载力计算简图如图 4-14 所示。

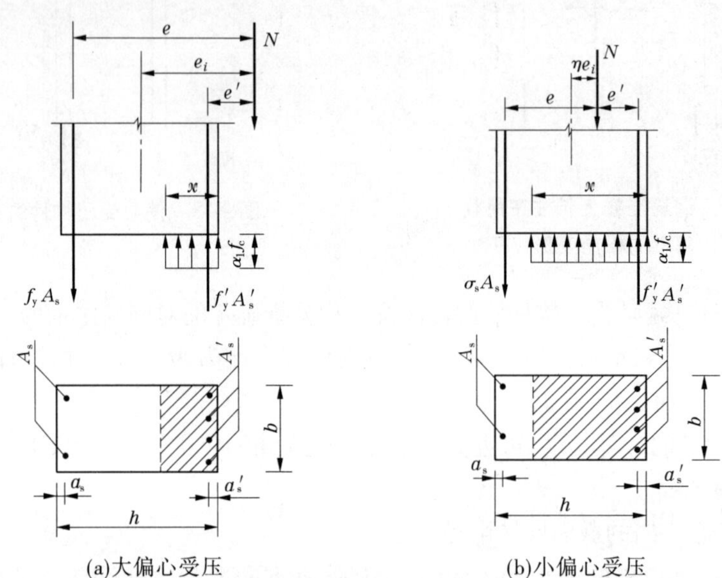

图 4-14 矩形截面偏心受压构件正截面承载力计算简图

(1)大偏心受压($\xi<\xi_b$):

$$\sum X=0, N \leqslant N_u=\alpha_1 f_c b x+f'_y A'_s-f_y A_s \tag{4-9}$$

$$\sum M=0, Ne \leqslant N_u e=\alpha_1 f_c b x\left(h_0-\frac{x}{2}\right)+f'_y A'_s\left(h_0-a'_s\right) \tag{4-10}$$

$$e=e_i+\frac{h}{2}-a_s \tag{4-11}$$

式中 N——轴向压力设计值,N;

x——混凝土受压区高度,mm;

e——轴向压力作用点至离 N 较远一侧钢筋合力点之间的距离,mm;

A_s——离 N 较远一侧钢筋截面面积,mm^2;

A'_s——离 N 较近一侧钢筋截面面积,mm^2。

公式的适用条件

$$x \geqslant 2a'_s \tag{4-12}$$

$$x \leqslant \xi_b h_0 \tag{4-13}$$

(2)小偏心受压($\xi>\xi_b$):

$$\sum X=0, N \leqslant N_u=\alpha_1 f_c b x+f'_y A'_s-\sigma_s A_s \tag{4-14}$$

$$\sum M=0, Ne \leqslant N_u e=\alpha_1 f_c b x\left(h_0-\frac{x}{2}\right)+f'_y A'_s\left(h_0-a'_s\right) \tag{4-15}$$

$$\sum M = 0, Ne \leq N_u e' = \alpha_1 f_c bx(\frac{x}{2} - a_s') - \sigma_s A_s(h_0 - a_s') \qquad (4\text{-}16)$$

式中,σ_s 根据实测结果可近似按式(4-17)计算:

$$-f_y' \leq \sigma_s = f_y \frac{\xi - \beta_1}{\xi_b - \beta_1} \leq f_y' \qquad (4\text{-}17)$$

注意:基本公式中 $x \geq 2a_s'$ 条件满足时,才能保证受压钢筋达到屈服。当 $x < 2a_s'$ 时,受压钢筋达不到屈服,其正截面的承载力按式(4-18)计算:

$$Ne' \leq f_y A_s(h_0 - a_s') \qquad (4\text{-}18)$$

式中 e'——轴向压力作用点到受压纵向钢筋合力点的距离,计算中应计入偏心距增大系数。

矩形截面非对称配筋的小偏心受压构件,《混凝土结构设计规范》(GB 50010—2010)规定,当 $N \geq f_c bh$ 时,还应按式(4-19)、式(4-20)验算:

$$Ne' \leq \alpha_1 f_c bx(h_0' - \frac{1}{2}h) + f_y' A_s'(h_0' - a_s) \qquad (4\text{-}19)$$

$$e' = \frac{h}{2} - a_s' - (e_0 - e_a) \qquad (4\text{-}20)$$

式中 e'——轴向压力作用点到受压区纵向钢筋合力点的距离;

h_0'——纵向受压钢筋合力点到截面远边的距离。

2. 公式的应用

计算可分为截面设计和截面复核两类。

(1)截面设计。

截面设计一般指配筋计算。在 A_s 及 A_s' 未确定以前,ξ 值是无法直接计算出来的,因此就无法用 ξ 和 ξ_b 做比较来判别是大偏心受压还是小偏心受压。根据常用的材料强度及统计资料可知:在一般情况下,当 $\eta e_i > 0.3h_0$ 时,可按大偏心受压情况计算 A_s 及 A_s';当 $\eta e_i \leq 0.3h_0$ 时,可按小偏压情况计算 A_s 及 A_s';在所有情况下,A_s 及 A_s' 还要满足最小配筋的规定;同时 $A_s + A_s'$ 不宜大于 $0.05bh_0$。

大偏心受压:

情况1:A_s 及 A_s' 均未知。

可利用基本公式(4-9)、式(4-10)计算,但有三个未知数 A_s、A_s' 和 x,即要补充一个条件才能得到唯一解。通常以 $A_s + A_s'$ 的总用量为最小作为补充条件,就应该充分发挥受压混凝土的作用并保证受拉钢筋屈服,此时,可取 $\xi = \xi_b$。

情况2:已知 A_s' 及 A_s。

此时,可直接利用基本公式(4-9)、式(4-10)求得唯一解,其计算过程与双筋矩形截面受弯构件类似,在计算中应注意验算适用条件。

小偏心受压:

情况1:A_s 及 A_s' 均未知。

由基本公式(4-14)~式(4-17)可看出,未知数总共有四个,即 A_s、A_s'、σ_s 和 ξ,因此要得出唯一解,需要补充一个条件。与大偏心受压的截面设计相仿,在 A_s 及 A_s' 均未知时,以$A_s + A'_s$为最小作为补充条件。

而在小偏心受压时，由于远离纵向力一侧的纵向钢筋不管是受拉还是受压均达不到屈服强度（除非是偏心距过小，且轴向力很大），因此一般可取A_s为按最小配筋率计算出钢筋的截面面积，这样得出的总用钢量为最少。故取$A_s = \rho_{min} bh$，这样解联立方程就可求出A'_s。

情况2：已知A_s求A'_s，或已知A'_s求A_s。

这种情况的未知数与可用的基本公式一致，可直接求出ξ和A_s或A'_s。

(2)截面复核。

进行截面复核时，一般已知b、h、A_s及A'_s，混凝土强度等级及钢筋级别，构件长细比l_0/h，轴心向力设计值N和偏心距e_0，验算截面是否能承受该N值，或已知N值时，求能承受的弯矩设计值M_u。

显然，需要解答的未知数为N和ξ，它与可利用的方程数是一致的，可直接利用方程求解。

求解时须先判别偏心受压类型。一般先从偏心受压的基本公式(4-9)、式(4-10)或式(4-14)、式(4-15)中消去N，求出x或ξ，若$x \leqslant \xi_b h_0$（或$\xi \leqslant \xi_b$），即可用该x或ξ进而求出N；若$x > \xi_b h_0$（或$\xi > \xi_b$），则应按小偏心受压重新计算ξ，最后求出N。

4.3.5.2 矩形截面对称配筋构件正截面承载力

在实际工程中，偏心受压构件在不同荷载作用下，可能会产生相反方向的弯矩，当其数值相差不大时，或即使相反方向弯矩相差较大，但按对称配筋设计求得的纵筋总量，比按非对称设计所得纵筋的总量增加不多时，为使构造简单及便于施工，宜采用对称配筋。

对称配筋是指截面的两侧用相同钢筋等级和数量的配筋，即$A_s = A'_s$，$f_y = f'_y$，$a_s = a'_s$。

对于矩形截面对称配筋的偏心受压构件计算，仍依据前述基本公式(4-9)～式(4-17)进行，也可分为截面设计和截面复核两种情况。

1. 截面设计

(1)大、小偏心受压构件的判别。

由大偏压计算公式$N \leqslant N_u = \alpha_1 f_c bx$得：

$$x = N/\alpha_1 f_c b \tag{4-21}$$

把$x = \xi h_0$代入式(4-21)，整理后可得到：

$$\xi = N/\alpha_1 f_c bh_0 \tag{4-22}$$

当$\xi < \xi_b$时，按大偏心受压构件设计；

当$\xi > \xi_b$时，按小偏心受压构件设计。

(2)大偏心受压构件($\xi < \xi_b$)。

当$2a'_s \leqslant x \leqslant \xi_b h_0$时，直接利用式(4-10)可得到：

$$A_s = A'_s = \frac{Ne - \alpha_1 f_c bx\left(h_0 - \dfrac{x}{2}\right)}{f'_y(h_0 - a'_s)} \tag{4-23}$$

当$x < 2a'_s$时，近似取$x = 2a'_s$，则$A'_s = A_s = \dfrac{Ne'}{f_y(h_0 - a'_s)}$。

(3)小偏心受压构件($\xi > \xi_b$)。

对称配筋的小偏心受压构件,由于 $A_s = A'_s$,即使在全截面受压情况下,也不会出现远离偏心压力作用点一侧混凝土先破坏的情况。

首先应计算截面受压区高度 x。《混凝土结构设计规范》(GB 50010—2010)建议矩形截面对称配筋的小偏心受压构件截面相对受压区高度 ξ 按式(4-24)计算:

$$\xi = \frac{N - \alpha_1 f_c b h_0 \xi_b}{\dfrac{Ne - 0.43\alpha_1 f_c b h_0^2}{(\beta_1 - \xi_b)(h_0 - a'_s)} + \alpha_1 f_c b h_0} + \xi_b \tag{4-24}$$

式中　β_1——截面受压区矩形应力区高度与实际受压区高度的比值。

求得 ξ 的值后,由式(4-15)可求得所需的钢筋截面面积 A'_s。

$$A'_s = \frac{Ne - \alpha_1 f_c b h_0^2 \xi(1 - 0.5\xi)}{f'_y(h_0 - a'_s)} \tag{4-25}$$

2. 截面复核

截面复核仍是对偏心受压构件垂直于弯矩作用方向和弯矩作用方向都进行计算,计算方法与截面非对称配筋方法相同。

【例4-3】　某矩形截面钢筋混凝土柱,构件环境类别为一类。$b = 400$ mm,$h = 600$ mm。柱的计算长度 $l_0 = 7.2$ m。承受轴向压力设计值 $N = 1\,000$ kN,柱两端弯矩设计值分别为 $M_1 = 400$ kN·m,$M_2 = 450$ kN·m。该柱若采用HRB400级钢筋,混凝土强度等级为C25,$a_s = a'_s = 45$ mm。若采用非对称配筋,试求纵向钢筋截面面积。

解　(1)材料强度和几何参数。C25混凝土:$f_c = 11.9$ N/mm^2,HRB400级钢筋:$f_y = f'_y = 360$ N/mm^2,$\xi_b = 0.518$,$\alpha_1 = 1.0$,$\beta_1 = 0.8$。

(2)求弯矩设计值(考虑二阶效应后):

由于 $M_1/M_2 = 400/450 = 0.889$

$$i = \sqrt{\frac{I}{A}} = \sqrt{\frac{1}{12}}h = \sqrt{\frac{1}{12}} \times 600 = 173.2(\text{mm})$$

$l_0/i = 7\,200/173.2 = 41.57(\text{mm}) > 34 - 12\dfrac{M_1}{M_2} = 23.33(\text{mm})$,应考虑附加弯矩的影响。

$$h_0 = h - a_s = 600 - 45 = 555(\text{mm})$$

根据式(4-6)~式(4-8)有:

$\xi_c = \dfrac{0.5 f_c A}{N} = \dfrac{0.5 \times 11.9 \times 400 \times 600}{1\,000 \times 10^3} = 1.428 > 1.0$,取 $\xi_c = 1.0$

$$C_m = 0.7 + 0.3\frac{M_1}{M_2} = 0.7 + 0.3 \times \frac{400}{450} = 0.966\,7$$

e_a 取20 mm和 $e_a = \dfrac{h}{30} = \dfrac{600}{30} = 20(\text{mm})$ 两者中的较大值,故 e_a 取20 mm。

$$\eta_{ns} = 1 + \frac{1}{1\,300(M_2/N + e_a)/h_0}\left(\frac{l_0}{h}\right)^2 \xi_c$$

$$= 1 + \frac{1}{1\ 300 \times (450 \times 10^6/1\ 000 \times 10^3 + 20)/555}\left(\frac{7\ 200}{600}\right)^2 \times 1.0 = 1.13$$

考虑纵向挠曲影响后的弯矩设计值为：

$$M = C_m \eta_{ns} M_2 = 0.966\ 7 \times 1.13 \times 450 = 491.57(\text{kN} \cdot \text{m})$$

(3)求 e_i，判别大、小偏心受压。

$$e_0 = \frac{M}{N} = \frac{491.57 \times 10^6}{1\ 000 \times 10^3} = 491.57(\text{mm})$$

$$e_i = e_0 + e_a = 491.57 + 20 = 511.57(\text{mm}), e_i > 0.3h_0 = 0.3 \times 555 = 166.5(\text{mm})$$

可先按大偏心受压计算。

(4)求 A_s 及 A'_s。

因 A_s 及 A'_s 均为未知，取 $\xi = \xi_b = 0.518$，且 $\alpha_1 = 1.0$

$$e = e_i + \frac{h}{2} - a_s = 511.57 + 300 - 45 = 766.57(\text{mm})$$

$$A'_s = \frac{Ne - \alpha_1 f_c b h_0^2 \xi_b (1 - 0.5\xi_b)}{f'_y (h_0 - a'_s)}$$

$$= \frac{1\ 000 \times 10^3 \times 766.57 - 1.0 \times 11.9 \times 400 \times 555^2 \times 0.518 \times (1 - 0.5 \times 0.518)}{360 \times (555 - 45)}$$

$$= 1\ 109.95(\text{mm}^2) > 0.002bh = 0.002 \times 400 \times 600 = 480(\text{mm}^2)$$

$$A_s = \frac{\alpha_1 f_c b h_0 \xi_b + f'_y A'_s - N}{f_y}$$

$$= \frac{1.0 \times 11.9 \times 400 \times 555 \times 0.518 + 360 \times 1\ 109.95 - 1\ 000 \times 10^3}{360}$$

$$= 2\ 133.43(\text{mm}^2)$$

(5)选择钢筋。

选择受压钢筋为 3 Φ 22，$A'_s = 1\ 140\ \text{mm}^2$；受拉钢筋为 3 Φ 25 + 2 Φ 22，$A_s = 2\ 233\ \text{mm}^2$，则 $A'_s + A_s = 1\ 140 + 2\ 233 = 3\ 373(\text{mm}^2)$，全部纵向钢筋的配筋率：

$\rho = \frac{3\ 373}{400 \times 600} \times 100\% = 1.4\% > 0.55\%$，满足要求。

【例 4-4】 条件同例 4-3，但采用对称配筋。

解 (1)已知条件，由例 4-3 得 $a_s = a'_s = 45$ mm，$b \times h_0 = 400\ \text{mm} \times 555\ \text{mm}$，$N = 1\ 000$ kN，$f_y = f'_y = 360\ \text{N/mm}^2$，$\xi_b = 0.518$，$\alpha_1 = 1.0$，$f_c = 11.9\ \text{N/mm}^2$，$e_i = 511.57$ mm，$e = 766.57$ mm。

(2)判别偏心受压类型。

$$N_b = \alpha_1 f_c b h_0 \xi_b = 1.0 \times 11.9 \times 400 \times 555 \times 0.518 = 1\ 368.4(\text{kN}) > N$$

为大偏心受压。

(3)计算 ξ 和配筋。

$$\xi = \frac{N}{\alpha_1 f_c b h_0} = \frac{1\ 000 \times 10^3}{1.0 \times 11.9 \times 400 \times 555} = 0.378 > \frac{2a'_s}{h_0} = \frac{2 \times 45}{555} = 0.162$$

$$A_s = A_s' = \frac{Ne - \alpha_1 f_c b h_0^2 \xi (1 - 0.5\xi)}{f_y'(h_0 - a_s')}$$

$$= \frac{1\ 000 \times 10^3 \times 766.57 - 1.0 \times 11.9 \times 400 \times 555^2 \times 0.378 \times (1 - 0.5 \times 0.378)}{360 \times (555 - 45)}$$

$$= 1\ 727.1(\text{mm}^2) > 0.002bh = 0.002 \times 400 \times 600 = 480(\text{mm}^2)$$

每边选用纵筋3 ⏀22 +2 ⏀20 对称配置，$A_s = A_s' = 1\ 769\ \text{mm}^2$，按构造要求箍筋选用⏀8@250。

与例4-3比较可知，采用对称配筋时，钢筋总量1 727.1 ×2 =3 454.2(mm²)要比非对称配筋1 109.95 +2 132.12 =3 242.07(mm²)多，并且偏心距越大，对称配筋的总用钢量越多。

4.3.6 偏心受压构件斜截面抗剪强度计算

4.3.6.1 试验研究分析

在偏心受压构件中一般都伴随有剪力作用。试验表明，当轴向压力不太大时，轴向压力对构件的抗剪强度起有利作用。这是由于轴向压力的存在将使斜裂缝的出现相对推迟，斜裂缝宽度也发展得相对较慢。当 $N/f_c bh$ 在0.3 ~0.5范围内时，轴向压力对抗剪强度的有利影响达到峰值；若轴向压力更大，则构件的抗剪强度反而会随着 N 的增大而逐渐下降。

4.3.6.2 偏心受压构件斜截面承载力计算公式

1.计算公式

其斜截面受剪承载力按式(4-26)计算：

$$V = \frac{1.75}{\lambda + 1} f_t b h_0 + f_{yv} \frac{A_{sv}}{s} h_0 + 0.07N \tag{4-26}$$

式中 λ——偏心受压构件计算截面的剪跨比；

N——与剪力设计值 V 相对应的轴向压力设计值，当 $N > 0.3 f_c A$ 时，取 $N = 0.3 f_c A$，A 为构件的截面面积。

2.计算剪跨比的取值

对各类结构的框架柱，宜取 $\lambda - \frac{M}{Vb_0}$；对框架结构中的框架柱，当其反弯点在层高范围内时，可取 $\lambda = \frac{H_n}{2h_0}$；当 $\lambda < 1$ 时，取 $\lambda = 1$；当 $\lambda > 3$ 时，取 $\lambda = 3$；此处 H_n 为柱净高，M 为计算截面上与剪力设计值 V 相应的弯矩设计值。

对其他偏心受压构件，当承受均布荷载时，取 $\lambda = 1.5$；当承受集中荷载时（包括作用有多种荷载且集中荷载对支座截面或节点边缘所产生的剪力值占总剪力值75%以上时），取 $\lambda = a/h_0$；当 $\lambda < 1.5$ 时，取 $\lambda = 1.5$；当 $\lambda > 3$ 时，取 $\lambda = 3$。此处，a 为集中荷载至支座或节点边缘的距离。

3.公式的适用条件

为了防止箍筋充分发挥作用之前产生由混凝土的斜向压碎引起的斜压型剪切破坏，

框架柱截面还必须满足下列条件：

$$V \leqslant 0.25\beta_c f_c b h_0 \tag{4-27}$$

当满足

$$V \leqslant \frac{1.75}{\lambda + 1.5} f_t b h_0 + 0.07N \tag{4-28}$$

条件时，框架柱就可不进行斜截面抗剪强度计算，按构造要求配置箍筋。

任务 4.4 受拉构件设计

4.4.1 受拉构件的类型

当构件受到纵向拉力时，称为受拉构件。当纵向拉力作用线与构件截面形心轴线重合时，称为轴心受拉构件；当纵向拉力作用线与构件截面形心轴线不重合或构件上同时既作用纵向拉力又作用弯矩时，则称为偏心受拉构件，如图 4-15 所示。

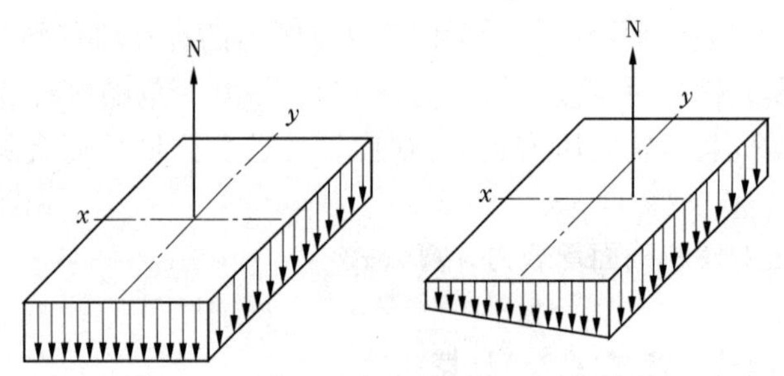

图 4-15 轴心受拉构件与偏心受拉构件

在实际结构中，各种原因都会导致力作用轴线与构件截面形心轴线不完全重合，存在初始偏心距。例如材料的不均匀性、施工中的误差、荷载作用位置的偏移等。可以说理论上完全理想的轴心受力构件在实际工程中是不存在的。考虑到有些构件如钢筋混凝土桁架中的拉杆、有内压力的圆管管壁、圆形水池的环形池壁等，实际的偏心距非常小，可近似看作轴心受拉构件，按照轴心受拉构件计算，这样既简便又误差不大。

4.4.2 轴心受拉构件

4.4.2.1 轴心受拉构件的破坏特征

钢筋混凝土轴心受拉构件从加载到破坏大致经历三个阶段：开裂之前混凝土与钢筋共同承担拉力；随着拉力的增大，混凝土先出现开裂，裂缝随后贯穿构件的整个横截面，开裂截面的混凝土退出工作，这时拉力全部由钢筋承担；随着构件中拉力的进一步增大，钢筋中的拉应力也不断增长，当钢筋上的拉应力达到屈服应力时，混凝土裂缝开展很大，认为构件达到了破坏状态。

4.4.2.2 轴心受拉构件正截面承载力计算

试验表明，轴心受拉构件破坏时，混凝土已退出工作，全部拉力由钢筋来承受，直到钢筋受拉屈服。由此可知，轴心受拉构件的承载力只与纵向受拉钢筋有关，承载力大小取决于钢筋的屈服强度和钢筋截面面积的大小。

轴心受拉构件正截面受拉承载力计算的基本公式为

$$N \leqslant N_u = f_y A_s \tag{4-29}$$

式中　N——轴向拉力设计值；

A_s——纵向受拉钢筋的全部截面面积；

f_y——受拉钢筋的抗拉强度设计值。

4.4.3　偏心受拉构件

根据偏心拉力的作用位置，将偏心受拉构件分为大偏心受拉和小偏心受拉两种，如图 4-16所示。当轴向拉力作用在 A_s 和 A'_s 之间（A_s 为距离轴向拉力较近一侧纵筋，A'_s 为距离轴向拉力较远一侧纵筋）时，属于小偏心受拉；当轴向拉力作用于 A_s 和 A'_s 之外时，属于大偏心受拉。

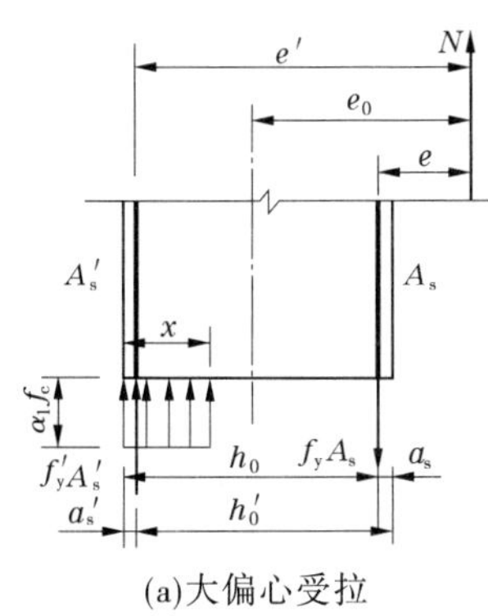

(a)大偏心受拉

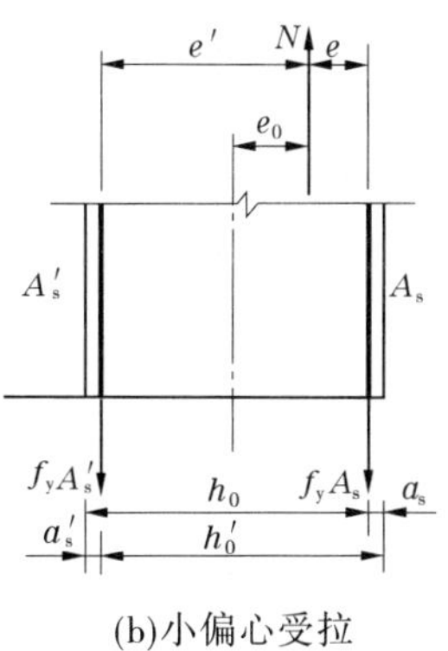

(b)小偏心受拉

图 4-16　偏心受拉破坏形态

4.4.3.1　大偏心受拉构件

1. 大偏心受拉破坏（$e_0 > \frac{h}{2} - a_s$）

由于轴向拉力 N 的偏心距较大，则构件距离轴向拉力较近的一侧受拉，另一侧则受压。随着荷载增加，破坏时构件应力较大一侧的混凝土先开裂，但裂缝并不贯穿全截面，最终受压钢筋屈服，混凝土被压碎。其破坏特征与大偏心受压破坏特征类似。

2. 大偏心受拉承载力计算公式及适用条件

矩形截面大偏心受拉构件极限状态截面应力分布情况如图 4-16（a）所示。构件破坏时，钢筋应力都达到屈服强度，受压区混凝土达到极限压应变，强度达到 $\alpha_1 f_c$。

由平衡条件 $\sum N = 0$，可得：

$$N \leqslant f_y A_s - f'_y A'_s - \alpha_1 f_c bx \tag{4-30}$$

由 $\sum M_A = 0$ 可得：

$$Ne \leqslant \alpha_1 f_c bx\left(h_0 - \frac{x}{2}\right) + f'_y A'_s (h_0 - a'_s) \tag{4-31}$$

式中　e——轴向拉力作用点至 A'_s 合力点的距离，$e = e_0 - h/2 + a_s$。

适用条件如下：

(1) $2a'_s \leqslant x \leqslant x_b$。

(2) A_s 和 A'_s 应满足最小配筋率的要求。

当 $x < 2a'_s$ 时，取 $x = 2a'_s$，即受压区混凝土应力的合力与受压纵筋应力的合力相重合，对受压钢筋合力点取矩 $\sum M_A = 0$，可得：

$$Ne' \leqslant f_y A_s (h_0 - a'_s) \tag{4-32}$$

其中，$e' = e_0 + \frac{h}{2} - a'_s$。

3. 大偏心受拉构件对称配筋截面设计

当采用对称配筋时，由于 $A_s = A'_s$，将 f_y 和 f'_y 代入式(4-32)可知，x 为负值。即 $x < 2a'_s$，取 $x = 2a'_s$，则：

$$A'_s = A_s = \frac{Ne'}{f_y (h_0 - a'_s)} \tag{4-33}$$

4. 大偏心受拉构件非对称配筋截面设计

情况Ⅰ：已知拉力设计值 N，截面尺寸 $b \times h$，材料强度，求受拉钢筋截面面积 A_s 和受压钢筋截面面积 A'_s。

分析：两个基本方程中有三个未知数，A_s、A'_s 和 x，故无唯一解。为使总配筋截面面积 $(A_s + A'_s)$ 最小，可取 $x = \xi_b h_0$，计算步骤如下：

(1) 取定 a_s 和 a'_s，计算 h_0；判别大、小偏心受拉构件，若 $e_0 = \frac{M}{N} > \frac{h}{2} - a_s$，则属于大偏心受拉。

(2) 计算 A'_s。$e = e_0 - \frac{h}{2} + a_s$ 及 $x = \xi_b h_0$，代入式(4-31)，可得：$A'_s = \dfrac{Ne - \alpha_1 f_c bx(h_0 - \frac{x}{2})}{f'_y (h_0 - a'_s)}$，并验算是否满足 $A'_s \geqslant \rho'_{min} bh$。

若 $A'_s < \rho_{min} bh$，则取 $A'_s = 0.002bh$，然后按 A'_s 为已知情况计算。

(3) 计算 $A_s = \dfrac{N + f'_y A'_s + \alpha_1 f_c b \xi_b h_0}{f_y}$，并验算是否满足 $A_s \geqslant \rho_{min} bh$。

(4) 配筋，画图。

情况Ⅱ：已知拉力设计值 N，截面尺寸 $b \times h$，材料强度，受压钢筋截面面积 A'_s，求受拉钢筋截面面积 A_s。

计算步骤如下：

(1) 取定 a_s 和 a'_s，计算 h_0；判别大、小偏心受拉构件，若 $e_0 = \frac{M}{N} > \frac{h}{2} - a_s$，则属于大偏心受拉。

(2) 计算 x。$e = e_0 - \frac{h}{2} + a_s$，$x = h_0 - \sqrt{h_0^2 - 2\left[\dfrac{Ne - f'_y A'_s (h_0 - a'_s)}{\alpha_1 f_c b}\right]}$，并验算是否满足 $x \leqslant \xi_b h_0$，且 $x \geqslant 2a'_s$。

(3)计算 A_s。

若满足,则 $A_s=\dfrac{N+f_y'A_s'+\alpha_1 f_c bx}{f_y}$,并验算是否满足 $A_s\geqslant\rho_{min}bh$;若 $x<2a_s'$,取 $x=2a_s'$,$e'=e_0+0.5h-a_s'$,$A_s=\dfrac{Ne'}{f_y(h_0'-a_s')}$,并验算是否满足 $A_s\geqslant\rho_{min}bh$。

(4)配筋,画图。

4.4.3.2 小偏心受拉构件

1. 小偏心受拉破坏特征($0<e_0\leqslant\dfrac{h}{2}-a_s$)

小偏心受拉破坏过程中全截面承受拉力作用,计算简图如图4-18所示,破坏前裂缝贯穿整个界面,混凝土全部退出工作,拉力由两侧纵筋承担。当两侧纵筋达到屈服时,截面达到破坏状态。

2. 小偏心受拉承载力计算公式及适用条件

对隔离体进行受力分析,如图4-16(b)所示,由力的平衡条件 $\sum N=0$ 可得:

$$N\leqslant f_yA_s+f_y'A_s' \tag{4-34}$$

由力矩平衡 $\sum N=0$ 可得:

$$Ne\leqslant f_yA_s'(h_0-a_s') \tag{4-35}$$

$$Ne'\leqslant f_yA_s(h_0'-a_s) \tag{4-36}$$

其中,$e=\dfrac{h}{2}-e_0-a_s$,$e'=\dfrac{h}{2}+e_0-a_s'$。

3. 小偏心受拉构件对称配筋截面设计

当采用对称配筋时,离轴向拉力较远一侧的纵筋 A_s' 的应力达不到屈服强度,此时可按下列公式计算:

$$A_s=A_s'=\frac{Ne'}{f_y(h_0'-a_s)} \tag{4-37}$$

4. 小偏心受拉构件非对称配筋截面设计

已知拉力设计值 N,截面尺寸 $b\times h$,材料强度,求纵向钢筋截面面积 A_s、A_s'。

(1)取定 a_s 和 a_s',计算 h_0;判别大、小偏心受拉构件,若 $e_0=\dfrac{M}{N}<\dfrac{h}{2}-a_s$,则属于小偏心受拉。

(2)计算 A_s'、A_s。

$e'=e_0+0.5h-a_s'$,$e=\dfrac{h}{2}-e_0-a_s$,$A_s'=\dfrac{Ne}{f_y}(h_0-a_s')$,并验算是否满足 $A_s\geqslant\rho_{min}bh$;$A_s=\dfrac{Ne'}{f_y(h_0'-a_s)}$,并验算是否满足 $A_s'\geqslant\rho_{min}bh$。

(3)配筋,画图。

【例4-5】 某钢筋混凝土偏心受拉构件,$b\times h=250\text{ mm}\times400\text{ mm}$,$a_s=a_s'=40\text{ mm}$,承受纵向拉力设计值 $N=450$ kN,弯矩设计值 $M=135$ kN·m,采用C30混凝土,HRB335

级钢筋，求所需钢筋 A_s 和 A'_s。(f_y 和 $f'_y=300\ \text{N/mm}^2$，$f_t=1.43\ \text{N/mm}^2$，$f_c=14.3\ \text{N/mm}^2$)

解 (1)判断大、小偏心。

$$h_0=h-a_s=400-40=360(\text{mm}),h'_0=h-a'_s=400-40=360(\text{mm})$$

$$e_0=\frac{M}{N}=\frac{135\ 000}{450}=300(\text{mm})>\frac{h}{2}-a_s=\frac{400}{2}-40=160(\text{mm})$$

纵向拉力作用在两侧钢筋之外，属于大偏心受拉。

(2)求 A'_s。

取 $$x=\xi_b h_0=0.550\times360=198(\text{mm})$$

$$e=e_0-\frac{h}{2}+a_s=300-\frac{400}{2}+40=140(\text{mm})$$

$$A'_s=\frac{Ne-\alpha_1 f_c bx(h_0-0.5x)}{f'_y(h_0-a'_s)}=\frac{450\ 000\times140-1.0\times14.3\times250\times198\times(360-0.5\times198)}{300\times(360-40)}$$
$$=-1\ 268.2(\text{mm}^2)<0$$

取 $A'_s=\rho'_{\min}bh_0=0.002\times250\times400=200(\text{mm}^2)$ 和 $A'_s=0.45f_t/f_ybh=0.45\times\frac{1.43}{300}\times250\times400=214.5(\text{mm}^2)$ 中的较大值，选用 2 Φ 12($A'_s=226\ \text{mm}^2$)。

(3)求 A_s。

把 $A'_s=226\ \text{mm}^2$ 代入 $Ne\leqslant\alpha_1 f_c bx(h_0-\frac{x}{2})+f'_yA'_s(h_0-a'_s)$ 得：

$$450\ 000\times140-1.0\times14.3\times250x(360-0.5x)-300\times226\times(360-40)=0$$

得 $x=33.7\ \text{mm}<2a'_s=2\times40=80(\text{mm})$

$$e'=\frac{h}{2}+e_0-a'_s=\frac{400}{2}+300-40=460(\text{mm})$$

$$A_s=\frac{Ne'}{f_y(h'_0-a_s)}=\frac{450\ 000\times460}{300\times(360-40)}=2\ 156.25(\text{mm}^2)$$

选用 2 Φ 22 + 3 Φ 25($A_s=2\ 233\ \text{mm}^2$)。

$$A_s>\max(\rho'_{\min},0.45f_t/f_y)bh=\text{Max}(0.2\%,0.214\ 5\%)\times250\times400=214.5(\text{mm}^2)$$

【例 4-6】 某钢筋混凝土偏心受拉构件，$b\times h=300\ \text{mm}\times400\ \text{mm}$，$a_s=a'_s=35\ \text{mm}$，承受纵向拉力设计值 $N=550\ \text{kN}$，弯矩设计值 $M=55\ \text{kN·m}$，采用 C25 混凝土，HRB335 级钢筋，求所需钢筋 A_s 及 A'_s($f_y=f'_y=300\ \text{N/mm}^2$，$f_t=1.27\ \text{N/mm}^2$)。

解 (1)判别大、小偏心。

$$h_0=h-a_s=400-35=365\ \text{mm},h'_0=h-a'_s=400-35=365(\text{mm})$$

$$e_0=\frac{M}{N}=\frac{55\ 000}{550}=100(\text{mm})<\frac{h}{2}-a_s=\frac{400}{2}-35=165(\text{mm})$$

纵向拉力作用在两侧钢筋之间，属于小偏心受拉。

(2)求 A_s 及 A'_s。

$$e=\frac{h}{2}-e_0-a_s=\frac{400}{2}-100-35=65(\text{mm})$$

$$e'=\frac{h}{2}+e_0-a'_s=\frac{400}{2}+100-35=265(\text{mm})$$

$$A_s = \frac{Ne'}{f_y(h_0' - a_s)} = \frac{550\ 000 \times 265}{300 \times (365 - 35)} = 1\ 472.2(\text{mm}^2)$$

选用3 Φ25（$A_s = 1\ 473\ \text{mm}^2$）。

$$A_s' = \frac{Ne}{f_y(h_0 - a_s')} = \frac{550\ 000 \times 65}{300 \times (365 - 35)} = 361.1(\text{mm}^2)$$

$$\rho'_{\min} \text{ 取 } 0.2\% \text{ 与 } 0.45\frac{f_t}{f_y} = 0.190\ 5\% \text{ 中的较大值}$$

$$\rho'_{\min}bh = 0.2\% \times 300 \times 400 = 240(\text{mm}^2) < A_s' = 361.1\ \text{mm}^2$$

选用2 Φ16（$A_s' = 402\ \text{mm}^2$）。

4.4.4 偏心受拉构件斜截面承载力计算

与偏心受压构件相同，偏心受拉构件截面中也有剪力作用。对于弯矩较大的偏心受拉构件，相应的剪力也较大，故需进行斜截面抗剪承载力计算。试验表明，轴向拉力的存在，将使构件的抗剪承载力降低，降低的幅度随拉力增加而增大。

《混凝土结构设计规范》（GB 50010—2010）给出偏心受拉构件斜截面承载力计算公式：

$$V \leqslant \frac{1.75}{\lambda + 1}f_t bh_0 + f_{yv}\frac{A_{sv}}{s}h_0 - 0.2N \tag{4-38}$$

式中 N——与剪力设计值 V 相应的轴向拉力设计值；

λ——计算截面剪跨比，取值同偏心受压构件。

当式（4-38）右边的计算值小于 $f_{yv}\frac{A_{sv}}{s}h_0$ 时，应取 $f_{yv}\frac{A_{sv}}{s}h_0$，且 $f_{yv}\frac{A_{sv}}{s}h_0$ 不得小于 $0.36f_t bh_0$。

小 结

1. 轴心受压构件的承载力由混凝土和纵向受力钢筋两部分抗压能力组成，同时要考虑纵向弯曲对构件截面承载力的影响，其计算公式为 $N \leqslant 0.9\varphi(f_c A + f_y' A_s')$。

2. 高强度钢筋在受压构件中不能发挥作用，因此在受压构件中不宜采用高强度钢筋。

3. 偏心受压构件按其破坏特征不同，分为大偏心受压构件和小偏心受压构件。$\xi = \frac{x}{h_0} \leqslant \xi_b$，为大偏心受压破坏；$\xi = \frac{x}{h_0} > \xi_b$，为小偏心受压破坏。

4. 对称配筋即在柱弯矩作用方向的两边对称配置相同的纵向受力钢筋（$A_s = A_s'$，$f_y = f_y'$）。对称配筋构造简单，施工方便，不易出错，但用钢量较大，为了设计、施工方便，通常采用对称配筋。

5. 在大偏心受压承载力极限状态时，受拉钢筋和受压钢筋都达到屈服，混凝土压应力图形与适筋梁相同，据此建立的两个平衡方程是进行截面选择和承载力校核的依据。

6. 大偏心受拉构件破坏特征与大偏心受压破坏特征类似，小偏心受拉破坏过程中全截面承受拉力作用，破坏前，裂缝贯穿整个界面，混凝土全部退出工作，拉力由两侧纵筋承担。当两侧纵筋达到屈服强度时，截面达到破坏状态。

7. 大、小偏心受拉构件的判断条件：小偏心受拉破坏（$0 < e_0 \leqslant \frac{h}{2} - a_s$），大偏心受拉破坏（$e_0 > \frac{h}{2} - a_s$）。

工作任务

一、填空题

1. 钢筋混凝土轴心受压构件的承载力由____________和____________两部分抗压能力组成。

2. 钢筋混凝土柱中箍筋的作用之一是约束纵筋，防止纵筋受压后____________。

3. 钢筋混凝土柱中纵向钢筋净距不应小于____________ mm。

二、判断题

1. 大偏心受压破坏的截面特征是：受压钢筋先屈服，最终受压边缘的混凝土也因压应变达到极限值而破坏。（　　）

2. 一般柱中箍筋的加密区位于柱的中间部位。（　　）

三、计算题

1. 某钢筋混凝土矩形偏心受拉构件，$b \times h = 300\ \text{mm} \times 500\ \text{mm}$，$a_s = a_s' = 40\ \text{mm}$，承受纵向拉力设计值 $N = 600\ \text{kN}$，弯矩设计值 $M = 48\ \text{kN} \cdot \text{m}$，采用 C30 混凝土，HRB335 级钢筋，求所需钢筋 A_s 及 A_s'。

2. 某钢筋混凝土偏心受拉构件，$b \times h = 200\ \text{mm} \times 400\ \text{mm}$，$a_s = a_s' = 35\ \text{mm}$，承受纵向拉力设计值 $N = 450\ \text{kN}$，弯矩设计值 $M = 100\ \text{kN} \cdot \text{m}$，采用 C25 混凝土，HRB335 级钢筋，求所需钢筋 A_s 及 A_s'。

3. 某钢筋混凝土轴心受压柱，截面尺寸为 350 mm×350 mm，计算长度 $l_0 = 3.85\ \text{m}$，混凝土强度等级为 C30，纵筋和箍筋为 HRB400，承受轴心压力设计值 $N = 1\ 800\ \text{kN}$。试根据计算和构造选配纵筋和箍筋。

4. 某轴心受压柱，截面尺寸为 300 mm×300 mm，已配置 4 Φ 18 纵向受力钢筋，混凝土为 C30，柱的计算长度为 4.6 m，该柱承受的轴向力设计值 $N = 980\ \text{kN}$。试校核其截面承载力。

5. 已知矩形截面柱，处于一类环境，截面尺寸为 400 mm×400 mm，计算长度为 3 m，轴力设计值为 $N = 350\ \text{kN}$，荷载作用偏心距 $e_0 = 150\ \text{mm}$，计算长度为 4 m，选用 C25 混凝土和 HRB335 级钢筋，求截面纵向配筋。

四、思考题

1. 如何判别偏心受压(受拉)构件的类型?
2. 说明大、小偏心受压(受拉)破坏的发生条件和破坏特征。
3. 偏心受压柱采用对称配筋有什么优点和缺点?
4. 哪些构件属于受拉构件?
5. 受压构件配置箍筋有什么作用? 与梁的箍筋比较有什么不同?

项目5　钢筋混凝土结构施工图

【学习重点】

常用构件的代号，结构说明，基础结构图，各楼层结构平面图，梁配筋平法表示方法，柱配筋平法表示方法，构件详图的识读和水工钢筋混凝土构件结构施工图。

【能力要求】

能力目标	相关知识
1. 了解结构设计总说明的内容及图纸目录； 2. 能够读懂结构设计总说明	柱配筋图 结构设计总说明
1. 理解板、梁配筋图的作用和表示方法； 2. 能够识读板、梁配筋图	板、梁配筋图
1. 理解柱配筋图的作用和表示方法； 2. 能够识读柱配筋图	柱配筋图
1. 理解楼梯结构详图的作用和表示方法； 2. 能够识读楼梯结构详图	楼梯配筋图
1. 配筋图；2. 钢筋表；3. 说明或附注	钢筋混凝土构件结构施工图

【技能目标】

通过本章的学习，使学生了解结构施工图的分类、内容和一般规定；掌握传统和平法钢筋混凝土构件结构施工图的图示方法与识读技巧；了解基础平面布置图、结构平面布置图、结构构件详图的概念、图示方法、相关规定，以及绘制方法和步骤。

引例：某工程框架结构二层，主体结构高 7.2 m，如图 5-1 所示；该工程框架梁的配筋图如图 5-2 所示，同学们是否能准确地说出该图每根梁的配筋？

思考：为什么要用这种方法来画结构施工图？

本项目将重点介绍这种结构施工图的绘制和识读。

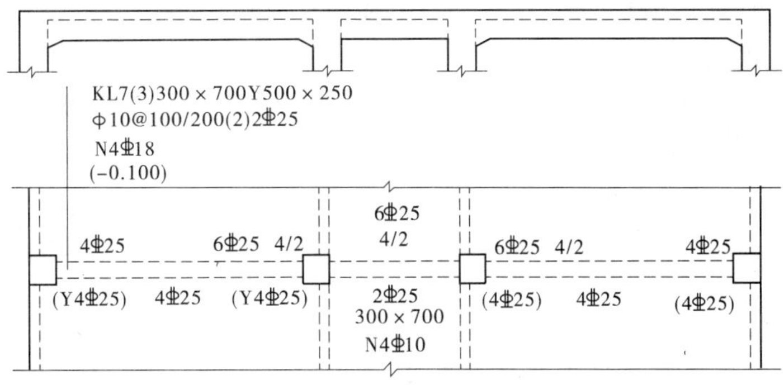

图 5-1　梁的配筋图(一)

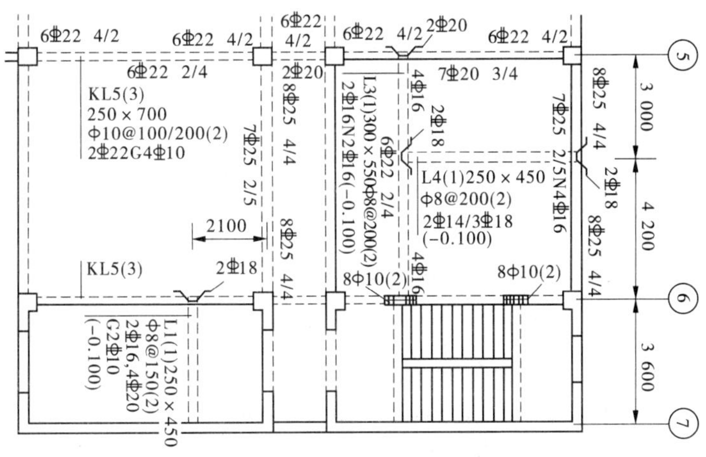

图 5-2　梁的配筋图(二)　(单位:mm)

任务 5.1　了解结构施工图

5.1.1　结构施工图的内容与作用

5.1.1.1　结构施工图的内容

结构施工图主要表示承重构件(基础、墙体、柱、梁、板)的结构布置,构件种类、数量,构件的内部构造、配筋和外部形状大小,材料及构件间的相互关系。其内容包括:

(1)结构设计总说明。

(2)基础图:包括基础(含设备基础、基础梁、地圈梁)平面图和基础详图。

(3)结构平面布置图:包括楼层结构平面布置图和屋面结构布置图。

(4)柱(墙)、梁、板的配筋图:包括梁、板结构详图。

(5)结构构件详图:包括楼梯(电梯)结构详图和其他详图(如预埋件、连接件等)。

上述顺序即为识读结构施工图顺序。

注意:

(1)结构施工图必须与建筑施工图密切配合,它们之间不能产生矛盾。

（2）根据工程的复杂程度，结构说明的内容有多有少，一般设计单位将内容详列在一张“结构设计说明”图纸上。

（3）基础断面详图应尽可能与基础平面图布置在同一张图纸上，以便对照施工，读图方便。

5.1.1.2 结构施工图的作用

通过设计阶段把设计任务中的文字资料和空间构思变成表达建筑的全套图纸（工程样图），施工阶段则根据设计人员设计绘制的全套图纸把建筑物建造起来。建筑业中把施工用的全套图纸称为房屋施工图。它包括建筑施工图、结构施工图和设备施工图 3 部分图纸。结构施工图是表示建筑物各承重构件（如基础、承重墙、梁、板、柱、屋架等）的布置、形状、大小、材料、配筋、构造及其相互关系的图样，并且要反映出其他专业（如建筑、给排水、暖通、电气等）对结构的要求。同时，结构施工图也是在充分理解建筑设计意图的基础上，选择技术先进、安全适用、经济合理、确保质量、便于施工的结构方案，通过对整体结构和具体构件进行正确分析、计算、绘制出的用于施工的工程图纸。它为施工放线，挖基槽，支模板，绑扎钢筋，设置预埋件和预留孔洞，浇筑混凝土，安装梁、板、柱等构件，以及编制预算和施工组织设计等提供依据。

5.1.2 常用结构构件代号和钢筋的画法

房屋结构中的承重构件种类多、数量多，而且布置复杂，为了图面清晰，把不同的构件表达清楚，便于施工，在结构施工图中，结构构件的位置用其代号表示，每个构件都应有个代号。《建筑结构制图标准》（GB/T 50105—2010）中规定这些代号用构件名称汉语拼音的第一个大写字母表示。要识读结构施工图，必须熟悉各类构件代号，常用结构构件代号见表 5-1。普通钢筋的一般表示方法见表 5-2 的规定。钢筋的画法见表 5-3。

表 5-1 常用结构构件代号

序号	名称	代号	序号	名称	代号	序号	名称	代号
1	板	B	15	圈梁	QL	29	设备基础	SJ
2	屋面板	WH	16	过梁	GL	30	桩	ZH
3	空心板	KB	17	连系梁	LL	31	柱间支撑	ZC
4	槽形板	CB	18	基础梁	JL	32	垂直支撑	CC
5	折板	ZB	19	楼梯梁	TL	33	水平支撑	SC
6	密肋板	MB	20	檩条	LT	34	梯	T
7	楼梯板	TB	21	屋架	WJ	35	雨篷	YP
8	盖板或地沟盖板	GB	22	托架	TJ	36	阳台	YT
9	吊车安全走道板	DB	23	天窗架	CJ	37	梁垫	LD
10	墙板	QB	24	框架	KJ	38	预埋件	M
11	天沟板	TGB	25	刚架	GJ	39	天窗端壁	TD
12	梁	L	26	支架	ZJ	40	钢筋网	W
13	屋面梁	WL	27	柱	Z	41	钢筋骨架	G
14	吊车梁	DL	28	基础	J			

表5-2　普通钢筋的一般表示方法

序号	名称	图例	说明
1	钢筋横断面		
2	无弯钩的钢筋端部		下图表示长、短钢筋投影重叠时可在短钢筋的端部用45°斜画线表示
3	带半圆形弯钩的钢筋端部		
4	带直钩的钢筋端部		
5	带丝扣的钢筋端部		
6	无弯钩的钢筋搭接		
7	带半圆弯钩的钢筋搭接		
8	带直钩的钢筋搭接		
9	花篮螺丝钢筋接头	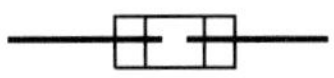	
10	机械连接的钢筋接头		用文字说明机械连接的方式（如冷挤压或直螺纹等）

表 5-3 钢筋的画法

序号	说明	图例
1	在结构平面图配置双层钢筋时，底层钢筋的弯钩应向上或向左，顶层钢筋的弯钩向下或向右	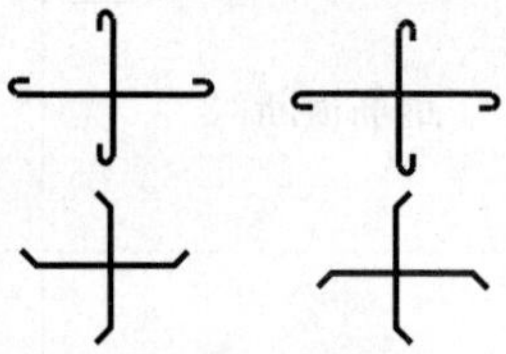 (底层，顶层)
2	钢筋混凝土墙体配置双层钢筋时，在配筋立面图中，远面钢筋的弯钩应向上或向左，而近面钢筋的弯钩向下或向右	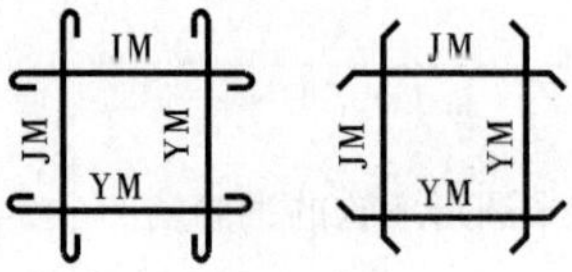 JM JM YM YM JM JM YM YM (JM近面，YM远面)
3	若在断面图中不能表达清楚钢筋布置，应在断面图外增加钢筋大样图（如钢筋混凝土墙、楼梯等）	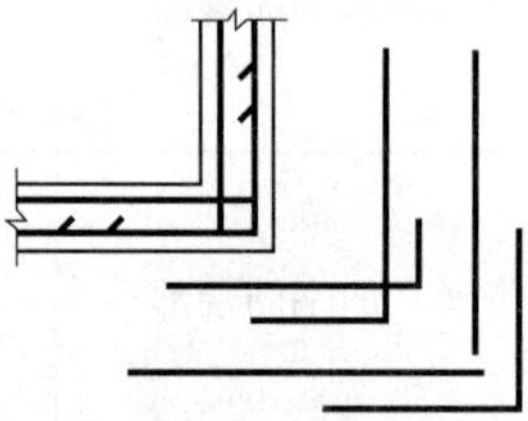
4	图中所表示的箍筋、环筋等布置复杂时，可加画钢筋大样及说明	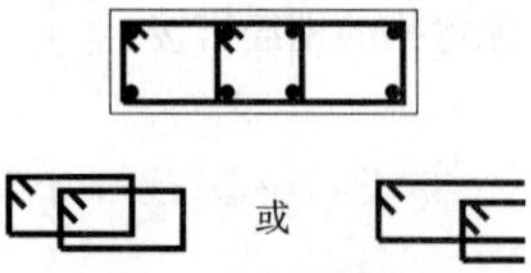 或
5	每组相同的钢筋、箍筋或环筋，可用一根粗实线表示，同时用一两端带斜短画线的横穿细线，表示其余钢筋及起止范围	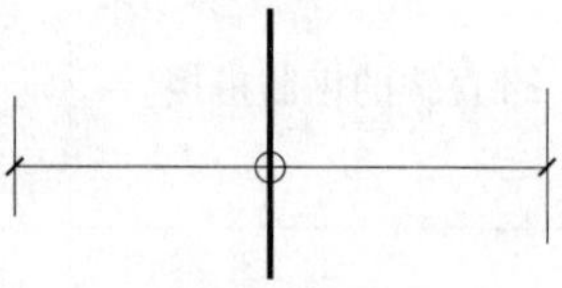

注：1. 钢筋代号：Φ—HPB300 钢筋；Φ—HRB335 钢筋；Φ—HRB400 钢筋。

2. 如：φ6@150 表示 HPB300 钢筋，直径 6 mm，间距 150 mm。4 Φ 18 表示 4 根直径 18 mm 的 HRB400 钢筋。

3. 在阅读结构施工图前，必须先阅读建筑施工图，建立起立体感，并且在识读结构施工图期间，先看文字说明后看图样；应反复核对结构与建筑对同一部位的表示，这样才能准确地理解结构图中所表示的内容。

5.1.3 平法的内容及特点

5.1.3.1 平法的内容

建筑结构施工图平面整体设计方法(简称平法),对目前我国混凝土结构施工图的设计表示方法做了重大改革,被原国家科委和原建设部列为科技成果重点推广项目。平法的创始人是陈青来教授,在创立平法的时候,他在山东省建筑设计院从事结构设计工作。当时正值改革开放之初,设计任务繁重,为了加快结构设计的速度,简化结构设计的过程,他吸收了国外的经验,结合中国建筑界的具体实践,创立了平法。可以这样说,平法诞生的初衷,首先是为了设计的方便。

平法的表达形式概括来讲,是把结构构件的尺寸和配筋等,按照平面整体表示方法制图规则,整体直接表达在各类构件的结构平面布置图上,再与标准构造详图相配合,即构成一套新型完整的结构设计。改变了传统的那种将构件从结构平面布置图中索引出来,再逐个绘制配筋详图、画出钢筋表的烦琐方法。

我们都知道,建筑图纸分为建筑施工图和结构施工图两大部分。由于实行了平法设计,结构施工图的数量大大减少了,一个工程的图纸由过去的百十来张变成了二三十张,不但画图的工作量减少了,而且结构设计的后期计算——例如每根钢筋形状和尺寸的具体计算、工程钢筋表的绘制等,也被免去了,这使得结构设计减少了大量枯燥无味的工作,极大地解放了结构设计师的生产力,加快了结构设计的步伐。而且,由于使用了平法这一标准的设计方法来规范设计师的行为,在一定程度上提高了结构设计的质量。

5.1.3.2 平法的特点

从1991年10月"平法"首次运用于济宁工商银行营业楼,到此后的3年在几十项工程设计上的成功实践,"平法"的理论与方法体系向全社会推广的时机已然成熟。1995年7月26日,在北京举行了由原建设部组织的"建筑结构施工图平面整体设计方法"科研成果鉴定会,会上,我国结构工程界的众多知名专家对"平法"的六大效果一致认同。以下为这六大效果。

1. 掌握全局

"平法"使设计者容易进行平衡调整,易校审,易修改。改图可不牵连其他构件,易控制设计质量;"平法"能适应业主分阶段分层按图施工的要求,也能适应在主体结构开始施工后又进行大幅度调整的特殊情况。"平法"分结构层设计的图纸与水平逐层施工的顺序完全一致,对标准层可实现单张图纸施工,施工工程师对结构比较容易形成整体概念,有利于施工质量管理。"平法"采用标准化的构造详图,形象、直观,施工易懂、易操作。

2. 更简单

"平法"采用标准化的设计制图规则,结构施工图表达符号化、数字化,单张图纸的信息量较大并且集中;构件分类明确,层次清晰,表达准确,设计速度快,效率成倍提高。

3. 更专业

标准构造详图可集国内较可靠、成熟的常规节点构造之大成,集中分类归纳后编制成国家建筑标准设计图集供设计选用,可避免反复抄袭构造做法及伴生的设计失误,确保节点构造在设计与施工两个方面均达到高质量。另外,“平法”对节点构造的研究、设计和施工实现专门化提出了更高的要求。

4. 高效率

“平法”大幅度提高设计效率,可以立竿见影,能快速解放生产力,迅速缓解建设高峰时期结构设计人员紧缺的局面。

5. 低能耗

“平法”大幅度降低设计消耗。降低设计成本,节约自然资源。平法施工图是定量化、有序化的设计图,与其配套使用的标准设计图集可以重复使用,与传统设计方法相比,图纸量减少 70% 左右,综合设计工日减少 2/3 以上。

6. 改变用人结构

“平法”促进人才分布格局的改变,实质性地影响了建筑结构领域的人才结构。设计单位对建筑工程专业大学毕业生的需求量已经明显减少,为施工单位招聘结构人才留出了相当空间,大量建筑工程专业毕业生到施工部门择业逐渐成为普遍现象,使人才流向发生了比较明显的转变,人才分布趋向合理。

5.1.4 平法制图与传统图示方法的区别

(1)框架图中的梁和柱,在“平法制图”中的钢筋图示方法,施工图中只绘制梁、柱平面图,不绘制梁、柱中配置钢筋的立面图(梁不画截面图;而柱在其平面图上,只按编号不同各取一个,在原位放大画出带有钢筋配置的柱截面图)。

(2)传统框架图中的梁和柱,既画梁、柱平面图,同时也绘制梁、柱中配置钢筋的立面图及其截面图;但在“平法制图”中的钢筋配置,不再画这些图,而是去查阅《混凝土结构施工图平面整体表示方法制图规则和构造详图》。

(3)传统的混凝土结构施工图,可以直接从其绘制的详图中读取钢筋配置尺寸,而“平法制图”则需要查找《混凝土结构施工图平面整体表示方法制图规则和构造详图》中相应的详图;而且,钢筋的大小尺寸和配置尺寸均以“相关尺寸”(跨度、钢筋直径、搭接长度、锚固长度等)为变量的函数来表达,而不是具体数字。借此用来实现其标准图的通用性。概括地说,“平法制图”使混凝土结构施工图的内容简化了。

(4)柱与剪力墙的“平法制图”,均以施工图列表注写方式,表达其相关规格与尺寸。

(5)“平法制图”中的突出特点,表现在梁的“原位标注”和“集中标注”上。“原位标注”概括地说分两种:标注在柱子附近处,且在梁上方,是承受负弯矩的箍筋直径和根数,其钢筋布置在梁的上部;标注在梁中间且下方的钢筋,是承受正弯矩的,其钢筋布置在梁的下部。“集中标注”是从梁平面图的梁处引铅垂线至图的上方,注写梁的编号、挑梁类型、跨数、截面尺寸、箍筋直径、箍筋肢数、箍筋间距、梁侧面纵向构造钢筋或受扭钢筋的直径和根数、通长筋的直径和根数等。如果“集中标注”中有通长筋,则“原位标注”中的负筋数包含通长筋的数。

(6)在传统的混凝土结构施工图中,计算斜截面的抗剪强度时,在梁中配置 45°或 60°的弯起钢筋。而在“平法制图”中,梁不配置这种弯起钢筋,而是由加密的箍筋来承受其斜截面的抗剪强度。

任务5.2　平法施工图识读

5.2.1　板平法施工图的识读

我们首先总结一下常见的板钢筋配置的特点，板的配筋方式有两种，即弯起式配筋和分离式配筋。目前，一般的民用建筑都采用分离式配筋。因此，下面的内容按分离式配筋进行讲述。工业厂房尤其是具有振动荷载的楼板必须采用弯起式配筋，当遇到这样的工程时，应该按施工图所给出的钢筋构造详图进行施工。

5.2.1.1　板的种类

1. 按板的力学特征来划分

板有楼板和悬臂板之分。悬臂板是一面支承的板。阳台板、雨篷板、挑檐板等都是悬臂板（注意：悬臂板所受弯矩大多是负弯矩，钢筋布置的位置在板的上方，与一般楼板钢筋布置位置不同）。本书讨论的楼板是两面支承或四面支承的板。

2. 按施工方法来划分

板有预制板和现浇板之分。预制板又可分为平板、槽形板、空心板、大型屋面板等。现在的民用建筑已经大量采用现浇板，很少采用预制板。

3. 按配筋特点来划分

楼板的配筋有单向板和双向板两种。

单向板在一个方向上布置主筋，而在另一个方向上布置分布筋。

双向板在两个互相垂直的方向上都布置主筋，使用比较广泛。

此外，配筋的方式有单层布筋和双层布筋两种。

楼板的单层布筋就是在板的下部布置贯通纵筋，在板的周边布置扣筋（非贯通纵筋）。楼板的双层布筋就是在板的上部和下部都布置贯通纵筋（注意：悬挑板都是单向板，布筋方向与悬挑方向一致）。

5.2.1.2　板平法施工图的表示方式

板平面注写主要有两种方式：板块集中标注和板支座原位标注。

在设计中，为了方便设计表达和施工识图，规定结构平面的坐标方向为：

(1) 当轴网正交布置时，图面从左至右为 X 向，从下至上为 Y 向。

(2) 当轴网转折时，局部坐标方向顺轴网转折角度做相应转折。

(3) 当轴网向心布置时，切向为 X 向，径向为 Y 向。

另外，对于平面布置比较复杂的区域，例如轴网转折交界区域、向心布置的核心区域等，其平面坐标方向一般是由设计者另行规定并在图上明确表示出来。

5.2.1.3　板块集中标注

板块集中标注的内容主要包括板块编号、板厚、贯通纵筋及板顶面标高高差。

1. 板块编号

对于普通楼面，两向均以一跨作为一个板块；对于密肋楼屋面，两向主梁（框架梁）均以一跨作为一个板块（非主梁密肋不计）。

设计时，所有板块都按顺序进行编号，相同编号的板块选择其中的一块作集中标注，其他的板块仅仅注写圆圈内的板编号，以及当板面标高不同时的标高高差，如图 5-3 所示。

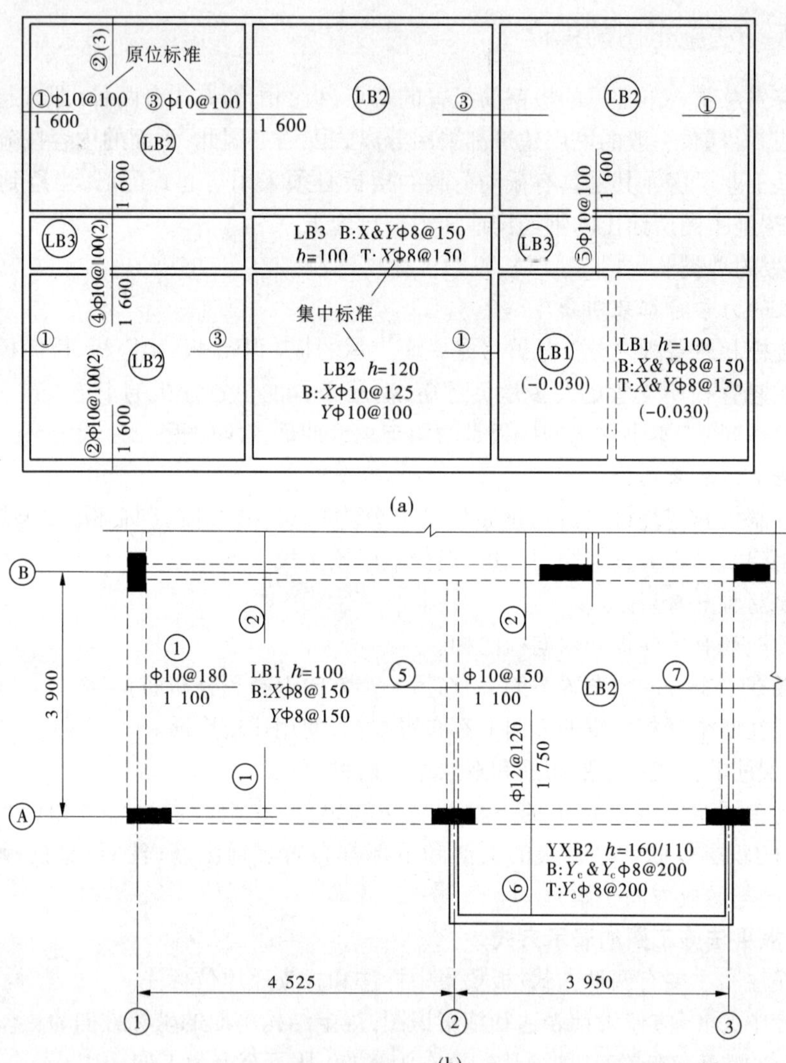

图 5-3　板块编号及板的平法施工注写方式（单位：mm）

板块的编号规定见表 5-4。

表 5-4　板块的编号规定

板类型	代号	序号	例子
楼面板	LB	××	LB2
屋面板	WB	××	WB2
悬挑板	XB	××	XB3

2. 板厚注写

板厚注写为:h = × ×(垂直于板面的厚度),如图 5-3 所示。

当悬挑板的端部改变截面厚度时,注写为:h = × ×/ × ×(斜线前为板根的厚度,斜线后为板端的厚度)。例如:h =60/80。

如果设计中已经在图中统一注明了板厚,此项可以不用。

3. 贯通纵筋

贯通纵筋按板块的下部纵筋和上部纵筋分别注写(当板块上部不设贯通纵筋时则不注)。B 代表下部,T 代表上部。B&T 代表下部与上部;X 向贯通纵筋以 X 打头,Y 向贯通纵筋以 Y 打头,两向贯通纵筋配置相同时以 X&Y 打头。

对单向板,另外一向贯通的分布设计一般不标注,而是在图中统一注明。某些板配置构造钢筋时,则 X 向以 X_c、Y 向以 Y_c 打头注写。

【例 5-1】 双向板的配筋(单层布筋):

LB4 h =100

B:X ф 12@ 120,Y ф 10@ 50

说明:上述标注表示编号为 LB4 的楼面板,厚度为 100 mm,板下部布置 X 向贯通纵筋为ф 12@ 120,Y 向贯通纵筋为ф 10@ 50,板上部未配置贯通纵筋——板的周边需要布置扣筋。

【例 5-2】 双层板的配筋(双向布筋):

LB2 h =50

B:X ф 12@ 120,Y ф 10@ 50

T:X&Y ф 12@ 150

说明:上述标注表示编号为 LB2 的楼面板,厚度为 50 mm,板下部布置 X 向贯通纵筋为ф 12@ 120,Y 向贯通纵筋为ф 10@ 50,板上部配置贯通纵筋,X 向和 Y 向都是ф 12@ 150。

4. 板顶面标高高差

板顶面标高高差是指相对于结构层楼面标高的高差,应将其注写在括号内,且有高差则注,无高差不注。

例如:(-0. 050)表示本板块比本层楼面标高低 0. 050 m,如图 5-3 所示。

5. 2. 1. 4 板支座原位标注

板支座原位标注为:板支座上部非贯通纵筋(扣筋)和纯悬挑板上部受力钢筋。板支座原位标注的基本方式如下:

(1)采用垂直于板支座(梁或墙)的一段适宜长度的中粗实线来代表扣筋,在扣筋的上方注写钢筋编号、配筋值、横向连续布置的跨数(在括号内注写,当为一跨时可不注),以及是否横向布置到梁的悬挑端。

(2)在扣筋的下方注写自支座中线向跨内的延伸长度。板支座原位标注的钢筋一般标注在配置相同跨的第一跨内,当在梁悬挑部位单独配置时则在原位标注。在配置相同跨的第一跨(或梁悬挑部位),垂直于板支座(梁或墙)绘制一段适宜长度的中粗实线(当该钢筋通长设置在悬挑板或短跨板上部时,中粗实线段应画至对边或贯通短跨),以该线段代表支座上部非贯通纵筋，并在线段上方注写钢筋编号（例如①、②等）、配筋值、横向连续布置的跨数（跨数值注写在括号内，如梁是一跨，则不需要标注），以及是否横向布置到梁的悬挑端。例如，(××)为横向布置的跨数，(××A)为横向布置的跨数及一端的悬挑部位，(××B)为横向布置的跨数及两端的悬挑部位。

下面通过具体例子来说明板支座原位标注的各种情况。

1. 单侧和双侧扣筋布置的例子（单跨布置）

【例 5-3】 如图 5-4(a)所示，上面一跨的单侧扣筋②号钢筋。

在扣筋的上部标注：Φ 10@ 100(2)；

在扣筋的下部标注：1 600。

说明：这个编号为②号的扣筋，其规格和间距为Φ 10@ 100，从梁中线向跨内的延伸长度为 1 600 mm。(2)表示②号扣筋是“2 跨”的（在相邻两跨连续布置，实行标注的当前跨即是“第一跨”，第二跨在第一跨的右边）。

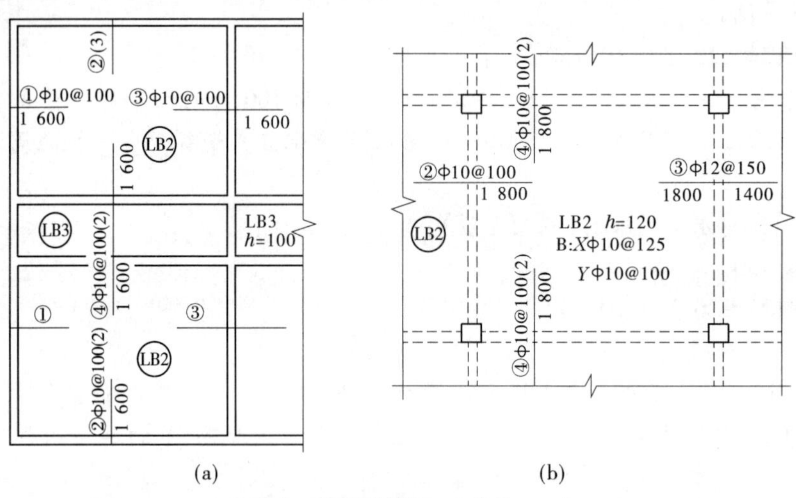

图 5-4 某板配筋图 （单位：mm）

【例 5-4】 如图 5-4(b)所示，上面一跨的双侧②号钢筋（向支座两侧对称延伸）。

在扣筋的上部标注：Φ 10@ 100；

在扣筋的下部的右侧标注：1 800，而在左侧为空白。

说明：这个编号为②号的扣筋，其规格和间距为Φ 10@ 100，从梁中线向右侧跨内的延伸长度为 1 800 mm，而因为双侧扣筋的左侧没有尺寸标注，则表明该扣筋向支座两侧对称延伸，即向左侧跨内的延伸长度也是 1 800 mm。（思考：该图③号钢筋从梁中线的延伸长度）

2. 贯通短跨全跨的扣筋布置

【例 5-5】 如图 5-4(a)所示，上面左边第一跨的④号钢筋。

在扣筋的上部标注：④Φ 10@ 100(2)；

在扣筋中段横跨两梁之间没有尺寸标注；

在扣筋下部左端标注延伸长度：1 600；

在扣筋下部右端标注延伸长度：1 600。

说明：这个编号为④号的扣筋，其规格和间距为Φ 10@ 100，对于贯通短跨全跨的扣筋，规定贯通全跨的长度值不注。非贯通跨的钢筋，从梁中线向右侧、向左侧跨内的延伸长度为1 600 mm，(2)表示④号扣筋是“2 跨”的(在相邻两跨连续布置，实行标注的当前跨即是“第一跨”，第二跨在第一跨的右边)。

3. 弧形支座上的扣筋布置

当板支座为弧形，支座上方非贯通纵筋呈放射状分布时，设计者应注明配筋间距的度量位置并加注“放射分布”四字，必要时应补绘平面配筋图，如图5-5 所示。

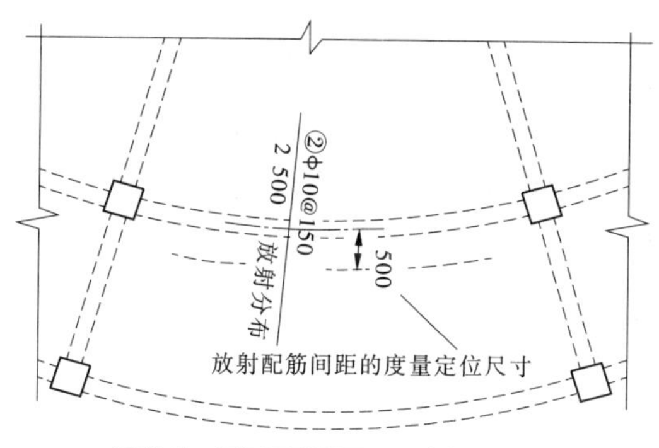

图5-5 平面配筋图 (单位：mm)

与板支座上部非贯通纵筋垂直且绑扎在一起的构造钢筋或分布钢筋，应由设计者在图中注明。

例如，在结构施工图的总说明中规定板的分布钢筋为Φ 8，间距为250 mm。或者在楼层结构平面图上规定板分布钢筋的规格和间距。

5.2.2 梁平法施工图的识读

5.2.2.1 梁平面注写方式

梁平法是指在梁平面布置图上采用平面注写方式和截面注写方式表达梁结构设计的方法。通常按梁的不同结构层(标准层)将全部梁和与其相关联的柱、墙、板一起采用适当的比例绘制成梁平面布置图。

梁平法的注写方式分为平面注写方式和截面注写方式。一般的施工图都采用平面注写方式，所以，下面只介绍平面注写方式。平面注写方式，是在梁平面布置图上，分别在不同编号的梁中各选一根梁，在其上注写截面尺寸和配筋具体数值的方式来表达梁平法施工图。平面注写包括集中标注和原位标注，如图5-6 所示。集中标注表达梁的通用数值，原位标注表达梁的特殊数值。施工时，原位标注取值优先。

5.2.2.2 梁的集中标注

在梁的集中标注中，可以划分为必注项和选注项两大类。在梁的集中标注中，“必注项”有梁编号、截面尺寸、箍筋、上部通长筋及架立筋、侧面构造钢筋或受扭钢筋；“选注项”有下部通长筋、梁顶面标高高差。

下面，先介绍梁的必注项，再介绍梁的选注项。

1. 梁编号标注

梁的编号见表5-5。

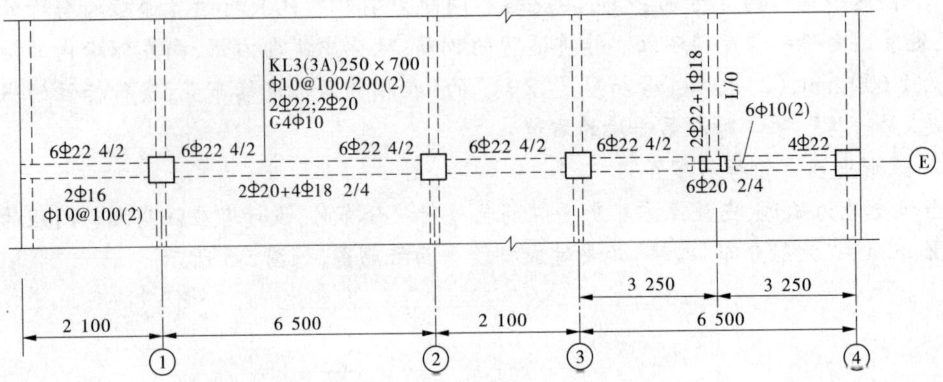

图 5-6 梁平面注写方式 (单位:mm)

表 5-5 梁的编号

构件名称	构件代号
楼层框架梁	KL
屋面框架梁	WKL
框支梁	KZL
非框架梁	L
悬挑梁	XL
井字梁	JZL

注:A 表示一端有悬挑,B 表示两端有悬挑。

【例 5-6】 KL1(4):表示楼层框架梁第 1 号,4 跨,无悬挑;

WKL1(4):表示屋面框架梁第 1 号,4 跨,无悬挑;

L3(2):表示非框架梁第 3 号,2 跨,无悬挑;

KL2(3A):表示楼层框架梁第 2 号,3 跨,一端有悬挑;

KL3(3B):表示楼层框架梁第 3 号,3 跨,两端有悬挑。

2. 梁截面尺寸标注

当为等截面梁时,用 $b\times h$ 表示;当为竖向加腋梁时,用 $b\times h\mathrm{GY}c_1\times c_2$ 表示;如图 5-7 所示,当为水平加腋梁时,一侧加腋时用 $b\times h\mathrm{PY}c_1\times c_2$ 表示,加腋部位应在平面图中绘制,如图 5-8 所示;当有悬挑梁且根部和端部的高度不同时,用斜线分隔根部与端部的高度值,即为 $b\times h_1/h_2$,如图 5-9 所示。其中,b 为梁宽;h_1 为总臂梁根部高;h_2 为悬臂梁端部高。

3. 梁箍筋标注

梁箍筋标注包括钢筋级别、直径、加密区与非加密区间距及箍筋肢数,箍筋肢数写在括号内。梁箍筋加密与非加密区的不同间距及肢数用斜线“/”分隔;当梁箍筋为同一种间距及肢数时,则不用分隔;当加密区与非加密区的箍筋肢数相同时,则将肢数注写一次。

【例 5-7】 φ10@100/200(2)表示箍筋为 HPB300 级钢筋,直径为 10 mm,加密区间距为 100 mm,非加密区间距为 200 mm,均为两肢箍。

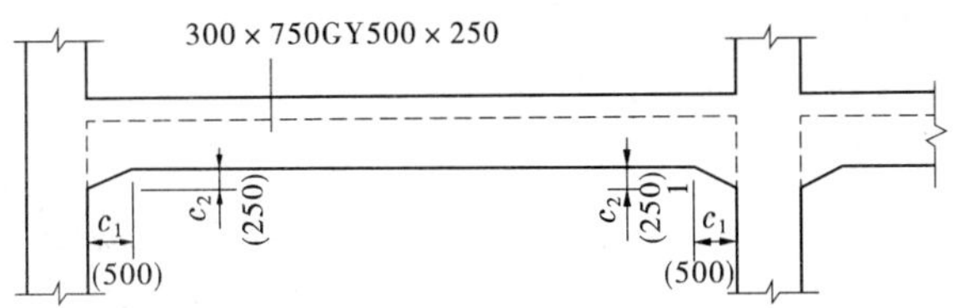

图 5-7　竖向加腋梁截面注写方式

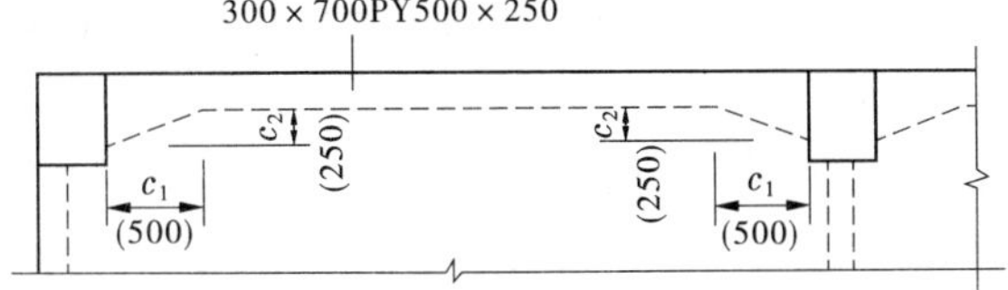

图 5-8　水平加腋梁截面注写方式

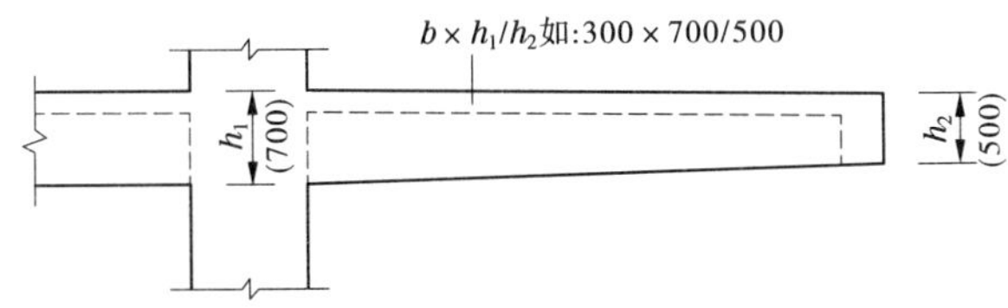

图 5-9　悬挑梁不等高截面注写方式　(单位:mm)

【例 5-8】　Φ8@100(4)/200(2)表示箍筋为 HPB300 级钢筋，直径为 8 mm，加密区间距为 100 mm，为四肢箍，非加密区间距为 200 mm，为两肢箍。

4. 梁上部通长筋标注

梁上部通长筋配置(通长筋可为相同或不同直径采用搭接连接、机械连接或焊接连接的钢筋)，所注规格与根数应根据结构受力要求及箍筋肢数等构造要求而定。当同排纵筋中既有通长筋又有架立筋时，应用加号“＋”将通长筋和架立筋相连。注写时需将角部纵筋写在加号的前面，架立筋写在加号后面的括号内，以示不同直径及与通长筋的区别。当全部采用架立筋时，则将其写入括号内。当梁的上部纵筋和下部纵筋为全跨相同，且多数跨配筋相同时，此项可加注下部纵筋的配筋值，用分号“;”将上部纵筋与下部纵筋的配筋值分隔开。

【例 5-9】　2Φ25：梁上部通长筋(用于双肢箍)。

2Φ25＋2Φ22：梁上部通长筋(两种规格，其中加号前面的钢筋放在箍筋角部)。

6Φ25 4/2：梁上部通长筋(两排钢筋：第一排 4 根，第二排 2 根)。

【例 5-10】　下面的例子中，“;”号前面的是上部通长筋。

3Φ22;3Φ20：梁上部通长筋 3Φ22，梁下部通长筋 3B20。

【例 5-11】　下面的例子中，“＋”号前面的是上部通长筋。

2Φ22＋(2Φ12)：均为梁上部钢筋。2Φ22 为通长筋，2Φ12 为架立筋。

5. 架立钢筋

架立钢筋是梁上部的纵向构造钢筋，“＋”号后面圆括号里面的是架立筋。

【例 5-12】　楼层框架梁 KL1 的上部纵筋标注格式。

3Φ22＋(4Φ12)：3Φ22 为上部通长筋，4Φ12 为架立筋。

【例 5-13】 非框架梁 L1 的上部纵筋标注格式。

(2 Φ12):梁上部纵筋的集中标注为架立筋 2 Φ12。

6. 构造钢筋或受扭钢筋标注

当梁腹板高度 h_w≥450 mm 时,需配置纵向构造钢筋,所注规格与根数应符合规范规定。此项注写值以大写字母 G 打头,其后注写设置在梁两侧的总配筋值,并对称配置。

当梁侧面需配置受扭纵向钢筋时,此项注写值以大写字母 N 打头,其后注写设置在梁两侧的总配筋值,且对称配置。受扭纵向钢筋应满足梁侧面纵向构造钢筋的间距要求,且不再重复配置纵向构造钢筋。

说明:"侧面受扭钢筋"也称为"侧面抗扭钢筋"。

【例 5-14】 G4A14 表示梁的两个侧面共配置 4 Φ14 的纵向构造钢筋,每侧各配置 2 Φ14。

【例 5-15】 N8 Φ20 表示梁的两个侧面共配置 8 Φ20 的受扭纵向钢筋,每侧各配置 4 Φ20。

7. 梁下部通长筋标注(选注)

梁下部通长筋标注详见例 5-9。

8. 梁顶面标高高差标注(选注)

梁顶面标高高差是指相对于结构层楼面标高的高差值。对于位于结构夹层的梁,则指相对于结构夹层楼面标高的高差。有高差时,需将其写入括号内,无高差时不注。当某梁的顶面高于所住结构层的楼面标高时,其标高高差为正值,反之为负值。例如,某结构层的楼面标高为 44. 950 m,当某梁的梁顶面标高高差注写为(-0. 050)时,表明该梁顶面标高分别相对于 44. 950 m 低 0. 050 m。

5. 2. 2. 3 梁的原位标注

梁的原位标注包括梁上部纵筋的原位标注(标注位置可以在梁上部的左支座、右支座或跨中)和梁下部纵筋的原位标注(标注位置在梁下部的跨中)。

1. 梁支座上部纵筋,该部位含通长筋在内的所有纵筋

(1)当上部纵筋多于一排时,用斜线"/"将各排纵筋自上而下分开。

(2)当同排纵筋有两种直径时,用加号" + "将两种直径的纵筋相连,注写时将角部纵筋写前面。

(3)当梁中间支座两边的上部纵筋不同时,需在支座两边分别标注;当梁中间支座两边的上部纵筋相同时,可仅在支座的一边标注配筋值,另一边省去不注,如图 5-6 所示。

2. 梁下部纵筋

(1)当下部纵筋多一排时,用斜线"/"将各排纵筋自上而下分开。

(2)当同排纵筋有两种直径时,用加号" + "将两种直径的纵筋相连,注写时将角部纵筋写前面。

(3)当梁下部纵筋不全部伸入支座时,将梁支座下部纵筋减少的数量写在括号内。

(4)当梁的集中标注中已按上述规定分别注写了梁上部和下部均为通长的纵筋值时,则不需要在梁下部重复作原位标注。

(5)当梁设置竖向加腋时,加腋部位下部斜纵筋应在支座下部以 Y 打头注写在括号

内，如图 5-10 所示。当梁设置水平加腋时，水平加腋内上、下部斜纵筋应在加腋支座上部以 Y 打头注写在括号内。上、下部斜纵筋之间用“/”分隔，如图 5-11 所示。

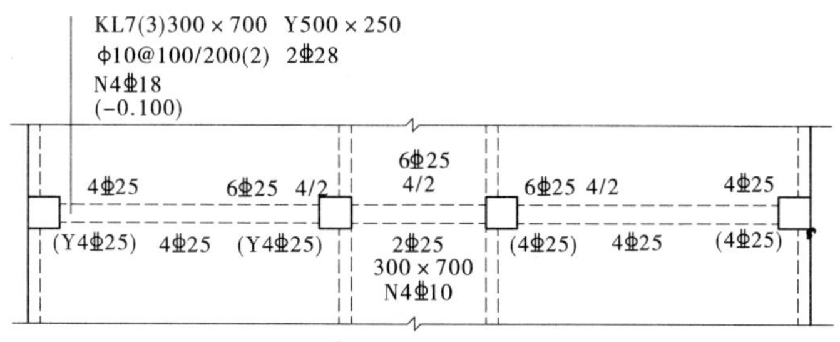

图 5-10 梁加腋平面注写方式 （单位：mm）

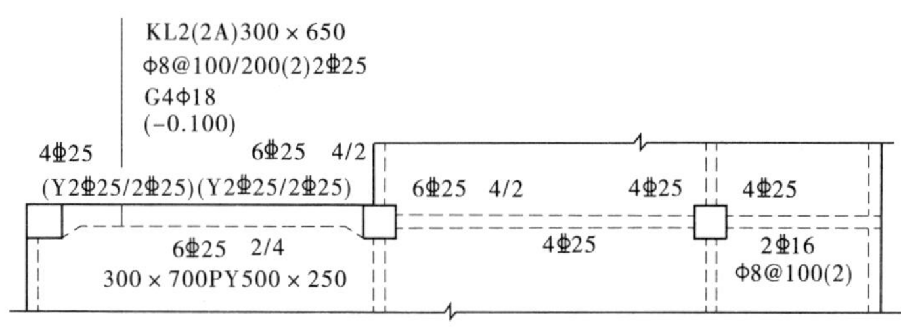

图 5-11 梁水平加腋平面注写方式 （单位：mm）

3. 在梁上集中标注的内容

当在梁上集中标注的内容（梁截面尺寸、箍筋、上部通长筋或架立筋，梁侧面纵向构造钢筋或受扭纵向钢筋，以及梁顶面标高高差中的某一项或几项数值）不适用于某跨或某悬挑部分时，则将其不同数值原位标注在该跨或该悬挑部位，施工时应按原位标注数值取用。

当在多跨梁的集中标注中已注明加腋，而该梁某跨的根部却不需要加腋时，则应在该跨原位标注等截面的 $b \times h$，以修正集中标注中的加腋信息。

4. 附加箍筋和吊筋的画法

附加箍筋或吊筋，将其直接画在平面图中的主梁上，用线引注总配筋值（附加箍筋的肢数注在括号内），如图 5-12 所示。当多数附加箍筋或吊筋相同时，可在梁平法施工图上统一注明，少数与统一注明值不同时，再原位引注。

注意：附加箍筋或吊筋的几何尺寸应按照标准构造详图，结合其所在位置的主梁和次梁的截面尺寸确定。

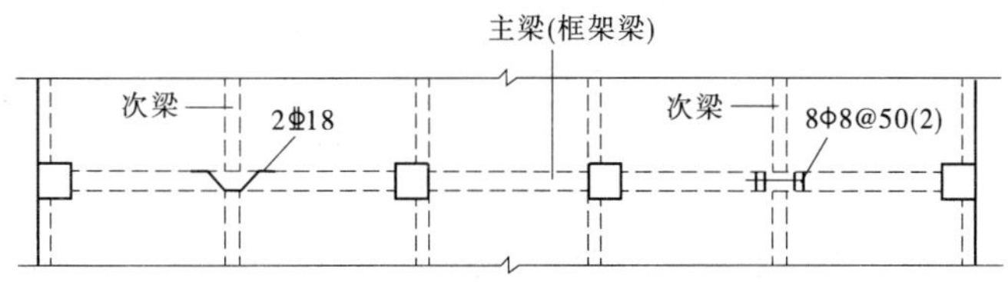

图 5-12 附加箍筋和吊筋的画法

课堂讨论题 1：

平法梁的注写方式分为平面注写方式和截面注写方式。为什么一般的施工图都采用平面注写方式？通过对比图 5-13，试着找出原因。

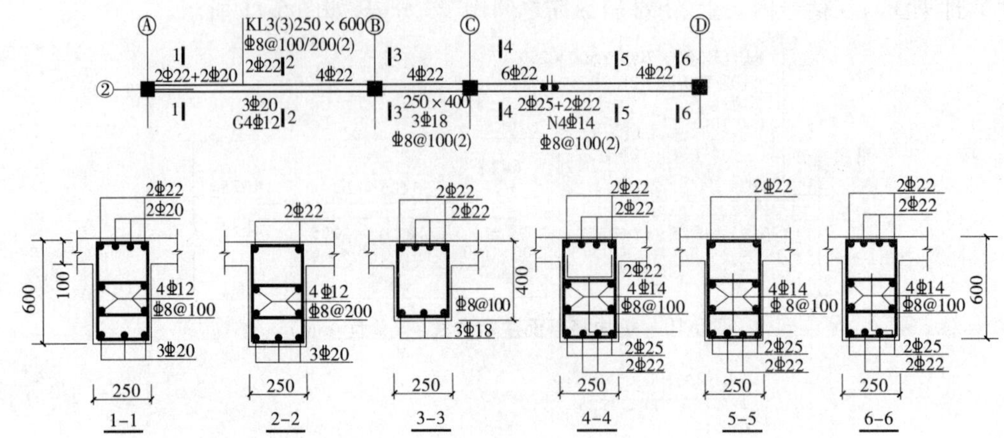

（注：本图中六个梁截面采用传统方法绘制，用于对比按平面注写方式表达的同样内容，实际采用平面注写方式表达方式时，不需要绘制梁截面配筋图和相应截面号）

图 5-13　平法 KL3 梁平面注写方式对比示例　（单位：mm）

【案例分析】　案例为楼面梁的部分平法施工图，以 KL3 为例，其平法施工图的内容如图 5-14 所示。

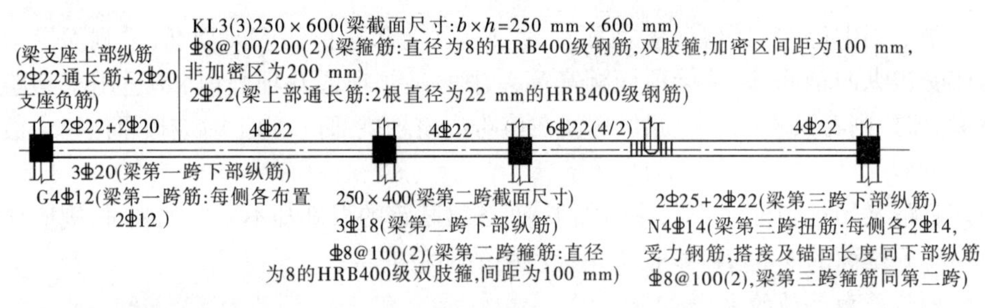

图 5-14　KL3 平法图解读　（单位：mm）

5.2.3　柱平法施工图的识读

柱平法施工图是指在柱平面布置图上，根据设计计算结果，采用列表注写和截面注写方式表达柱截面配筋的方法。施工人员依据平法施工图及相应的标准构造详图进行施工，故称为柱平法施工图。

施工图设计时，一般是采用适当比例单独绘制柱平面布置图，有时也与剪力墙平面布置图一同绘制，并按规定注明各结构层的标高及相应的结构层号。

5.2.3.1　柱列表注写方式

平法柱的注写方式分为列表注写方式和截面注写方式。一般的施工图都采用列表注写方式。所以，我们下面重点介绍列表注写方式。

列表注写方式，是在柱平面布置图上，分别在同一个编号的柱中选择一个（有时要选择几个）截面标注几何参数代号，在柱表中注写柱号、柱段起止标高、几何尺寸（含柱截面对轴线的偏心情况）与配筋的具体数值，并配以各种柱截面形状及配筋类型图的方式，来表达柱平法施工图。

列表注写方式通过把各种柱的编号、截面尺寸、偏中情况、角部纵筋、b 边一侧中部筋和 h 边一侧中部筋、箍筋类型号和箍筋规格间距注写在一个“柱表”上，着重反映同一个柱在不同楼层上“变截面”的情况；同时，在结构平面图上标注每个柱的编号。下面先介绍“柱表”的内容。

1. 柱编号

柱编号由类型代号和序号组成，并符合表5-6的规定。

表5-6　柱编号

柱类型	代号	序号
框架柱	KZ	××
框支柱	KZZ	××
芯柱	XZ	××
梁上柱	LZ	××
剪力墙上柱	QZ	××

2. 各段柱的起止标高

自柱根部位往上以变截面位置或截面未变但钢筋改变处为分界分段注写。

框架柱和框支柱的根部标高是指基础顶面标高；芯柱的根部标高是指根据结构实际需要而定的起始位置标高；梁上柱的根部标高是指梁顶面标高；剪力墙上柱的根部标高为墙顶面标高，如图5-15所示。

3. 截面尺寸

对于矩形柱，注写柱截面尺寸 $b \times h$ 及与轴线关系的集合参数代号 b_1、b_2 和 h_1、h_2 的具体数值。

对于圆柱，表中“$b \times h$”一栏改用圆柱直径数字前加 d 表示，如图5-15所示。

对于芯柱，根据结构需要，可以在某些框架柱的一定高度范围内，在其内部的中心位置设置（分别引注其柱编号）。芯柱截面尺寸按构造确定，并按标准构造详图施工，设计不注，当设计者采用与本构造详图不同的做法时，应另行注明。芯柱定位随框架柱走，不需要注写其与轴线的几何关系。

4. 柱纵筋

当柱纵筋直径相同，各边根数也相同时（包括矩形柱、圆柱和芯柱），将纵筋注写在“全部纵筋”一栏中。此外，柱纵筋分角筋、截面 b 边中部筋和 h 边中部筋三项分别注写（对于采用对称配筋的矩形截面柱，可仅注写一侧中部筋，对称边省略不注），如图5-15所示。

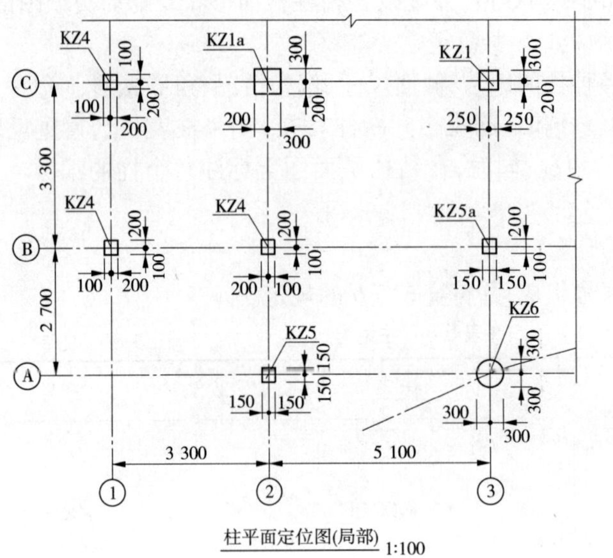

柱表

柱号	标高	$b\times h$	b_1	b_2	h_1	h_2	全部纵筋	角筋	b边一侧中部筋	h边一侧中部筋	箍筋类型号	箍筋	备注
KZ1	–0.210~8.870	500×500	250	250	200	300	12Φ18	4Φ18	2Φ18	2Φ18	L(4×4)	φ8@100	
KZ6	–0.210~4.370	d600	300	300	300	300	12Φ18				6	φ8@100	$d=b_1+b_2=h_1+h_2$

图 5-15 柱列表的注写方式 （单位:mm）

5. 箍筋类型

注写箍筋类型号及箍筋肢数，在箍筋类型栏内注写箍筋类型号与肢数。常见箍筋类型号所对应的箍筋形状，如图 5-16 所示。

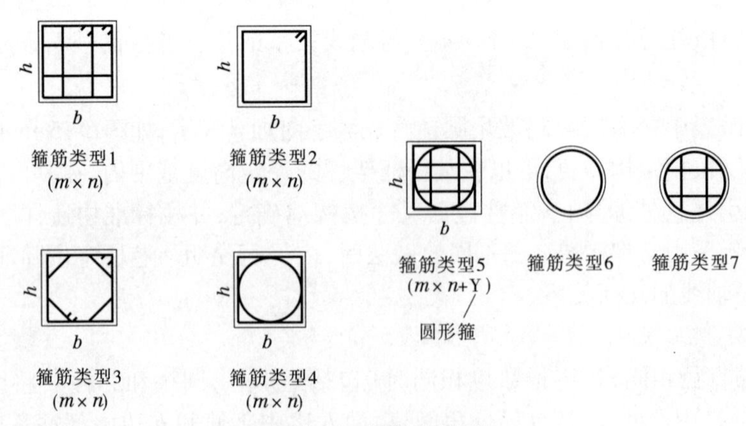

图 5-16 箍筋的类型

6. 柱箍筋注写

柱箍筋注写包括钢筋级别、直径与间距。

当为抗震设计时，用斜线“/”区分柱端箍筋加密区与柱身非加密区长度范围内箍筋的不同间距。施工人员根据标准构造详图的规定，在规定的几种长度值中取其最大者作为加密区长度。当框架节点核芯区内箍筋与柱端箍筋设置不同时，应在括号中注明核芯区内箍筋直径及间距。当为非抗震设计时，在柱纵筋搭接范围内的箍筋加密，应由设计者另行注明。

如Φ 10@ 100/200，表示箍筋为 HPB300 级钢筋，直径 10 mm，加密区间距为 100 mm，非加密区间距为 200 mm。当圆柱采用螺旋箍筋时，需在箍筋前加“L”。

5.2.3.2　**柱截面注写方式**

柱截面注写方式是指在各标准层绘制的柱平面布置图的柱截面上，分别在相同编号的柱中选择一个截面，将截面尺寸和配筋数值直接标注在其上的方式，如图 5-17 所示。

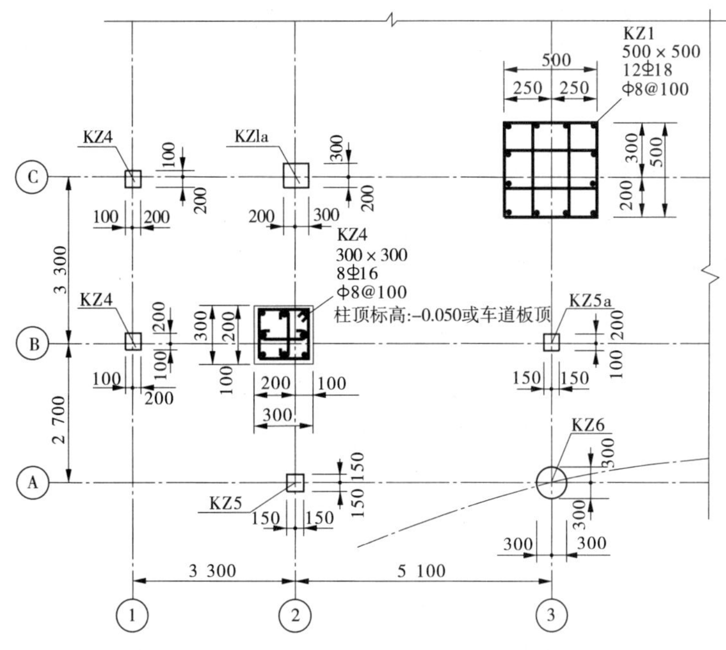

图 5-17　柱截面的注写方式　（单位：mm）

柱截面注写方式中柱编号、截面尺寸的几何参数代号等的规定均同柱列表注写方式。但在绘制施工图时，还需注意以下几点规定：

（1）如果纵筋直径不同，先引出注写角筋，然后各边注写其纵筋，如果是对称配筋，则在对称的两边中，只注写其中一边即可。

（2）如果纵筋直径相同，可以注写纵筋总数。

（3）如果是非对称配筋，则每边注写实际的纵筋。

5.2.4　楼梯平法施工图的识读

楼梯结构施工图，常用的表示方法有详图法、楼梯表法和板式楼梯平面整体表示方法。

详图法楼梯配筋图可结合建筑施工图，在其楼梯剖面大样图上直接绘出，直观明了，但图量相对大。板式楼梯的配筋也可以采用楼梯表的方式表达,楼梯表有多种式样,其表达方式、符号不尽相同,但填写方法都相似。主要填写内容有梯板号、梯板跨度、厚度、踏步尺寸、梯板负筋长度、梯板底筋弯折处的锚固、梯板的支撑情况、混凝土强度等级和分布钢筋等。

近年来,板式楼梯平法施工图逐渐取代了传统的楼梯施工图表示方法,其特点是不需要详细画出楼梯各细部尺寸和配筋,而由标准图提供,使楼梯结构施工图设计以及施工管理更趋于标准化。本任务主要介绍板式楼梯平法施工图的识读。

5.2.4.1 楼梯的类型

根据板式楼梯中梯板的组成、支承分成 11 种类型:AT ~ HT、ATa、ATb、ATc。各梯板截面形状和支座示意图如图 5-18 所示。

梯板的平法注写方式,主要有平面注写方式、剖面注写方式及列表注写方式。实际工程中常用前两种,列表注写方式就不再叙述。

5.2.4.2 平面注写方式

平面注写方式是指在楼梯平面布置图上注写截面尺寸和配筋具体数值的方式表达楼梯施工图,包括集中标注和外围标注。

集中标注内容如下:

(1)梯板类型代号与序号,如 AT× ×。

(2)梯板厚度,注写为 h = × ×。

(3)踏步板总高度和踏步级数,之间用“/”分隔。

(4)梯板支座上部纵筋、下部纵筋,之间用“;”分隔。

(5)梯板分布筋,以 F 打头注写分布钢筋具体值,该项在例 5-16 中统一说明。

【例 5-16】 ①平面图中梯板类型及配筋的完整标注示例如下(AT 型):

AT1,h = 120　楼梯类型及编号,梯板厚度 120 mm

1800/13　踏步段总高度/踏步级数

ф 10@ 50、ф 12@ 100:上部纵筋直径 10 mm,间距 50 mm;下部纵筋直径 12 mm,间距 100 mm。

F ф 8@ 200:梯板分布筋(可统一说明),分布筋直径 8 mm,间距 200 mm。

②楼梯外围标注的内容,包括楼梯间的平面尺寸、楼层结构标高、层间结构标高、楼梯的上下方向、梯板的平面几何尺寸、平台板配筋、梯梁及梯柱的配筋。

5.2.4.3 剖面注写方式

剖面注写方式需在楼梯平法施工图中绘制楼梯平面布置图和楼梯剖面图,注写方式分平面注写、剖面注写两部分。

(1)楼梯平面布置图注写内容,包括楼梯间的平面尺寸、楼层结构标高、层间结构标高、楼梯的上下方向、梯板的平面几何尺寸、梯板类型及编号、平台板配筋、梯梁及梯柱的配筋。

(2)楼梯剖面图注写内容,包括梯板集中标注,梯梁、梯柱编号,梯板水平及竖向尺寸,楼层结构标高,层间结构标高等。

(3)梯板集中标注的内容有四项,同平面注写方式中集中标注(1)、(2)、(4)和(5)项。

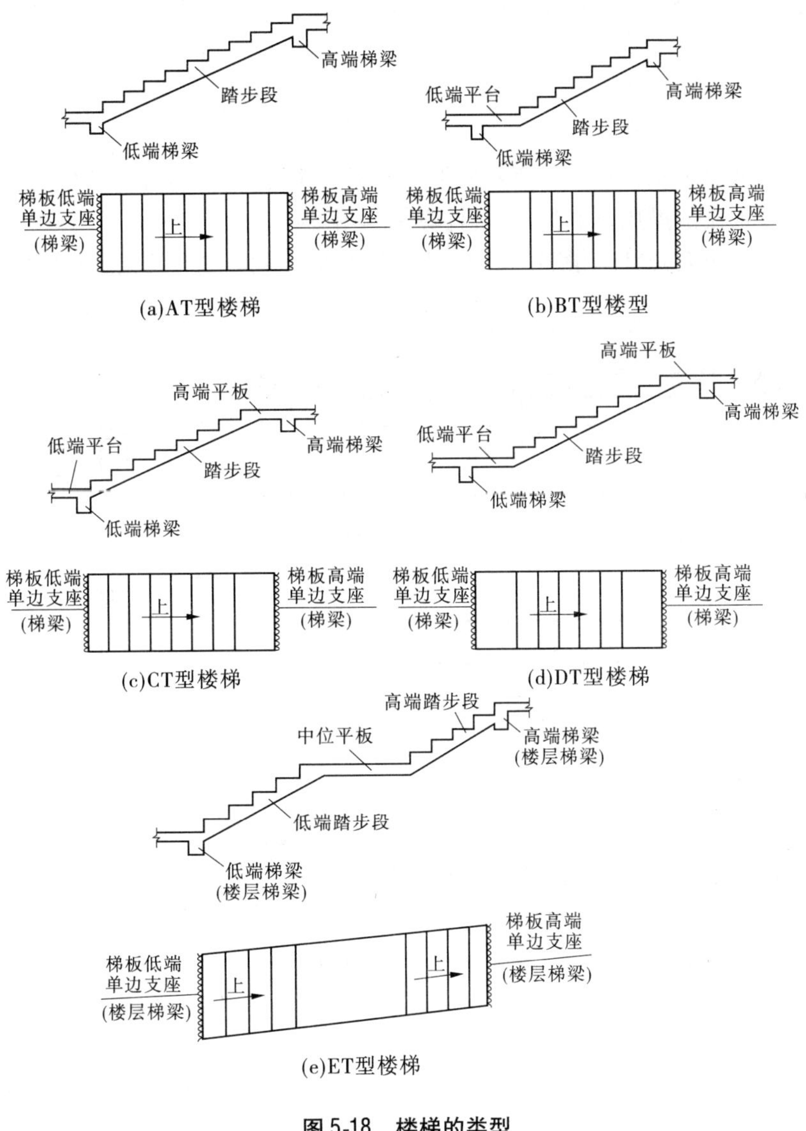

(a)AT型楼梯　(b)BT型楼型

(c)CT型楼梯　(d)DT型楼梯

(e)ET型楼梯

图5-18　楼梯的类型

任务5.3　梁、板的结构施工图

梁板的结构施工图,为了满足施工要求,钢筋混凝土构件结构施工图一般包括下列内容。

5.3.1　配筋图

配筋图表示钢筋骨架的形状以及在模板中的位置,主要为绑扎钢筋骨架用。凡规格、长度或形状不同的钢筋必须编以不同的编号,写在小圆圈内,并在编号引线旁注上这种钢筋的根数及直径。最好在每根钢筋的两端及中间都注上编号,以便于查清每根钢筋的来龙去脉。

5.3.2 钢筋表

钢筋表是列表表示构件中所有不同编号的钢筋种类、规格、形状、长度、根数、质量等,主要为下料及加工成型用,同时可用来计算钢筋用量。

编制钢筋表主要是计算钢筋的长度,下面以某简支梁为例介绍钢筋长度的计算方法,如图 5-19 所示。

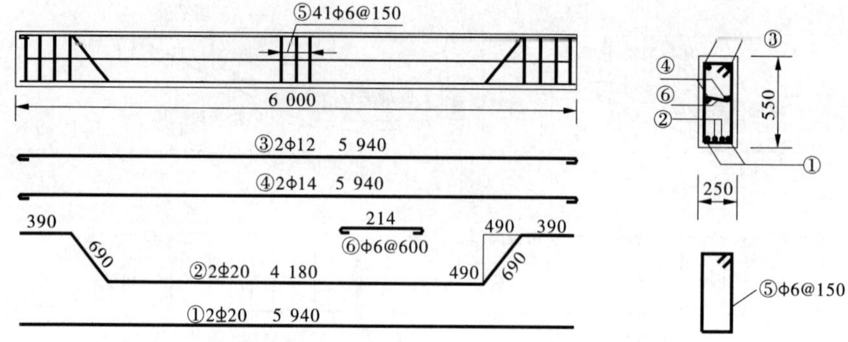

图 5-19 钢筋长度的计算 (单位:mm)

5.3.2.1 直钢筋

图 5-20 中的钢筋①、③、④为直钢筋,其直段上所注长度为构件长度减去 2 倍钢筋端头混凝土保护层厚度,此长度再加上两端弯钩长即为钢筋全长。一般每个弯钩长度为 $6.25d$。①受力钢筋是 HRB335 级,它的全长为 6 000 - 2 ×30 = 5 940 (mm)。架立钢筋③和腰筋④都是 HPB235 级钢筋,腰筋④全长为 6 000 - 2 × 30 + 2 × 6.25 × 14 = 6 115 (mm)。

5.3.2.2 弯起钢筋

图 5-20 中钢筋②的弯起部分的高度是以钢筋外皮计算的,即由梁高 550 mm 减去上、下混凝土保护层,即 550 - 60 = 490 (mm)。由于弯折角等于 45°,故弯起部分的底宽及斜边各为 490 mm 及 690 mm。弯起后的水平直段长度由抗剪计算为 390 mm(支承长度为 370 mm,370 - 30 + 50 = 390(mm)。钢筋②的中间水平直段长由计算得出,即 6 000 - 2 × 30 - 2 ×390 - 2 ×490 = 4 180(mm),最后可得弯起钢筋②的全长为 4 180 + 2 ×690 + 2 × 390 = 6 340(mm)。

5.3.2.3 箍筋和拉筋

箍筋尺寸一般标注内口尺寸,即构件截面外形尺寸减去主筋混凝土保护层厚度。在标注箍筋尺寸时,要注明所注尺寸是内口。

箍筋的弯钩大小与主筋的粗细有关,根据箍筋直径与主筋直径的不同,箍筋两个弯钩的增加长度见表 5-7。

表 5-7　箍筋两个弯钩的增加长度　　（单位：mm）

主筋直径	箍筋直径				
	5	6	8	10	12
10 ~ 25	80	100	120	40	180
28 ~ 32		120	140	160	210

图 5-20 中箍筋⑤的长度为：$2\times(490+190)+100=1\ 460$（mm）（内口）

图 5-20 中拉筋⑥的长度为：$250-2\times30+4\times6=214$（mm）

箍筋的根数为：$(6\ 000-2\times30)/150+1=41$

此简支梁的钢筋表见表 5-8。

表 5-8　钢筋表

编号	形状	直径（mm）	长度（mm）	根数	总长（m）	每米质量（kg/m）	质量（kg）
①	5 940	20	5 940	2	11. 88	2. 470	29. 34
②	390　690　4 180　690　390	20	6 340	2	12. 68	2. 470	31. 32
③	5 940	12	6 090	2	12. 18	0. 888	10. 82
④	5 940	14	6 115	2	12. 23	1. 210	14. 80
⑤	540　190　240　490（内口）	6	1 460	41	59. 9	0. 222	13. 30
⑥	214	6	289	11	3. 18	0. 222	0. 71
	总质量（kg）						100. 29

必须注意，钢筋表内的钢筋长度不是钢筋加工时的断料长度。由于钢筋在弯折及弯钩时要伸长一些，因此断料长度应等于计算长度扣除钢筋伸长值。伸长值和弯折角度大小等有关数据，可参阅施工手册。

5. 3. 3　说明或附注

说明或附注中包括说明之后可以减少图纸工作量的内容以及一些在施工过程中必须

引起注意的事项。例如,尺寸单位、钢筋保护层厚度、混凝土强度等级、钢筋级别、钢筋弯钩取值以及其他施工注意事项。

5.3.4 传统的结构施工图图示特点

钢筋混凝土结构构件配筋图的表示方法有三种:详图法、梁柱表法和平面整体表示法。详图法是通过平、立、剖面图将结构尺寸、配筋规格等“逼真”地表示出来的一种方法;梁柱表法是用表格方法将结构构件的结构尺寸、配筋规格用数字符号表达出来。详图法和梁柱表法都属于传统的施工图绘制方法。

(1)用单个构件的正投影图表达构件详图。即绘出构件的平面图、立面图及其相应断面图,列出材料明细表等,复杂构件还需绘出模板图、预埋件图。

(2)用双比例法绘制构件详图即在绘制构件详图时,构件轴线按照一种比例绘制,而构件上的杆件、零件等则按照另一种比例绘制,以便能够更加清晰地表达节点细节。

(3)结构施工图中,构件的立面图和断面图上,轮廓线多用中、细实线画出,图内不画材料图例,仅表达钢筋的配置情况,钢筋常用粗实线和黑圆点表示。

(4)结构施工图中采用多种图例来表达,如板的布置、楼梯间的表示等。

(5)详图法能加强绘图的基本训练,但绘图的工作量比较大,容易出错,并且不便于修改,目前已较少使用。梁柱表法的缺点是同类构件的许多数据需多次填写,容易出现错漏,但与详图法相比要简单方便得多,手工绘图量也比较少,目前还在使用。

项目 6　钢筋混凝土结构课程设计

我国各高职院校土木工程类专业学生在课程设计和毕业设计等实践环节中都有混凝土结构设计内容,其中建筑工程知识模块中混凝土结构设计主要包括以下内容:①钢筋混凝土伸臂梁设计;②钢筋混凝土单向肋形楼盖设计;③钢筋混凝土板式楼梯设计等。

课程设计是土木工程专业教学计划中很重要的教学实践环节,混凝土结构课程设计在这些实践环节当中占有很大的比重。学生在进行设计时由于没有从事设计的经验,只有老师手把手地教他们如何设计,让学生熟悉和掌握基本设计的步骤与方法,考虑到本课程的课时和学生的基础有限,特挑选几个典型的案例进行设计。

任务 6.1　钢筋混凝土伸臂梁设计

6.1.1　题目

钢筋混凝土伸臂梁设计。

6.1.2　目的

(1)使学生初步掌握钢筋混凝土梁的基本设计程序和设计方法,引导学生逐步树立正确的设计思维方式。

(2)培养学生应用所学的基本理论和知识解决实际问题的能力,培养学生独立思考和理论联系实际的学习风气。

6.1.3　应交成果

(1)计算说明书一份。

(2)梁的配筋图 1 张。

某水电站副厂房砖墙上支承一受均布荷载作用的外伸梁,该梁处于一类环境条件。其跨长、截面尺寸如图 6-1 所示。该外伸梁为 3 级建筑物。在基本荷载组合下所承受的荷载设计值:$g_1 + q_1 = 53$ kN/m,$g_2 + q_2 = 106$ kN/m(均包括自重)。采用 C25 混凝土,纵向受力钢筋为 HRB400 级钢筋,箍筋为 HPB235 级钢筋。试设计此梁并进行钢筋布置。

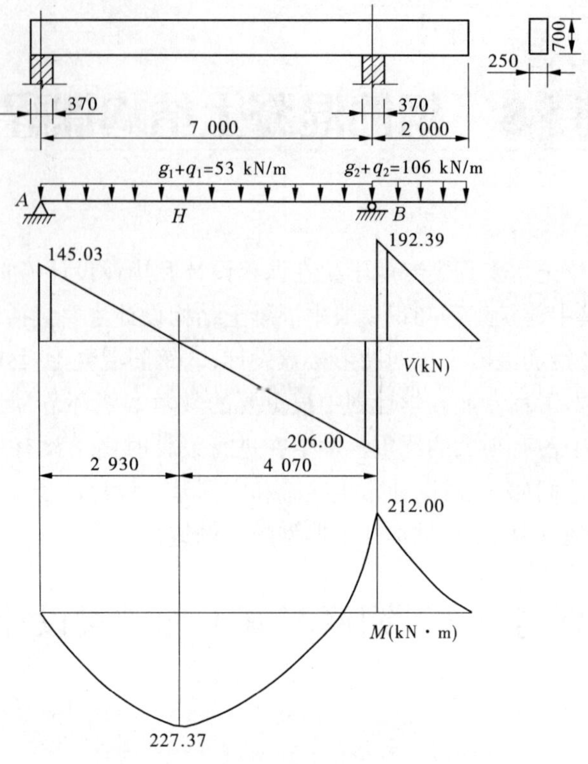

图 6-1 外伸梁计算简图 （单位:mm）

任务 6.2 钢筋混凝土梁设计任务书

6.2.1 基本资料

基本资料:某支承在砖墙上的钢筋混凝土矩形截面简支梁(2 级建筑物),其跨度如图 6-2所示。该梁处于一类环境条件。荷载标准值:g_k =18 kN/m(包括自重),q_k =8 + 学号 ×0.4 kN/m。采用 C30 混凝土,纵向受力钢筋采用 HRB400 级钢筋,架立钢筋、腰筋、箍筋和拉筋采用 HPB235 级钢筋。试设计此梁。

6.2.2 设计内容与步骤

(1)计算梁的内力,绘制弯矩图和剪力图。

(2)拟定截面尺寸并复核。

(3)根据正截面受弯承载力要求,确定纵向钢筋数量。

(4)根据斜截面受剪承载力要求,确定腹筋数量。

(5)钢筋的布置。

(6)绘制结构施工图。

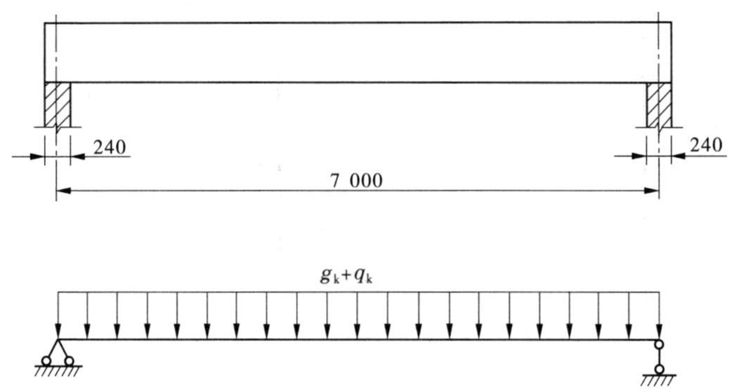

图 6-2　钢筋混凝土简支梁计算简图　（单位：mm）

6.2.3　上交成果

（1）梁的设计计算说明书一份。

（2）结构施工图一张（A3 图纸）。

任务 6.3　钢筋混凝土单向肋形楼盖设计

6.3.1　题目

钢筋混凝土单向肋形楼盖设计。

6.3.2　目的

（1）使学生了解和熟悉建筑工程结构设计的主要过程。通过课程设计让学生全面了解设计所需要的各种条件，包括气候环境、气象、水文、地质、地震等条件，以及这些条件对结构设计的影响，熟悉结构选型和构件截面选择方法，选用材料的确定，结构分析，结构设计和图纸绘制等全过程。

（2）锻炼和提高学生的钢筋混凝土结构的分析计算能力。课程设计中选择的楼盖设计是学生工作后经常遇到的结构形式，要通过这些结构的分析训练使学生全面掌握这些结构内力分析方法、内力分布规律和内力计算方法。

（3）锻炼学生的结构设计及构造处理能力。

（4）锻炼学生绘制结构施工图的能力。通过以上结构课程设计的制图训练，使学生能够基本掌握绘制结构施工图的方法。

6.3.3　设计步骤

（1）结构方案的布置与选择（略）。

（2）梁板截面形状及尺寸的选择、支承长度（略）。

(3)计算顺序:按板→次梁→主梁。

(4)计算步骤如下:

①荷载设计值计算。

②计算简图。

③内力计算。

a. 板、次梁采用内力塑性重分布法。

b. 主梁采用弹性理论法。

④配筋计算。

⑤选筋,画出配筋图。

⑥检查构造要求。

6.3.4 应交成果

(1)计算说明书一份。

(2)施工图2张,图纸内容包括:

①结构平面布置图。

②板的配筋图。

③次梁配筋图。

④主梁的弯矩包络图和配筋图。

⑤材料图和钢筋表(含板、次梁、主梁)。

⑥相关说明。

6.3.5 完成时间

一周至二周。

6.3.6 单向板肋梁楼盖设计任务书

某多层厂房采用钢筋混凝土现浇单向板肋梁楼盖,其中三层楼面荷载、材料及构造等设计资料如下:

(1)楼面活荷载标准值 $q_k =$ ______ kN/m^2,厂房平面尺寸 $L_1 \times L_2 =$ ______。

(2)楼面面层用20 mm厚水泥砂浆抹面($\gamma = 20\ kN/m^3$),板底及梁用15 mm,石灰砂浆抹底($\gamma = 17\ kN/m^3$)。

(3)混凝土强度等级采用C25、C30、C35,钢筋采用HPB235、HRB335或HRB400。

(4)板伸入墙内120 mm,次梁伸入墙内240 mm,主梁伸入墙内370 mm;柱的截面尺寸为400 mm×400 mm。

(5)厂房平面尺寸见任务分配表6-1。

表 6-1　任务分配表

$L_1 \times L_2$(m×m)	q_k(kN/m^2)							
	4	4.5	5	5.5	6	6.5	7	7.5
31.2×18.9	1	2	3	4	5	6	7	8
33.0×19.8	9	10	11	12	13	14	15	16
33.6×20.7	17	18	19	20	21	22	23	24
34.8×21.6	25	26	27	28	29	30	31	32
36.0×22.5	33	34	35	36	37	38	39	40
37.2×23.4	41	42	43	44	45	46	47	48
38.4×24.3	49	50	51	52	53	54	55	56

6.3.7　成绩评定

课程设计成绩一般按照分析计算占 40%、设计构造图占 30%、综合考核占 30% 评定较为适宜，一般分优、良、中、及格、不及格五等计分。

附 表

附表 1 混凝土强度标准值、设计值 (单位:N/mm²)

强度种类	混凝土强度等级						
	C15	C20	C25	C30	C35	C40	C45
轴心抗压 f_{ck}	10.0	13.4	16.7	20.1	23.4	26.8	29.6
轴心抗拉 f_{tk}	1.27	1.54	1.78	2.01	2.20	2.39	2.51
轴心抗压 f_c	7.2	9.6	11.9	14.3	16.7	19.1	21.1
轴心抗拉 f_t	0.91	1.10	1.27	1.43	1.57	1.71	1.80
强度种类	混凝土强度等级						
	C50	C55	C60	C65	C70	C75	C80
轴心抗压 f_{ck}	32.4	35.5	38.5	41.5	44.5	47.4	50.2
轴心抗拉 f_{tk}	2.64	2.74	2.85	2.93	2.99	3.05	3.11
轴心抗压 f_c	23.1	25.3	27.5	29.7	31.8	33.8	35.9
轴心抗拉 f_t	1.89	1.96	2.04	2.09	2.14	2.18	2.22

附表 2 混凝土弹性模量和疲劳变形模量 (单位: $\times 10^4$ N/mm²)

强度种类	混凝土强度等级						
	C15	C20	C25	C30	C35	C40	C45
弹性模量 E_c	2.20	2.55	2.80	3.00	3.15	3.25	3.35
疲劳变形模量 E_{cf}	—	1.1	1.2	1.3	1.4	1.5	1.55
强度种类	混凝土强度等级						
	C50	C55	C60	C65	C70	C75	C80
弹性模量 E_c	3.45	3.55	3.60	3.65	3.70	3.75	3.80
疲劳变形模量 E_{cf}	1.6	1.65	1.7	1.75	1.8	1.85	1.9

附表 3　普通钢筋强度设计值　　（单位：N/mm^2）

牌号	抗拉强度设计值 f_y	抗压强度设计值 f'_y
HPB300	270	270
HRB335、HRBF335	300	300
HRB400、HRBF400、RRB400	360	360
HRB500、HRBF500	435	410

附表 4　纵向受力钢筋混凝土保护层最小厚度　　（单位：mm）

环境类别		板、墙、壳			梁			柱	
		≤C20	C25 ~ C45	≥C50	≤C20	C25 ~ C45	≥C50	C25 ~ C45	≥C50
一		20	15	15	30	25	25	30	30
二	a	—	20	20	—	30	25	30	30
	b	—	25	20	—	35	30	35	30
三		—	30	25	—	40	35	40	35

说明：1. 基础的保护层厚度不小于 40 mm，当无垫层时不小于 70 mm。

2. 处于一类环境且由工厂生产的预制构件，当混凝土强度等级不低于 C25 时，其保护层厚度可按表中规定减少 5 mm。但预制构件中的预应力钢筋的保护层不应小于 15 mm；处于二类环境且由工厂生产的预制构件，当表面另做水泥砂浆抹面层且有质量保护措施时，保护层厚度可按表中一类环境数值取用。

3. 预制钢筋混凝土受弯构件钢筋端头的保护层厚度宜为 10 mm，预制肋形板主肋钢筋的保护层厚度应按梁的数值采用。

4. 当梁、柱的保护层厚度大于 40 mm 时，应对混凝土保护层采取有效的防裂构造措施。

5. 有防火要求的建筑，其保护层厚度还应符合国家现行有关防火规范的规定。

附表5　等截面等跨连续梁在常用荷载作用下的内力系数

在均布荷载及三角形荷载作用下：

$$M = \alpha_1 g l_0^2 + \alpha_2 q l_0^2 \qquad V = \beta_1 q l_n + \beta_2 q l_n$$

在集中荷载作用下：

$$M = \alpha_1 G l_0 + \alpha_2 Q l_0 \qquad V = \beta_1 G + \beta_2 Q$$

式中　g、q——单位长度上的均布恒荷载、活荷载；

　　G、Q——集中恒荷载、活荷载；

内力正、负号规定：M以使截面上部受压、下部受拉力为正，V以对邻近截面所产生的力矩为顺时针方向为正。

(1)双跨梁

序号	荷载简图	跨内最大弯矩		支座弯矩	剪力		
		M_1	M_2	M_B	V_A	$V_{B左}$ $V_{B右}$	V_C
1		0.070	0.070	-0.125	0.375	-0.625 0.625	-0.375
2		0.096	—	-0.063	0.437	-0.563 0.063	0.063
3		0.048	0.048	-0.078	0.172	-0.328 0.328	-0.172
4		0.064	—	-0.039	0.211	-0.289 0.039	0.039
5		0.156	0.156	-0.188	0.312	-0.688 0.688	-0.312
6		0.203	—	-0.094	0.406	-0.594 0.094	0.094
7		0.222	0.222	-0.333	0.667	-1.333 1.333	-0.667
8		0.278	—	-0.167	0.833	-1.167 0.167	0.167

(2)三跨梁

序号	荷载简图	跨内最大弯矩		支座弯矩		剪力			
		M_1	M_2	M_B	M_C	V_A	$V_{B左}$ $V_{B右}$	$V_{C左}$ $V_{C右}$	V_D
1	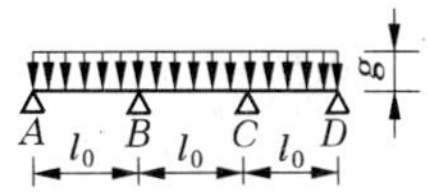	0.080	0.025	-0.100	-0.100	0.400	-0.600 0.500	-0.500 0.600	-0.400
2	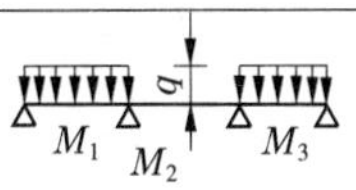	0.101	—	-0.050	-0.050	0.450	-0.550 0	0 0.550	-0.450
3	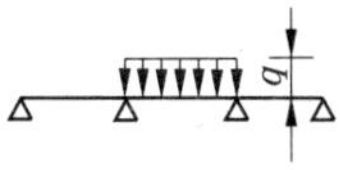	—	0.075	-0.050	-0.050	-0.050	-0.050 0.500	-0.500 0.050	0.050
4	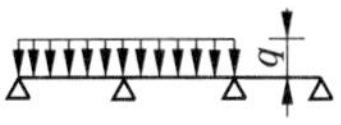	0.073	0.054	-0.117	-0.033	0.383	-0.617 0.583	-0.417 0.033	0.033
5	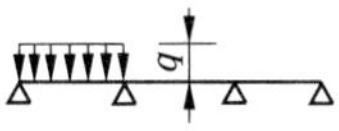	0.094	—	-0.067	0.017	0.433	-0.567 0.083	0.083 -0.017	-0.017
6		0.054	0.021	-0.063	-0.063	0.183	-0.313 0.250	-0.250 0.313	-0.188
7	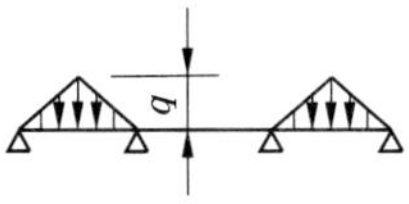	0.068	—	-0.031	-0.031	0.219	-0.281 0	0 0.281	-0.219
8	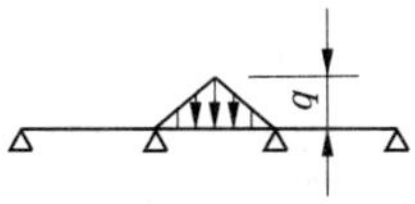	—	0.052	-0.031	-0.031	0.031	-0.031 0.250	-0.250 0.051	0.031
9	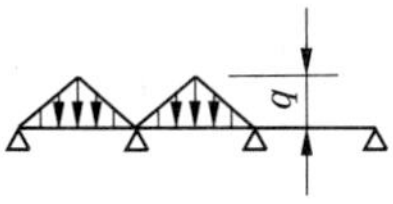	0.050	0.038	-0.073	-0.021	0.177	-0.323 0.302	-0.198 0.021	0.021
10	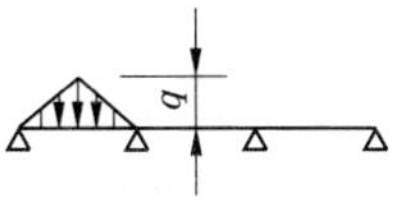	0.063	—	-0.042	0.010	0.208	-0.292 0.052	0.052 -0.010	-0.010
11	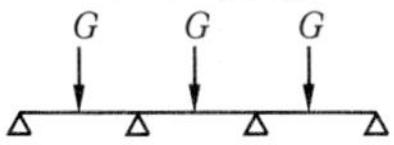	0.175	0.100	-0.150	-0.150	0.350	-0.650 0.500	-0.500 0.650	-0.350

续(2)三跨梁

序号	荷载简图	跨内最大弯矩		支座弯矩		剪力			
		M_1	M_2	M_B	M_C	V_A	$V_{B左}$ $V_{B右}$	$V_{C左}$ $V_{C右}$	V_D
12	Q Q	0.213	—	-0.075	-0.075	0.425	-0.575 0	0 0.575	-0.425
13	Q	—	0.175	-0.075	-0.075	-0.075	-0.075 0.500	-0.500 0.075	0.075
14	Q Q	0.162	0.137	-0.175	-0.050	0.325	-0.675 0.625	-0.375 0.050	0.050
15	Q	0.200	—	0.100	0.025	0.400	-0.600 0.125	0.125 -0.025	-0.025
16	GG GG GG	0.244	0.067	-0.267	-0.267	0.733	-1.267 1.000	-1.000 1.267	-0.733
17	QQ QQ	0.289	—	-0.133	-0.133	0.866	-1.134 0	0 1.134	-0.866
18	QQ	—	0.200	-0.133	-0.133	-0.133	-0.133 1.000	-1.000 0.133	0.133
19	QQ QQ	0.229	0.170	-0.311	-0.089	0.689	-1.311 1.222	-0.778 0.089	0.089
20	QQ	0.274	—	-0.178	0.044	0.822	-1.178 0.222	0.222 -0.044	-0.044

(3)四跨梁

序号	荷载简图	跨内最大弯矩				支座弯矩			剪力				
		M_1	M_2	M_3	M_4	M_B	M_C	M_D	V_A	$V_{B左}$ $V_{B右}$	$V_{C左}$ $V_{C右}$	$V_{D左}$ $V_{D右}$	V_E
1	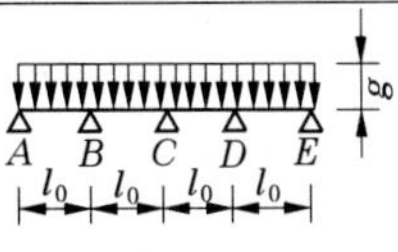	0.077	0.036	0.036	0.077	-0.107	-0.071	-0.107	0.393	-0.607 0.536	-0.464 0.464	-0.536 0.607	-0.393
2	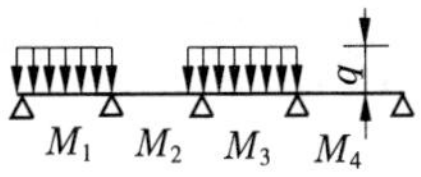	0.100	—	0.081	—	-0.054	-0.036	-0.054	0.446	-0.554 0.018	0.018 0.482	-0.518 0.054	0.054
3	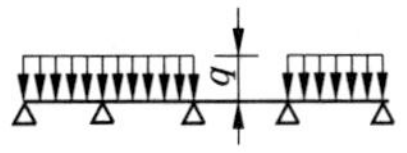	0.072	0.061	—	0.098	-0.121	-0.018	-0.058	0.380	-0.620 0.603	-0.397 -0.040	-0.040 -0.558	-0.442
4	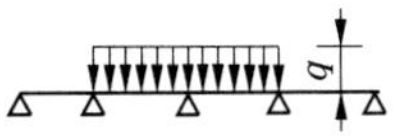	—	0.056	0.056	—	-0.036	-0.107	-0.036	-0.036	-0.036 0.429	-0.571 0.571	-0.429 0.036	0.036
5	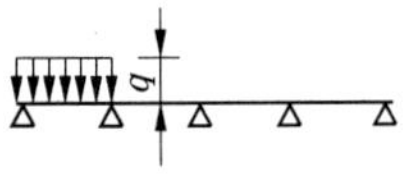	0.094	—	—	—	-0.067	0.018	-0.004	0.433	-0.567 0.085	0.085 -0.022	0.022 0.004	0.004
6	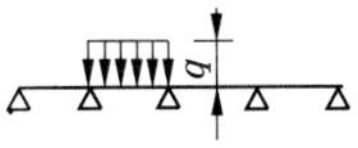	—	0.071	—	—	-0.049	-0.054	0.013	-0.049	-0.049 0.496	-0.504 0.067	0.067 0.013	-0.013
7	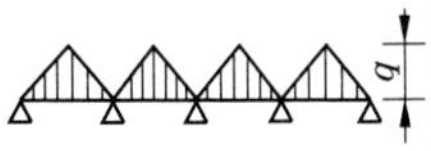	0.062	0.028	0.028	0.052	-0.067	-0.045	-0.067	0.183	-0.317 0.272	-0.228 0.228	-0.272 0.317	-0.183
8		0.067	—	0.055	—	-0.084	-0.022	-0.034	0.217	-0.234 0.011	0.011 0.239	-0.261 0.034	0.034
9	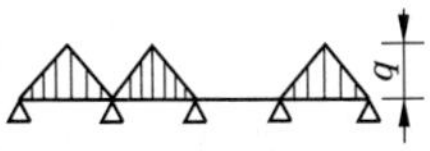	0.049	0.042	—	0.066	-0.075	-0.011	-0.036	0.175	-0.325 0.314	-0.186 -0.025	-0.025 0.286	-0.214
10		—	0.040	0.040	—	-0.022	-0.067	-0.022	-0.022	-0.022 0.205	-0.295 0.295	-0.205 0.022	0.022
11	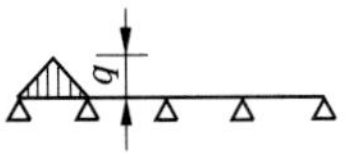	0.088	—	—	—	-0.042	-0.011	-0.003	0.208	-0.292 0.053	0.063 -0.014	-0.014 0.003	0.003
12	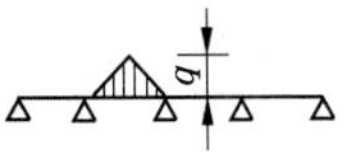	—	0.051	—	—	-0.031	-0.034	0.008	-0.031	-0.031 0.247	-0.253 0.042	0.042 -0.008	-0.008

续(3)四跨梁

序号	荷载简图	跨内最大弯矩				支座弯矩			剪力				
		M_1	M_2	M_3	M_4	M_B	M_C	M_D	V_A	$V_{B左}$ $V_{B右}$	$V_{C左}$ $V_{C右}$	$V_{D左}$ $V_{D右}$	V_E
13	G G G G	0.169	0.116	0.116	0.169	-0.161	-0.107	-0.161	0.339	-0.661 0.554	-0.446 0.446	-0.554 0.661	-0.330
14	Q Q	0.210	—	0.183	—	-0.080	-0.054	-0.080	0.420	-0.580 0.027	0.027 0.473	-0.527 0.080	0.080
15	Q Q Q	0.159	0.146	—	0.206	-0.181	-0.027	-0.087	0.319	-0.681 0.654	-0.346 -0.060	-0.060 0.587	-0.413
16	Q Q	—	0.142	0.142	—	-0.054	-0.161	-0.054	0.054	-0.054 0.393	-0.607 0.607	-0.393 0.054	0.054
17	Q	0.200	—	—	—	-0.100	-0.027	-0.007	0.400	-0.600 0.127	0.127 -0.033	-0.033 0.007	0.007
18	Q	—	0.173	—	—	-0.074	-0.080	0.020	-0.074	-0.074 0.493	-0.507 0.100	0.100 -0.020	-0.020
19	GG GG GG GG	0.238	0.111	0.111	0.238	-0.286	-0.191	-0.286	0.714	1.286 1.095	-0.905 0.905	-1.095 1.286	-0.714
20	QQ QQ	0.286	—	0.222	—	-0.143	-0.095	-0.143	0.857	-1.143 0.048	0.048 0.952	-1.048 0.143	0.143
21	QQ QQ QQ	0.226	0.194	—	0.282	-0.321	-0.048	-0.155	0.679	-1.321 1.274	-0.726 -0.107	-0.1074 1.155	-0.845
22	QQ QQ	—	0.175	0.175	—	-0.095	-0.286	-0.095	-0.095	0.095 0.810	-1.190 1.190	-0.810 0.095	0.095
23	QQ	0.274	—	—	—	-0.178	0.048	-0.012	0.822	-1.178 0.226	0.226 -0.060	-0.060 0.012	0.012
24	QQ	—	0.198	—	—	-0.131	-0.143	0.036	-0.131	-0.131 0.988	-1.012 0.178	0.178 -0.036	-0.036

(4)五跨梁

序号	荷载图	跨内最大弯矩			支座弯矩				剪力					
		M_1	M_2	M_3	M_B	M_C	M_D	M_E	V_A	$V_{B左}$ $V_{B右}$	$V_{C左}$ $V_{C右}$	$V_{D左}$ $V_{D右}$	$V_{E左}$ $V_{E右}$	V_F
1		0.078	0.033	0.046	-0.105	-0.079	-0.079	-0.105	0.394	-0.606 0.526	-0.474 0.500	-0.500 0.474	-0.526 0.606	-0.394
2		0.100	—	0.085	-0.053	-0.040	-0.040	-0.053	0.447	-0.553 0.013	0.013 0.500	-0.500 -0.013	-0.013 0.553	-0.447
3		—	0.079	—	-0.053	-0.040	-0.040	-0.053	-0.053	-0.053 0.513	-0.487 0	0 0.487	-0.153 0.053	0.053
4		0.073	0.059	—	-0.119	-0.022	-0.044	-0.051	0.380	-0.620 0.598	-0.402 -0.023	-0.023 0.493	-0.507 0.052	0.052
5		①— 0.098	0.055	0.064	-0.035	-0.111	-0.020	-0.057	0.035	0.035 0.424	0.576 0.591	-0.409 -0.037	-0.037 0.557	-0.443
6		0.094	—	—	-0.067	0.018	-0.005	0.001	0.433	0.567 0.085	0.086 0.023	0.023 0.006	0.006 -0.001	0.001
7		—	0.074	—	-0.049	-0.054	0.014	-0.004	0.019	-0.049 0.496	-0.505 0.068	0.068 -0.018	-0.018 0.004	0.004
8		—	—	0.072	0.013	0.053	0.053	0.013	0.013	0.0143 -0.066	-0.066 0.500	-0.500 0.066	0.066 -0.013	0.013
9		0.053	0.026	0.034	-0.066	-0.049	0.049	-0.066	0.184	-0.316 0.266	-0.234 0.250	-0.250 0.234	-0.266 0.316	0.184
10		0.067	—	0.059	-0.033	-0.025	-0.025	0.033	0.217	0.283 0.008	0.008 0.250	-0.250 -0.006	-0.008 0.283	0.217
11		—	0.055	—	-0.033	-0.025	-0.025	-0.033	0.033	-0.033 0.258	-0.242 0	0 0.242	-0.258 0.033	0.033
12		0.049	②0.041 0.053	—	-0.075	-0.014	-0.028	-0.032	0.175	0.325 0.311	-0.189 -0.014	-0.014 0.246	-0.255 0.032	0.032

续(4)五跨梁

序号	荷载图	跨内最大弯矩			支座弯矩				剪力					
		M_1	M_2	M_3	M_B	M_C	M_D	M_E	V_A	$V_{B左}$ $V_{B右}$	$V_{C左}$ $V_{C右}$	$V_{D左}$ $V_{D右}$	$V_{E左}$ $V_{E右}$	V_F
13	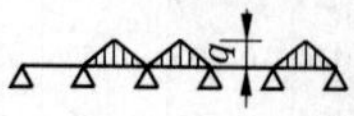	①— 0.066	0.039	0.044	-0.022	-0.070	-0.013	-0.036	-0.002	-0.022 0.202	-0.298 0.307	-0.198 -0.028	-0.023 0.286	-0.214
14	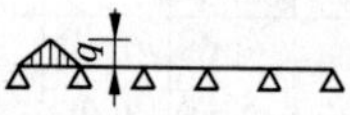	0.063	—	—	-0.042	0.011	-0.003	0.001	0.208	-0.292 0.053	0.053 -0.014	-0.014 0.004	0.004 -0.001	-0.001
15	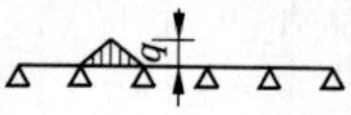	—	0.051	—	-0.031	-0.034	0.009	-0.002	-0.031	0.031 0.247	0.253 0.043	0.049 -0.011	0.011 0.002	0.002
16	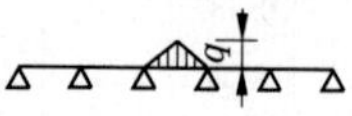	—	—	0.050	0.008	-0.033	-0.033	0.008	0.008	0.008 -0.041	-0.041 0.250	-0.250 0.041	0.041 -0.008	-0.008
17	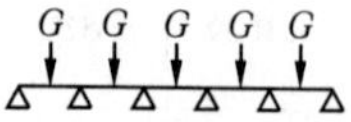	0.171	0.112	0.132	-0.158	-0.118	-0.118	-0.158	0.342	-0.658 0.540	-0.460 0.500	-0.500 0.460	-0.540 0.658	-0.342
18	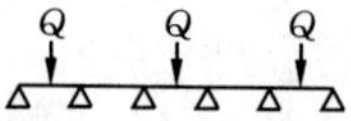	0.211	—	0.191	-0.079	-0.059	-0.059	-0.079	0.421	-0.579 0.020	0.020 0.500	-0.500 -0.020	-0.020 0.579	-0.421
19	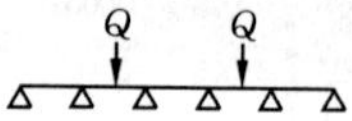	—	0.181	—	-0.079	-0.059	-0.059	-0.079	-0.079	-0.079 0.520	-0.480 0	0 0.480	-0.520 0.079	0.079
20	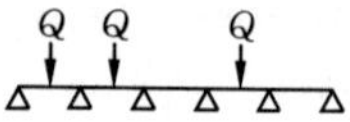	0.160	②0.144 0.178	—	-0.179	-0.032	-0.066	-0.077	0.321	-0.679 0.647	-0.353 -0.034	-0.034 0.489	-0.511 0.077	0.077
21	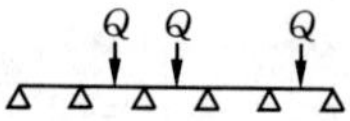	①— 0.207	0.140	0.151	-0.052	-0.167	-0.031	-0.086	-0.052	-0.052 0.385	-0.615 0.637	-0.363 -0.056	-0.056 0.586	-0.414
22	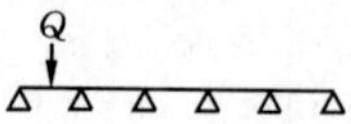	0.200	—	—	-0.100	0.027	-0.007	0.002	0.040	-0.600 0.127	0.127 -0.031	-0.034 0.009	0.009 -0.002	-0.002
23	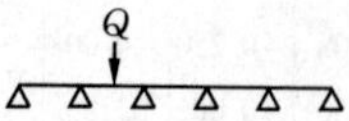	—	0.173	—	-0.073	-0.081	0.022	-0.005	-0.073	-0.073 0.493	-0.507 0.102	0.102 -0.027	-0.027 0.005	0.005
24	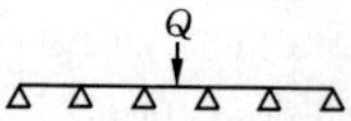	—	—	0.171	0.020	-0.079	-0.079	0.020	0.020	0.020 -0.099	-0.099 0.500	-0.500 0.099	0.090 -0.020	-0.020
25	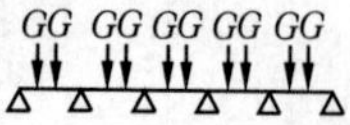	0.240	0.100	0.122	-0.281	-0.211	0.211	-0.281	0.719	-1.281 1.070	-0.930 1.000	-1.000 0.930	1.070 1.281	-0.719

续(4)五跨梁

序号	荷载图	跨内最大弯矩			支座弯矩				剪力					
		M_1	M_2	M_3	M_B	M_C	M_D	M_E	V_A	$V_{B左}$ $V_{B右}$	$V_{C左}$ $V_{C右}$	$V_{D左}$ $V_{D右}$	$V_{E左}$ $V_{E右}$	V_F
26	QQ QQ QQ	0. 287	—	0. 228	-0. 140	-0. 105	-0. 105	-0. 140	0. 860	-1. 140 0. 035	0. 035 1. 000	1. 000 -0. 035	-0. 035 1. 140	-0. 860
27	QQ QQ	—	0. 216	—	-0. 140	-0. 105	-0. 105	-0. 140	-0. 140	-0. 140 1. 035	-0. 965 0	0 0. 965	-1. 035 0. 140	0. 140
28	QQ QQ QQ	0. 227	②0. 189 0. 209	—	-0. 319	-0. 057	-0. 118	-0. 137	0. 681	-1. 319 1. 262	-0. 738 -0. 061	-0. 061 0. 981	-1. 019 0. 137	0. 137
29	QQ QQ QQ	①— 0. 282	0. 172	0. 198	-0. 093	-0. 297	-0. 054	-0. 153	-0. 093	-0. 093 0. 796	-1. 204 1. 243	-0. 757 -0. 099	-0. 099 1. 153	-0. 847
30	QQ	0. 274	—	—	-0. 179	0. 048	-0. 013	0. 003	0. 821	-1. 179 0. 227	0. 227 -0. 061	-0. 061 0. 016	0. 016 -0. 003	-0. 003
31	QQ	—	0. 198	—	-0. 131	-0. 144	0. 038	-0. 010	-0. 131	-0. 131 0. 987	-1. 013 0. 182	0. 182 -0. 048	-0. 048 0. 010	0. 010
32	QQ	—	—	0. 193	0. 035	-0. 140	-0. 140	0. 035	0. 035	0. 035 -0. 175	-0. 175 1. 000	-1. 000 0. 175	0. 175 -0. 035	-0. 035

注:1. 表中①分子及分母分别为 M_1 及 M_5 的弯矩系数。

2. 表中②分子及分母分别为 M_2 及 M_4 的弯矩系数。

附表6 按弹性理论计算在均布荷载作用下矩形双向板的弯矩系数

边界条件	(1)四边简支		(2)三边简支、一边固定									
l_x/l_y	M_x	M_y	M_x	$M_{x\max}$	M_y	$M_{y\max}$	M_y^0	M_x	$M_{x\max}$	M_y	$M_{y\max}$	M_x^0
0.50	0.099 4	0.033 5	0.091 4	0.093 0	0.035 2	0.039 7	-0.121 5	0.059 3	0.065 7	0.015 7	0.017 1	-0.121 2
0.55	0.092 7	0.035 9	0.083 2	0.084 6	0.037 1	0.040 5	-0.119 3	0.057 7	0.063 3	0.017 5	0.019 0	-0.118 7
0.60	0.086 0	0.037 9	0.075 2	0.076 5	0.038 6	0.040 9	-0.116 6	0.055 6	0.060 8	0.019 4	0.020 9	-0.115 8
0.65	0.079 5	0.039 6	0.067 6	0.068 8	0.039 6	0.041 2	-0.113 3	0.053 4	0.058 1	0.021 2	0.022 6	-0.112 4
0.70	0.073 2	0.041 0	0.060 4	0.061 6	0.040 0	0.041 7	-0.109 6	0.051 0	0.055 5	0.022 9	0.024 2	-0.108 7
0.75	0.067 3	0.042 0	0.053 8	0.054 9	0.040 0	0.041 7	-0.105 6	0.048 5	0.052 5	0.024 4	0.025 7	-0.104 8
0.80	0.061 7	0.042 8	0.047 8	0.049 0	0.039 7	0.041 5	-0.101 4	0.045 9	0.049 5	0.025 8	0.027 0	-0.100 7
0.85	0.056 4	0.043 2	0.042 5	0.043 6	0.039 1	0.041 0	-0.097 0	0.043 4	0.046 6	0.027 1	0.028 3	-0.096 5
0.90	0.051 6	0.043 4	0.037 7	0.038 8	0.038 2	0.040 2	-0.092 6	0.040 9	0.043 8	0.028 1	0.029 3	-0.092 2
0.95	0.047 1	0.043 2	0.033 4	0.034 5	0.037 1	0.039 3	-0.088 2	0.038 4	0.040 9	0.029 0	0.030 1	-0.088 0
1.00	0.042 9	0.042 9	0.029 6	0.030 6	0.036 0	0.038 8	-0.083 9	0.036 0	0.038 8	0.029 6	0.030 6	-0.083 9

边界条件	(3)两对边简支、两对边固定						(4)两邻边简支、两邻边固定					
l_x/l_y	M_x	M_y	M_y^0	M_x	M_y	M_x^0	M_x	$M_{x\max}$	M_y	$M_{y\max}$	M_x^0	M_y^0
0.50	0.083 7	0.036 7	-0.119 1	0.041 9	0.008 6	-0.084 3	0.057 2	0.058 4	0.017 2	0.022 9	-0.117 9	-0.078 6
0.55	0.074 3	0.038 3	-0.115 6	0.041 5	0.009 6	-0.084 0	0.054 6	0.055 6	0.019 2	0.024 1	-0.114 0	-0.078 5
0.60	0.065 3	0.039 3	-0.111 4	0.040 9	0.010 9	-0.083 4	0.051 8	0.052 6	0.021 2	0.025 2	-0.109 5	-0.078 2
0.65	0.056 9	0.039 4	-0.106 6	0.040 2	0.012 2	-0.082 6	0.048 6	0.049 6	0.022 8	0.026 1	-0.104 5	-0.077 7
0.70	0.049 4	0.039 2	-0.101 3	0.039 1	0.013 5	-0.081 4	0.045 5	0.046 5	0.024 3	0.026 7	-0.099 2	-0.077 0
0.75	0.042 8	0.038 3	-0.095 9	0.038 1	0.014 9	-0.079 9	0.042 2	0.043 0	0.025 4	0.027 2	-0.093 8	-0.076 0
0.80	0.036 9	0.037 2	-0.090 4	0.036 8	0.016 2	-0.078 2	0.039 0	0.039 7	0.026 3	0.027 8	-0.088 3	-0.074 8
0.85	0.031 8	0.035 8	-0.085 0	0.035 5	0.017 4	-0.076 3	0.035 8	0.036 6	0.026 9	0.028 4	-0.082 9	-0.073 3
0.90	0.027 5	0.034 3	-0.076 7	0.034 1	0.018 6	-0.074 3	0.032 8	0.033 7	0.027 3	0.028 8	-0.077 6	-0.071 6
0.95	0.023 8	0.032 8	-0.074 6	0.032 6	0.019 6	-0.072 1	0.029 9	0.030 8	0.027 3	0.028 9	-0.072 6	-0.069 8
1.00	0.020 6	0.031 1	-0.069 8	0.031 1	0.020 6	-0.069 8	0.027 3	0.028 1	0.027 3	0.028 9	-0.067 7	-0.067 7

续附表 6

边界条件	(5)一边简支、三边固定					
l_x/l_y	M_x	$M_{x\max}$	M_y	$M_{y\max}$	M_x^0	M_y^0
0.50	0.041 3	0.042 4	0.009 6	0.015 7	-0.083 6	-0.056 9
0.55	0.040 5	0.041 5	0.010 8	0.016 0	-0.082 7	-0.057 0
0.60	0.039 4	0.040 4	0.012 3	0.016 9	-0.081 4	-0.057 1
0.65	0.038 1	0.039 0	0.013 7	0.017 8	-0.079 6	-0.057 2
0.70	0.036 6	0.037 5	0.015 1	0.018 6	-0.077 4	-0.057 2
0.75	0.034 9	0.035 8	0.016 4	0.019 3	-0.075 0	-0.057 2
0.80	0.033 1	0.033 9	0.017 6	0.019 9	-0.072 2	-0.057 0
0.85	0.031 2	0.031 9	0.018 6	0.020 4	-0.069 3	-0.056 7
0.90	0.029 5	0.030 0	0.020 1	0.020 9	-0.066 3	-0.056 3
0.95	0.027 4	0.028 1	0.020 4	0.021 4	-0.063 1	-0.055 8
1.00	0.025 5	0.026 1	0.020 6	0.021 9	-0.060 0	-0.050 0

边界条件	(5)一边简支、三边固定						(6)四边固定			
l_x/l_y	M_x	$M_{x\max}$	M_y	$M_{y\max}$	M_y^0	M_x^0	M_x	M_y	M_x^0	M_y^0
0.50	0.055 1	0.060 5	0.018 8	0.020 1	-0.078 4	-0.114 6	0.040 6	0.010 5	-0.082 9	-0.057 0
0.55	0.051 7	0.056 3	0.021 0	0.022 3	-0.078 0	-0.109 3	0.039 4	0.012 0	-0.081 4	-0.057 1
0.60	0.048 0	0.052 0	0.022 9	0.024 2	-0.077 3	-0.103 3	0.038 0	0.013 7	-0.079 3	-0.057 1
0.65	0.044 1	0.047 6	0.024 4	0.025 6	-0.076 2	-0.097 0	0.036 1	0.0152	-0.076 6	-0.057 1
0.70	0.040 2	0.043 3	0.025 6	0.026 7	-0.074 8	-0.090 3	0.034 0	0.016 7	-0.073 5	-0.056 9
0.75	0.036 4	0.039 0	0.026 3	0.027 3	-0.072 9	-0.083 7	0.031 8	0.017 9	-0.070 1	-0.056 5
0.80	0.032 7	0.034 8	0.026 7	0.027 6	-0.070 7	-0.077 2	0.029 5	0.018 9	-0.066 4	-0.055 9
0.85	0.029 3	0.031 2	0.026 8	0.027 7	-0.068 3	-0.071 1	0.027 2	0.019 7	-0.062 6	-0.055 1
0.90	0.026 1	0.027 7	0.026 5	0.027 3	-0.065 6	-0.065 3	0.024 9	0.020 2	-0.058 8	-0.054 1
0.95	0.023 2	0.024 6	0.026 1	0.026 9	-0.062 9	-0.059 9	0.022 7	0.020 5	-0.055 0	-0.052 8
1.00	0.020 6	0.021 9	0.025 5	0.026 1	-0.060 0	-0.055 0	0.020 5	0.020 5	-0.051 3	-0.051 3

续附表 6

边界条件：(7)三边固定、一边自由

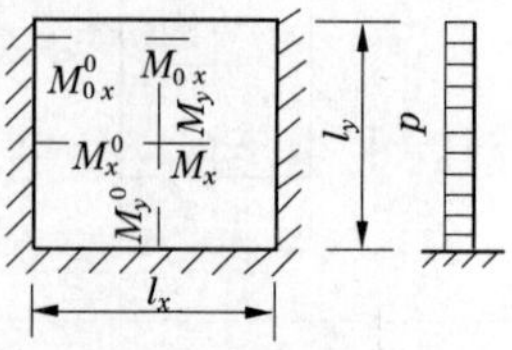

l_x/l_y	M_x	M_y	M_x^0	M_y^0	M_{0x}	M_{0x}^0	l_x/l_y	M_x	M_y	M_x^0	M_y^0	M_{0x}	M_{0x}^0
0.30	0.001 8	−0.003 9	−0.013 5	−0.034 4	0.006 8	−0.034 5	0.85	0.026 2	0.012 5	−0.055 8	−0.056 2	0.040 9	0.065 1
0.35	0.003 9	−0.002 6	−0.017 9	−0.040 6	0.011 2	−0.043 2	0.90	0.027 7	0.012 9	−0.061 5	−0.056 3	0.041 7	−0.064 4
0.40	0.006 3	−0.000 8	−0.022 7	−0.045 4	0.016 0	−0.050 6	0.95	0.029 1	0.013 1	−0.063 9	−0.056 4	0.042 2	−0.063 8
0.45	0.009 0	0.001 4	−0.027 5	−0.048 9	0.020 7	−0.056 4	1.00	0.030 4	0.013 3	−0.066 2	−0.056 5	0.042 7	−0.063 2
0.50	0.011 6	0.003 4	−0.032 2	−0.051 3	0.025 0	−0.060 7	1.10	0.032 7	0.013 3	−0.070 1	−0.056 6	0.043 1	−0.062 3
0.55	0.014 2	0.005 4	−0.036 8	−0.053 0	0.028 8	−0.063 5	1.20	0.034 5	0.013 0	−0.073 2	−0.056 7	0.043 3	−0.061 7
0.60	0.016 6	0.007 2	−0.041 2	−0.054 1	0.032 0	−0.065 2	1.30	0.036 8	0.012 5	−0.075 8	−0.056 8	0.043 4	−0.061 4
0.65	0.018 8	0.008 7	−0.045 3	−0.054 8	0.034 7	−0.066 1	1.40	0.038 0	0.011 9	−0.077 8	−0.056 8	0.043 3	−0.061 4
0.70	0.020 9	0.010 0	−0.049 0	−0.055 3	0.036 8	−0.066 3	1.50	0.039 0	0.011 3	−0.079 4	−0.056 9	0.043 3	−0.061 6
0.75	0.022 8	0.011 1	−0.052 6	−0.055 7	0.038 5	−0.066 1	1.75	0.040 5	0.009 9	−0.081 9	−0.056 9	0.043 1	−0.062 5
0.80	0.024 6	0.011 9	−0.055 8	−0.056 0	0.039 9	−0.065 6	2.00	0.041 3	0.008 7	−0.083 2	−0.056 9	0.043 1	−0.063 7

注：M_x、$M_{x\max}$——平行于 l_x 方向板中心点弯矩和板跨内的最大弯矩；

M_y、$M_{y\max}$——平行于 l_y 方向板中心点弯矩和板跨内的最大弯矩；

M_x^0——固定边中点沿 l_x 方向的弯矩；

M_y^0——固定边中点沿 l_y 方向的弯矩；

M_{0x}——平行于 l_x 方向自由边的中点弯矩；

M_{0x}^0——平行于 l_y 方向自由边上固定端的支座弯矩。

代表固定边　　代表简支边　　代表自由边

参考文献

[1] 刘立新,叶燕华. 混凝土结构原理[M]. 武汉:武汉理工大学出版社,2010.

[2] 翁光远,唐娴,张省侠. 钢筋混凝土结构与砌体结构[M]. 北京:清华大学出版社,2008.

[3] 陈长冰. 混凝土结构基本原理[M]. 北京:中国电力出版社,2010.

[4] 陈达飞. 平法识图与钢筋计算[M]. 2 版. 北京:中国建筑工业出版社,2012.

[5] 河海大学,武汉大学,大连理工大学,等. 水工钢筋混凝土结构学[M]. 4 版. 北京:中国水利水电出版社,2009.

[6] 中华人民共和国住房和城乡建设部,中华人民共和国国家质量监督检验检疫总局. GB/T 50105—2010 建筑结构制图标准[S]. 北京:中国建筑工业出版社,2011.

[7] 朱彦鹏. 钢筋混凝土结构课程设计指南[M]. 北京:中国建筑工业出版社,2010.

[8] 蔡东,郭玉敏. 建筑力学与结构[M]. 北京:人民交通出版社,2007.

[9] 罗向荣. 混凝土结构[M]. 2 版. 北京:高等教育出版社,2007.

[10] 中华人民共和国住房和城乡建设部,中华人民共和国国家质量监督检验检疫总局. GB 50011—2010 建筑抗震设计规范[S]. 北京:中国建筑工业出版社,2010.

[11] 沈蒲生. 混凝土结构设计原理[M]. 3 版. 北京:高等教育出版社,2002.

[12] 胡兴福. 建筑力学与结构[M]. 武汉:武汉理工大学出版社,2007.

[13] 熊辉霞,司马玉洲. 砌体结构[M]. 郑州:黄河水利出版社,2010.

[14] 李星荣,王柱宏. PKPM 结构系列软件应用与设计实例[M]. 4 版. 北京:机械工业出版社,2012.

[15] 宋玉普. 新型预应力混凝土结构[M]. 北京:机械工业出版社,2006.

[16] 王振武,张伟. 混凝土结构[M]. 3 版. 北京:科学出版社,2005.

[17] 中华人民共和国住房和城市建设部. GB 50010—2010 混凝土结构设计规范[S]. 北京:中国建筑工业出版社,2011.

[18] 中华人民共和国住房和城乡建设部,中华人民共和国国家质量监督检验检疫总局. GB 50009—2012 建筑结构荷载规范[S]. 北京:中国建筑工业出版社,2012.

[19] 中华人民共和国住房和城乡建设部,中华人民共和国国家质量监督检验检疫总局. GB 50068—2001 建筑结构可靠度设计统一标准[S]. 北京:中国建筑工业出版社,2001.

参考文献